Gelzer / Lurje / Schäublin
Lamella Bernensis

# Beiträge zur Altertumskunde

Herausgegeben von
Michael Erler, Ernst Heitsch, Ludwig Koenen,
Reinhold Merkelbach, Clemens Zintzen

Band 124

Springer Fachmedien Wiesbaden GmbH

# Lamella Bernensis

Ein spätantikes Goldamulett mit christlichem Exorzismus
und verwandte Texte

Von

Thomas Gelzer

Michael Lurje

Christoph Schäublin

Springer Fachmedien Wiesbaden GmbH 1999

Die Vorbereitung dieser Arbeit wurde von der Stiftung zur Förderung der wissenschaftlichen Forschung an der Universität Bern (Hochschulstiftung) unterstützt.

Die Deutsche Bibliothek – CIP-Einheitsaufnahme

**Gelzer, Thomas:**
Lamella Bernensis: ein spätantikes Goldamulett mit christlichem Exorzismus und verwandte Texte / von Thomas Gelzer; Michael Lurje; Christoph Schäublin. – Stuttgart; Leipzig: Teubner, 1999
(Beiträge zur Altertumskunde; Bd. 124)
ISBN 978-3-663-12208-1          ISBN 978-3-663-12207-4 (eBook)
DOI 10.1007/978-3-663-12207-4

# Vorwort

Am Anfang der hier vorgelegten Gemeinschaftspublikation stand die 'Lamella Bernensis' (LB): dieses Amulett galt es, nach seinem überraschenden Auftauchen in Bern, überhaupt einmal zu entziffern, zu verstehen und der Fachwelt in angemessener Form zur Kenntnis zu bringen. Geplant war zunächst nur die bescheidene Publikation eines - allerdings recht aufregenden - Neufundes. Bald aber zeichnete sich ab, dass verschiedene Eigenheiten der LB erhöhte Aufmerksamkeit verdienten. Insbesondere musste hinsichtlich des im Text entwickelten 'Kosmos' der sieben Himmel und dessen, was darunter ist, Vergleichbares aufgespürt werden. Die Suche führte zunächst auf PGM XXXV, von dort auf die Tablette magique de Beyrouth (TMB) im Louvre. Bereits die Einsicht in deren editio princeps, die Héron de Villefosse im Jahre 1909 besorgt hatte, liess eine so enge Beziehung zur LB zutage treten, dass auf Anhieb Ergänzungen und Verbesserungen in beiden Texten möglich wurden. Sicherheit freilich war nur am Original zu gewinnen. Die TMB wurde deshalb im Louvre einer neuen Lesung unterzogen, und das Ergebnis der Arbeit beseitigte alle Zweifel an der Notwendigkeit einer Neuausgabe. Überdies zogen die Revision dieses nächstverwandten Amuletts und die sukzessive Beibringung von Parallelstellen aus anderen Texten wiederholte Neulesungen der LB nach sich, sodass deren Text gegenüber den ersten Deutungsversuchen in mehreren, für den Sinn entscheidenden Punkten verbessert werden konnte. Zunächst schien zur Vergleichung mit LB und TMB - mindestens in dem 'kosmischen' Abschnitt, der dafür allein in Betracht kommt - der von Preisendanz 1931 publizierte Text der PGM XXXV (= PSI 29) eine genügende Grundlage zu bieten. Eine anhand der uns vom Istituto Papirologico "G. Vitelli" in Florenz zur Verfügung gestellten Photographie durchgeführte Nachprüfung ergab dann aber, dass auch dieses schwer lesbare Papyrus-Amulett einer Revision bedarf. Das Ergebnis unserer neuen Lesung ist in der synoptischen Darbietung der Falttafel wiedergegeben.

Das Unternehmen gewann damit gegenüber dem ursprünglichen Plan beträchtlich erweiterte Dimensionen. Zwar blieb unbestritten, dass als erstes Ziel eine Ausgabe der zuletzt gefundenen LB anzustreben sei. Daneben aber hatte wenigstens noch eine Neuausgabe der längst bekannten TMB und ein revidierter Text der PGM XXXV zu treten. Infolgedessen eröffneten sich auch dem Kommentar, der natürlich von Anfang an vorgesehen war, völlig neue Aufgaben. Er musste sich auf die beiden Amulette LB und TMB und auf den relevanten Teil der PGM XXXV richten, und der Analyse der Gesamttexte wie ihrer Teile konnte ein fast durchgehender Vergleich zugrundegelegt werden. Dieses Verfahren erwies sich nicht nur als hilfreich, wenn es darum ging, einzelne Stellen zu klären und unsichere Lesarten abzuwägen, sondern es lud auch, da die beiden Texte der LB und der TMB und der entsprechende Abschnitt der PGM XXXV keineswegs miteinander identisch sind, dazu ein, die Gestalt eines allfälligen 'Archetypus' in die Betrachtung einzubeziehen. Ferner war, umgekehrt, immer wieder zu bedenken, ob die deutlich fassbaren Unterschiede im Grossen ('Auslassungen' und 'Zusätze') und Kleinen (Varianten des gleichen Musters) irgendwelche Aussagen über spezifische Absichten der Amulett-Hersteller (bzw. der Verfasser der unmittelbaren oder mittelbaren Vorlagen, oder der Auftraggeber) erlaubten. Im übrigen soll das in der Beschreibung der Amulette und im Kommentar ausgebreitete vielfältige Material dazu dienen, LB und TMB fürs erste in den grossen Zusammenhang des Zauberwesens ihrer Zeit und der magischen Tradition insgesamt einzuordnen.

An dieser Stelle hätte die Arbeit eigentlich ihr Ende finden können: mit der Präsentation und vorläufigen Erschliessung zweier durchaus ungewöhnlicher Amulett-Texte, eines bisher unbekannten (LB) und eines seit Jahrzehnten zumindest nie gemäss seiner Bedeutung gewürdigten (TMB). Die Verfasser indes glaubten, nach verschiedenen Richtungen noch weiterfragen zu sollen; ja bisweilen standen sie fast unter dem Eindruck, der Reichtum an Gesichtspunkten, unter denen LB und TMB sich betrachten lassen, erfordere eine viel weiter gehende Beschäftigung mit dem geistigen und religiösen Leben der betreffenden Zeit. Die Betrachtungsweise der Verfasser mag damit zusammenhängen, dass sie sich im Grunde nicht als Spezialisten verstehen. Mit Amuletten und den zugehörigen Vorstellungen, Anschauungen und Praktiken waren sie erst durch den Auftrag, die LB zu publizieren, in nähere Berührung gekommen. Auf jeden Fall festigte sich die Überzeugung, dass die beiden Amulette nicht ausschliesslich für unsere Kenntnis der Zauberei von Bedeutung sind, dass sie vielmehr Züge enthalten, die über den primären Wirkungsbereich weit hinausweisen und deshalb eine Beleuchtung 'von aussen' nötig machen. In dieser Hinsicht erwies es sich als besonders interessant, die Amulette auf ihr Verhältnis zu christlichen Voraussetzungen - im weitesten Sinne - zu untersuchen. Was die Texte selbst anbelangt, so geben sie sich mit *einer* Ausnahme nirgends explizit als christlich zu erkennen. Der 'biblische' Klang gewisser Formeln und

Wendungen rührt wohl überwiegend vom jüdischen Einfluss her, der generell in der antiken Zauberei kräftig zur Geltung kommt. Bestehen indes mehr oder weniger verdeckte Beziehungen auch zum Neuen Testament? Und, wenn ja: wie wären sie zu deuten? Mit grösster Wahrscheinlichkeit wird man sich die Träger bzw. die Auftraggeber der Amulette als Christen vorzustellen haben. Dann aber gilt es zu fragen, ob die Texte irgendwelche Wendungen enthalten, die einer christlichen Deutung, ja Aktualisierung zumindest fähig waren, und zugleich auch, ob sich die beiden näher miteinander verwandten, LB und TMG, in dieser Hinsicht gleich verhalten, oder ob sie sich durch signifikante Merkmale voneinander unterscheiden. Zur Untersuchung dieser Fragen im Lichte der alt- und neutestamentlichen sowie der patristischen Tradition bot uns Herr Alfred Schindler (damals in Bern, seit 1992 in Zürich) von theologischer Seite seine grosszügige Hilfe an. Die Hauptverantwortung für die Objektbeschreibungen und das Schlusskapitel lag bei Th. Gelzer, für den Kommentar bei Chr. Schäublin.

Eine unvorhergesehene Verzögerung erlitt dann die Publikation der erreichten und zum grösseren Teil in mehreren Etappen bereits redigierten Ergebnisse durch die starke anderweitige Belastung, durch die der eine der Herausgeber verhindert wurde, gleichzeitig auch die vorgesehenen Beilagen zur Interpretation der LB zum Abschluss zu bringen. Mittlerweile war die Erforschung der Zaubertexte und der Magie im allgemeinen in ein neues Stadium erhöhter Aktivität getreten. Eine beträchtliche Anzahl neuer Zaubertexte war hinzugekommen und ständig erschienen weitere, ältere wurden neu bearbeitet und in mehreren Sammlungen vorgelegt. Das betraf auch die zwei hier zum Vergleich mit LB herangezogenen Amulette. TMB wurde 1991 von D. R. Jordan, 1994 von R. Kotansky mit reichem Kommentar, und 1996 nochmals von R. Merkelbach, und PGM XXXV 1996 von R. Merkelbach, jeweils mit einem von ihren Vorgängern abweichenden Text neu publiziert. Es stellte sich die Frage, ob unter diesen Umständen die ursprünglich geplante Zugabe einer Neupublikation von TMB und PGM XXXV noch einem Bedürfnis entspreche. Die Herausgeber glaubten aber, dass im Rahmen einer Präsentation, die zum Ziel hat, die LB in den grossen Zusammenhang des Zauberwesens ihrer Zeit und der magischen Tradition insgesamt einzuordnen, auch ihr eigener Text der zwei Amulette, der ohnehin in einem koordinierten Kommentar durchgehend zu berücksichtigen war, in einer parallelen Ausgabe vorgelegt werden sollte. Zu diesem Zweck war nun allerdings nochmals eine Fülle von neuem Material zu sichten und in die Betrachtung einzubeziehen.

Glücklicherweise stand jetzt auch ein neuer Mitherausgeber zur Verfügung, Herr Michael Lurje von St. Petersburg, der diese grosse zusätzliche Aufgabe übernehmen und in nützlicher Frist bewältigen konnte. Er hat die teilweise an entlegenen Orten publizierten Texte und die einschlägige neuere Forschungsliteratur beschafft, in den Kommentar eingearbeitet und darüberhinaus das Verständnis der Texte mit eigenen Beiträgen zur Interpretation gefördert.

Kenner der Materie werden vielleicht bemerken, dass ein Weiterkommen - im engeren Bereich der Zauberei - nicht ausgeschlossen gewesen wäre, hätte man die Engelnamen und 'Zauberwörter' einer erschöpfenden Überprüfung, allenfalls auch in weiter abgelegenen Gebieten, unterzogen. Hier waren den Mitteln und Möglichkeiten der Verfasser Grenzen gesetzt, mit denen sie sich abzufinden hatten. Nach ihrer im Umgang mit den hier vorgelegten Texten gewonnenen Erfahrung freilich hätten diesbezügliche Einzelerkenntnisse am Gesamtbild kaum etwas geändert, sodass der spärliche Ertrag, der bestenfalls in Aussicht stand, den Aufwand und namentlich die zusätzliche Verzögerung nicht zu rechtferigen schien.

Die Herausgeber danken den Herren Heinz-Günther Nesselrath, der den Zugang zu den Beiträgen zur Altertumskunde vermittelt und sie in technischer Hinsicht beraten hat, und Ernst Heitsch für die Aufnahme ihrer Arbeit in diese Reihe. Zu besonderem Dank sind sie Professor Peter Parsons und den Herren R. A. Coles und J. R. Rea für die Datierung der Amulett-Texte, sowie Herrn Nigel Wilson für die Auskünfte zum Gebrauch von antiken Vergrösserungsgläsern verpflichtet.

Das schwierige Manuskript hat Herr Lurje auf Computer geschrieben und den Vorgaben des Verlags entsprechend zur Druckvorlage gestaltet. Er hat auch die Indices verfasst.

Bern, im November 1998

*Thomas Gelzer*                    *Christoph Schäublin*

# Inhaltsverzeichnis


**Beschreibung der Amulette** .......................................................... 1

Einleitung ................................................................................. 1
1. Lamella Bernensis (LB) ........................................................ 3
2. Tablette magique de Beyrouth (TMB) ................................... 14
3. Papyrus Graeca Magica (PGM) XXXV ................................ 23

**Texte** ......................................................................................... 39

1. LB ......................................................................................... 39
   a. Diplomatische Umschrift ..................................................... 39
   b. Redigierter Text ................................................................ 41
   c. Übersetzung ...................................................................... 43
2. TMB ...................................................................................... 46
   a. Diplomatische Umschrift ..................................................... 46
   b. Redigierter Text ................................................................ 52
   c. Übersetzung ...................................................................... 57

**Kommentar** ................................................................................. 61

Einleitung ................................................................................... 61
Kommentar .................................................................................. 66
   LB I (1-2) ............................................................................... 66
   LB II (2-8) ~ TMB I (1-13) ...................................................... 73
   LB III (8-30) ~ TMB II (13-66) ~ PGM XXXV I (1-11) .... 88
   LB IV (30-38) ~ TMB III (66-89) ..........................................103
   LB V (38-45) u. VI (46-51) ~ TMB IV (89-109) ............... 111

LB VII (51-54) .................................................124
TMB V (109-119) ...........................................126
TMB VI (119-120) ..........................................128

**Die Komposition der Amulette und ihre Vorlagen** ..................129

Einleitung ...................................................129
1. Gemeinsame Vorlagen ...........................131
2. Bemerkungen zu den einzelnen Abschnitten .......143

**Abkürzungs- und Literaturverzeichnis** ........................161

**Indices** .................................................170

I. Griechische Wörter und Begriffe ...............170
II. Gottes- , Engelnamen, Dämonen, Namen aus d. AT u.
NT, mythologische Namen, Zaubernamen ........178
III. Eigennamen .........................................180
IV. Zauberwörter ......................................180
V. AT, NT, antike Autoren .........................181
VI. Zaubertexte und byz. Exorzismen ...........183
VII. Sachindex ........................................188

**Abbildungen** ...........................................190


**Falttafel**      (Tasche auf dem hinteren Buchdeckel)

# Beschreibung der Amulette

Die Beschreibung der Amulette soll in erster Linie die Grundlagen für die Herstellung des Textes der drei Amulette liefern. Zu untersuchen sind zu diesem Zweck die Amulette in ihrer Funktion als Schriftträger, ihr Erhaltungszustand als Voraussetzung für die Lesbarkeit des Textes und deren Beschränkungen, die Schrift und die feststellbaren Eigentümlichkeiten des Schreibers, die Qualität seiner Arbeit im Hinblick auf die Sorgfalt oder die Flüchtigkeit ihrer Ausführung, die Besonderheiten der Sprache und der Orthographie. Hilfe zur Entscheidung in gewissen Fällen zweifelhafter Lesung bietet der Kommentar.

Die Ergebnisse unserer Lesung sind dargestellt in der diplomatischen Umschrift des Textes der LB und der TMB, deren Interpretation in einem redigierten Text. Um die Texte leichter überblickbar und unmittelbar miteinander vergleichbar zu machen, haben wir sie auf einer Falttafel nebeneinander gestellt. Für die PGM XXXV, von der nur ein beschränkter Teil des Textes zur unmittelbaren Vergleichung mit LB und TMB in Betracht kommt, geben wir nur einen nach denselben Prinzipien redigierten Lesetext auf der Falttafel, aber keine gesonderte diplomatische Umschrift. Die Beobachtungen, die unseren Lesungen der PGM XXXV zugrundeliegen, und unsere Bemerkungen zur Interpretation ihrer Sprache verzeichnen wir im Rahmen der Beschreibung jeweils am entsprechenden Ort[1].

Die Untersuchung der Amulette führt darüberhinaus zu einigen Beobachtungen, die Ausblicke in weitere Zusammenhänge eröffnen. Dazu gehören etwa die Feststellungen zur Technik der Beschriftung, deren Zusammenhang mit der Beschaffenheit der zur Verwahrung der Amulette verwendeten Amulettbehältnisse, sowie das Verhältnis des für die Amulette verwendeten Materials, des Aufwandes zu ihrer Herstellung und Beschriftung, der Qualität der jeweils vom Schreiber geleisteten Arbeit, der Sprache und der Orthographie zu einander. Die Gesamtheit dieser Phänomene bietet Hinweise zur Einordnung der einzelnen Amulette in einen ziemlich klar erkennbaren gesellschaftlichen Kontext. Die drei hier untersuchten Amulette, die durch

---

[1] S. unten S. 27f. 33-38.

evidente Gemeinsamkeiten ihrer Texte miteinander verbunden sind, unterscheiden sich in dieser Hinsicht ebenso deutlich von einander[2].

Dabei stellt sich jeweils auch die Frage, wieviel von dem komplizierten Zaubertext der Schreiber, der Träger des Amuletts und eventuell sogar sein Verfasser selber wirklich verstanden haben, und anderseits, wie genau der auf dem Amulett geschriebene Text den vom Zauberer verfassten und wohl rezitierten Text wiedergibt.

Zu den an unseren drei Amuletten beobachteten Phänomenen finden sich Parallelen in anderen Amuletten, von denen wir uns hier auf die Anführung einiger weniger Beispiele beschränken müssen. Sie können wohl auch etwas zur Erhellung der Umstände beitragen, unter denen jene anderen Amulette entstanden sind. Jedenfalls zeigen sie, dass das keine isolierten, einmaligen Erscheinungen sind und dass sie weitere Aufmerksamkeit verdienen.

---

2   S. unten, zu LB S. 11-13; zu TMB S. 19-22; zu PGM XXXV S. 23-27. 33-38.

## 1. Lamella Bernensis (LB)

Unpubliziert; aus einer Privatsammlung, jetzt deponiert im Institut für Klassische Archäologie der Universität Bern (Abb. 1-3).

Amulett (φυλακτήριον Z. 5. 34f. 41. 49f.; σωματοφύλαξ Z. 53) für Leontios (Z. 5. 34. 41f. 50. 53), Sohn der Nonna (Z. 51).

Der Fundort der LB ist nicht bekannt. Nach einer Vermutung des Besitzers könnte sie aus der heutigen Türkei stammen.

Die LB ist ein sehr dünnes, rechteckiges Goldblättchen (χρυσοῦν πέταλον, χρυσῆ λεπίς) von unregelmässiger Form: grösste Breite 6,9 cm (kleinste 6,0 cm); grösste Höhe 11,6 cm. Sie wurde in der Goldschmiede des Römisch-Germanischen Zentralmuseums in Mainz geglättet und zwischen zwei Glasplatten montiert. In dieser restaurierten Form wurde sie von den Herausgebern untersucht und mit Hilfe eines Mikroskops gelesen.

Der Unbekannte, der die Goldfolie vermutlich aus der (nicht mitgelieferten) Amulettkapsel herausnahm und entfaltete, war offensichtlich kein Fachmann. Er hat sie durch mehrere vertikale und horizontale Risse (mehr oder weniger entlang den Falten) beschädigt und - offenbar mit einem hineingesteckten Finger - ein ganzes Stück (rechts von der mittleren Vertikalfalte, zwischen Z. 14 und Z. 23)[3] herausgerissen, das bei der Montage zwischen Glasplatten wieder eingefügt wurde. Die Zeilen der Schrift sind dabei an dieser Stelle etwas verschoben worden (s. Abb. 1-3)[4].

---

[3] Nach unserer Zählung der Zeilen. Auf der Umzeichnung Abb. 1 sind die Zeilen von unten her numeriert; s. dazu Anm. 4.

[4] Vor der fachmännischen Restauration waren auf dem zerknüllten und zerrissenen Blättchen nur Teile von wenigen Zeilen lesbar. Dazu die briefliche Mitteilung von Prof. H.-S. Hundt, Römisch-Germanisches Zentralmuseum Mainz, vom 3.1.1974: «... wurde in unserer Goldschmiede eine Goldfolie geglättet, die dicht mit griechischen Buchstaben beschriftet ist ... unter dem Mikroskop unter Schonung aller Schriftreste die Falten so weit als möglich ausgeglättet und die Folie unter Glas montiert.» Abb. 1 ist die vergrösserte Photographie der Aufzeichnungen auf einer Klarsichtfolie, die der Goldschmiedemeister auf die Goldfolie legte und auf die er Buchstaben für Buchstaben des restaurierten Textes übertrug, so wie er sie sah (er konnte nicht Griechisch). Sie gibt ein genaues Bild von der Anordnung des Textes und vom Verlauf der Risse. An der Numerierung am rechten Rand, die von

Die von verschiedenen Seiten her beleuchteten Photographien (Abb. 2 und 3) zeigen den Erhaltungszustand der Folie nach der Restaurierung[5]. Keine Zeile ist ganz zerstört, sodass der Zusammenhang des Textes im Ganzen gewährleistet ist. Aber die erhaltenen Buchstaben der sehr kleinen Schrift sind an mehreren Stellen nur noch schwer zu erkennen. Die Lesbarkeit des Textes wurde in drei voneinander unabhängigen Etappen beeinträchtigt. Mit der Faltung der Folie zur Einlagerung in eine Amulettkapsel wurden grosse Teile der Oberfläche stark deformiert durch tiefe Rillen und unregelmässige Wülste. Die beim Öffnen entstandenen Beschädigungen hatten kleinere Ausbrüche an den Rändern sowie Löcher im Inneren der Folie und vor allem jene genannten Risse zur Folge[6]. Die Zuordnung der an den Kanten der Risse erhaltenen Schriftreste zu den entsprechenden Wörtern der Gegenseite und die Wiederherstellung der Zeilen ist an einigen Stellen sehr schwierig. Bei der Glättung der Folie wurde an einigen Stellen auch die Vertiefung der eingravierten Buchstaben mit eingeebnet, sodass ihre Umrisse kaum mehr zu erkennen sind. Gelegentlich sind, speziell entlang den Risskanten, feine Spuren der zur Restauration verwendeten Instrumente kaum mehr von Teilen von Buchstaben zu unterscheiden.

Mithilfe des Mikroskops kann an einigen Stellen von dem wenigstens noch durch Fragmente oder Spuren von Buchstaben erhaltenen Text mehr zurückgewonnen werden als auf den Abbildungen sichtbar ist. Wo der Text formelhaft ist und mit dem der TMB, der PGM XXXV und anderer Amulette weitgehend übereinstimmt, kön-

---

derjenigen am linken Rand abweicht, erkennt man die durch die Beschädigung beim Öffnen der Folie entstandene Schwierigkeit, alle Zeilen richtig zu erfassen.

[5]  Die Photographien (Abb. 2 und 3) verdanken wir Herrn Prof. F. Tomamichel, Institut für Kommunikationstechnik der Eidg. Technischen Hochschule Zürich. Sie mussten durch das Glas aufgenommen werden, in dem die LB jetzt montiert ist. Es war deshalb schwieriger die Details herauszubringen als in der Photographie der TMB (Abb. 4).

[6]  So entstanden beim Entfalten z. B. auch starke Schäden an den Rändern und ein Loch in der Mitte der Goldfolie des Amuletts für Syntyche und Ausbrüche an den Rändern der Goldlamelle in Baltimore; zu beiden s. unten Anm. 9.

nen oft mit einiger Sicherheit nur teilweise erhaltene oder in Spuren feststellbare Buchstaben ergänzt werden[7].

Die Untersuchung der Folie ergibt auch Anhaltspunkte für einige Schlüsse auf die Umstände ihrer Aufbewahrung bis zu ihrer Auffindung in der Neuzeit sowie auf den Prozess der Herstellung des Amuletts.

Die meisten Gold- und Silberamulette, deren Fundort bekannt ist, wurden in Gräbern gefunden[8]. Durch das Mikroskop sind in den Vertiefungen der Buchstaben der LB noch deutliche Spuren eines schmutzigen Braun und einer weisslichen Versinterung zu erkennen. Daraus geht hervor, dass die LB lange Zeit an einem feuchten Ort gelegen hat, wo sich Moder und Sinter entwickeln und in die gefaltete Folie eindringen konnten. Das war wohl auch in diesem Fall das Grab des Trägers, Leontios, dem das Amulett bei der Bestattung mitgegeben wurde.

Die Falten und Risse lassen erkennen, dass das Amulett zusammengefaltet aufbewahrt worden war[9]. Die Folie wurde mit der be-

---

[7] Die Spuren sind teilweise so klein und unter dem Mikroskop zwischen den Falten und der Granulation der Oberfläche nur eben als solche feststellbar, dass sie nicht als Teile bestimmter Buchstaben beschrieben werden können. Wir haben deshalb in den meisten Fällen, in denen aus dem Kontext ersichtlich ist, welcher Buchstabe dagestanden haben muss, auf eine paläographische Beschreibung der Spuren verzichtet und lediglich durch einen Punkt unter dem Buchstaben angedeutet, dass nur Teile davon erhalten sind.

[8] Auch die TMB stammt aus dem Grab der Trägerin; s. unten Anm. 41. Einige in «Massenproduktion» hergestellte Amulette wurden in den Werkstätten von Metallarbeitern gefunden; s. dazu. C. A. Faraone/R. Kotansky, «An Inscribed Gold Phylactery in Stamford, Connecticut», *ZPE* 75 (1988) 257-266, dort S. 257 mit Anm. 2. Dazu gehört wohl auch das Amulett in Stamford, in dem der Namen der Amulett-Trägerin und die Übel, gegen die es wirken soll, erst nachträglich eingetragen worden sind; zu diesem Amulett s. auch unten Anm. 12. 46. 54.

[9] Extrem stark gefaltet, wodurch die Lesbarkeit stark beeinträchtigt wurde, war das Goldamulett für Syntyche, Tochter der Syntyche, mit einem Schutzzauber gegen Krankheiten, der gewisse Ähnlichkeiten mit LB und TMB hat, früher im Musée du Louvre, Paris, jetzt verloren, publiziert von W. Froehner, «Sur une amulette basilidienne inédite du Musée Napoléon III», *Bulletin Soc. des Antiquaires de Normandie*, t. IV (1866) 217-231 (s. dort S. 218. 220f.); jetzt auch in R. Merkelbach, *Abrasax* 4 (Opladen 1996) 44-46 mit weiterer Lit. Herkunft unbekannt, wohl jüdischer Einfluss (Psalmen

schrifteten Seite nach innen von oben nach unten in der Mitte gefaltet, die rechte Hälfte auf die linke gelegt. Dann wurde sie mit der
linken Hälfte aussen von oben nach unten in sieben Abschnitte (mit
sechs Falten dazwischen) so zusammengefaltet, dass der oberste Abschnitt der rechten Hälfte zuinnerst zu liegen kam (er ist am meisten
zerknittert). Dabei entstand ein aus vierzehn Schichten bestehendes
flaches Plättchen von etwa 3,5 cm Breite und 2,5 cm Höhe.

Das Amulett wurde so gefaltet, damit es in einer Kapsel verwahrt
und getragen werden konnte[10]. Die Kapsel zur LB ist nicht erhalten;
aber ihre Form kann aus der des durch die Faltung entstandenen
Plättchens erschlossen werden. Es muss sich um ein flaches, vierecki-
ges Behältnis gehandelt haben, wie sie erst in frühbyzantinischer Zeit
in Gebrauch kamen, später als die früher allgemein üblichen runden
oder prismatischen Röhrchen für aufgerollte Amulette[11].

---

werden zitiert). Nach den verwendeten Formeln ist es wohl auch der byzantinischen Zeit zuzuweisen; s. dazu C. Bonner, *Studies in Magical Amulets*,
University of Michigan Studies, Humanistic Series, vol. XLIX (Ann Ar-
bor/London/Oxford 1950) 100f. Grösse 6,4 x 3,4 cm, 18 Zeilen (die
längste, Z. 14, hat 44 Buchstaben). Es wurde in einer linsenförmigen Gold-
kapsel gefunden. Damit es darin Platz hatte, wurde es mit 7 Querfalten zu
56 «carreaux» zusammengefaltet; s. dazu oben Anm. 6. Gefaltet waren z. B.
auch «A Gold Amulet for Aurelia's Epilepsy» (3. Jh. n. Chr., 2,0 x 4,2 cm)
im Getty Museum; s. dazu R. Kotansky in: *The J. Paul Getty Museum
Journal* 8 (1980) 181-184 (Photo und Zeichnung S. 182; s. dazu unten
Anm. 24) und die Goldfolie (4. Jh. n. Chr., 4,3 x 6,0 cm) in der Walter's
Art Gallery in Baltimore, die ebenfalls beim Öffnen an den Rändern beschädigt wurde; s. dazu R. Kotansky, «Magic in the Court of the Governor of
Arabia», *ZPE* 88 (1991) 41-60 (mit Tafel 1, Zeichnung S. 44); jetzt in R.
Kotansky, *Greek Magical Amulets*, Part I (Opladen 1994) Nr. 58, S. 331-
346. Diese drei haben nur Querfalten, keine senkrechte Falte wie LB.

[10] Dass die LB zum Tragen bestimmt war, wird im Text fünfmal gesagt (Z. 4f.
34. 41. 49f. 52). Das Verb φορεῖν als terminus technicus für das 'Tragen'
von Amuletten häufig in Zauberrezepten (s. *PGM* 3, Reg. I, s. v.). Zum
Tragen gehören die Bezeichnungen περίαμμα, περίαπτον für 'Amulett' (s.
F. Eckstein-J. H. Waszink, «Amulett», *RAC* 1, 1950, 397. 399, christlich:
407ff.) vom 'Befestigen', 'Umbinden' (Stellen s. v. περιάπτειν *PGM* 3,
Reg. I, s. v.; Lampe, s. vv.). Amulettkapseln sind in Zauberanweisungen
erwähnt (γλωσσοκόμον, z. B. PGM VIII 55f. XIII 1009; s. unten Anm. 22;
zu den Formen der Amulettkapseln s. unten Anm. 11).

Vgl. dazu P. W. Schienerl, *Schmuck und Amulett in Antike und Islam*,
Acta Culturologica 3 (Aachen 1988) 30 mit Abb. 22 auf S. 28. Die Kapsel

Die Form und die Dimensionen des Amulettbehältnisses waren im Falle individuell angefertigter Amulette auf Metallfolien wie der LB und der TMB[12] nicht nur für deren Funktion als Schmuckstück, sondern vor allem auch für die Konzeption des Textes schon vor seiner Übertragung auf die Folie von Bedeutung. Nach der Grösse des Behältnisses war der Gesamtumfang des Textes zu bemessen. So ist vermutlich die Auslassung einiger Wiederholungen von ἐπικαλοῦμαι im Formular des Abschnitts III der LB auf das Erfordernis, den Text der Kapazität der Amulettkapsel anzupassen, zurückzuführen. Es ist anzunehmen, dass der Text mit dem vollständigen Formular rezitiert und erst nachträglich im Hinblick auf die Übertragung auf die Folie verkürzt wurde[13].

---

des Amuletts für Syntyche war nicht viereckig, sondern «linsenförmig» (oben Anm. 9). TMB wurde in einem zylindrischen Röhrchen gefunden (unten Anm. 44). Frauen und Kinder, die Amulettkapseln tragen, sind dargestellt auf einigen der sogenannten Fayûm-Porträts; s. dazu R. Kotansky, «Incantations and Prayers for Salvation on Inscribed Greek Amulets», in: C. A. Faraone/D. Obbink (edd.), *Magika Hiera. Ancient Greek magic and Religion* (N.-Y./Oxford 1991) 107-137; hier: 114 mit Anm. 47. Amulettkapseln als Schmuckstücke aus Gold oder Silber sind ein Luxusartikel. Die Kapsel des Amuletts der Syntyche war aus Gold, die der TMB für Alexandra aus Bronze. Amulette konnten auch in billigeren Amulettbehältnissen aus Leder (σκυτίς, z. B. Artem., *Onirocr.* 5, 26; Tat., *Orat. ad Gr.* p. 35, 11f. Marcovic) getragen werden; s. dazu Bonner (1950) 9. Aus einem vergänglichen Material, also vielleicht aus Leder, hatte wohl das nicht erhaltene Amulettbehältnis des kleinen sehr eng gefalteten Amuletts auf einer Kupferlamelle bestanden, das im Bereich eines Friedhofs in der Nähe von Evron (Galiläa) gefunden wurde (Ende 4./5. Jh., 7,5 x 3,4 cm, gefaltet zu einem 'Klümpchen' im Format 0,5 x 1 cm; publiziert von R. Kotansky, '*Atiqot* 20, 1991, 81-87; jetzt in Kotansky *GMA* I Nr. 56, S. 312-325). Überhaupt nicht in Kapseln wurden wohl die meisten Papyrusamulette getragen; s. unten Anm. 72.

[12] Anders war es bei den in «Massenproduktion» hergestellten Amuletten, bei denen in das vorfabrizierte Formular des Textes nachträglich die Namen der Betroffenen und ihre speziellen Anliegen eingesetzt wurden; s. dazu Faraone/Kotansky (1988) oben Anm. 8 und unten Anm. 54.

[13] Im Fall der LB, wo für die Gravur mit dem Vergrösserungsglas (s. dazu gleich unten) wohl ein spezialisierter Handwerker gebraucht wurde, ist es unwahrscheinlich, dass der Text gleichzeitig rezitiert und aufgeschrieben wurde, wie das in einigen Anweisungen vorgeschrieben ist (s. dazu unten Anm. 26). Es ist also wahrscheinlich, dass der Text zuerst mit dem vollständigen Formular (ohne diese Auslassungen) rezitiert und erst nachher zum

Dazu hatte der Schreiber die Anordnung des Textes auf der Folie so zu planen, dass sie, namentlich in der Breite des Textspiegels, dem Format des Behältnisses entsprach. Von den 54 Zeilen des Textes der LB haben die längste vollständig erhaltene (Z. 2) 41, die kürzesten (Z. 15. 17. 37. 38) je 31 Buchstaben. Die erste ist etwas eingerückt, die letzte nur bis zur Mitte beschrieben.

Die gebrauchsfertige Amulettkapsel musste also vorhanden sein, bevor mit der endgültigen Redaktion des Textes begonnen werden konnte. Auswahl und Beschaffung der Kapsel von einem Handwerker, der solche Schmuckstücke herstellte, waren wohl Sache des Auftraggebers. Jedenfalls hatte er sie zu finanzieren. Die grosse Rolle, welche die Amulettkapsel schon bei der Herstellung des Amuletts spielte, - damit, dass die Gestaltung des Textes sich weitgehend nach der Kapsel zu richten hatte, und nicht umgekehrt - ist wohl auch von daher zu verstehen, dass für den Träger die Kapsel das Amulett verkörperte. Sie war das einzige, was er davon auf die Dauer zu sehen und zu spüren bekam, während er wohl den in der Kapsel verwahrten Text in den meisten Fällen nicht selber gelesen hatte und dessen Formulierungen im einzelnen nicht zu kennen und nicht zu verstehen brauchte. Worauf es für den Träger ankam, war nur die Zauber-Absicht, die das Amulett zu erfüllen hatte, das heisst: wofür oder wogegen der Zauber des Amuletts wirksam zu sein versprach. Um ein Amulett mit der gewünschten Wirkung zu erhalten, musste der Auftraggeber demjenigen, den er mit der Formulierung des Zaubertextes beauftragte, seine spezifischen Bedürfnisse im Hinblick auf die Zauber-Absicht darlegen. Der Magos oder Exorzist verwandte dann seine geheime Kunst darauf, die zu diesem Zweck benötigten Formeln zu finden und daraus einen Zaubertext zu komponieren, der in der Amulettkapsel verborgen getragen werden konnte[14].

Prof. Peter Parsons (nach Diskussion mit R. A. Coles und J. Rea) verdanken wir die folgende Charakterisierung und Datierung der Schrift[15]. Es handelt sich um «an informal literary script (all the

---

Zweck der Übertragung auf die Folie redigiert, d. h. in diesem Fall verkürzt wurde. Das würde bedeuten, dass der auf der Folie geschriebene Text nicht genau identisch wäre mit dem vom Magos oder Exorzisten rezitierten. Mit dieser Möglichkeit muss wohl auch in anderen Fällen gerechnet werden. Gelesen wurde der Text sowieso nicht mehr, wenn er einmal in die Kapsel eingeschlossen war (zu TMB s. unten S. 19. 22).

[14]  Zur 'Zauber-Absicht' s. unten Anm. 71.

[15]  Brief vom 15. 8. 1986.

letters separate)[16] rather than a cursive, and the result is rather non-descript». Mit den von der schmalen Basis ihrer Bezeugung her gegebenen Vorbehalten gelangen sie zu folgender Datierung: «The informal, rather nondescript hand might in general be assigned to the 3rd or 4th centuries. But a few letter-forms (mu with straight, detached left-hand side; phi with large loop and short stem; above all, alpha often open at the top, with a long curving tail to the right) seem to look forward to Byzantine practice. Very tentatively, then, we might suggest a date in the fifth century.»

Diese Datierung rückt die LB zeitlich in die Nähe der parallelen Texte in TMB und PGM XXXV, deren Schrift ins fünfte/sechste Jahrhundert datiert wird. Dem Hinweis auf die byzantinische Praxis entspricht die erst seit frühbyzantinischer Zeit belegte Form des für die LB zu erschliessenden Amulettbehältnisses[17]. Dazu gehören auch gewisse Formeln des Textes, zu denen sich Parallelen in byzantinischen Amuletten finden[18].

Der Schreiber hat den Text in einem Zuge und sozusagen ohne Korrekturen[19] auf der Folie eingraviert, ohne Worttrennung fortlaufend über die Zeilenenden und ohne Satzzeichen. Nur am Schluss (nach αμην Z. 54) hat er einen Punkt gesetzt. Er benützte dafür ein sehr feines Schreibgerät mit einer Doppelspitze, deren Breite an einigen Buchstaben durch das Mikroskop sichtbar ist[20]. Das war wohl keiner der sonst üblichen Griffel aus Bronze[21], sondern ein Instrument von härterem Material, vielleicht ein ἀδαμάντινος λίθος[22].

---

[16] Der Schreiber verwendet keine eigentlichen Ligaturen; gelegentlich sind αι und στ verbunden geschrieben, nicht aber ει.

[17] Vgl. oben Anm. 11.

[18] S. dazu den Kommentar, schon zu Z. 1 und passim, bes. S. 85f. 87.

[19] Einmal hat er aus einem o nachträglch ein ω gemacht, offenbar während des Schreibens, nicht als nachgetragene Korrektur. Das spricht für die Sorgfalt, mit der er seine sprachlich hoch stilisierte Vorlage kopierte. Zu seiner Zeit war in der Aussprache kein Unterschied mehr hörbar zwischen o und ω; zur Orthographie s. unten S. 11-13.

[20] Die Spitze erscheint bald in schmalem bald in breitem (zu beiden Seiten durch eine Kante begrenztem) Strich.

[21] S. zu TMB unten Anm. 49.

[22] Vgl. PGM XIII 1001f. die Anweisung zum Gravieren eines (jüdischen) Amuletts, das dann in einer Amulett-Kapsel (γλωσσοκόμον) verwahrt und

Die Buchstaben sind weniger als 1 mm hoch. Solche kleinen Buchstaben, die von blossem Auge kaum zu lesen sind, konnten wohl nicht ohne Hilfsmittel so flüssig und korrekt geschrieben werden, wie das der offensichtlich sehr kompetente Schreiber der LB zu leisten vermochte[23]. Mr. Nigel Wilson nimmt an, LB sei wahrscheinlich mit einem Vergrösserungsglas geschrieben und dafür bestimmt, mit einem solchen gelesen zu werden[24]. Solche Gläser wurden wahrscheinlich benützt bei Gravure-Arbeiten auf Stein (Gemmen) und Metall, und eben zum Schreiben solcher extrem kleiner Schriften. Vermutlich wurde ihre vergrössernde Wirkung für magisch gehalten, und so waren sie gerade auch zur Herstellung magischer Gegenstände wie eines Amuletts geeignet[25]. Was das Lesen anbelangt, so war der Text der LB jedenfalls nicht für eine wiederholte, wahrscheinlich aber überhaupt nicht für die Lektüre durch menschliche Augen bestimmt[26]. Er wendet sich an die angerufenen Mächte.

---

in einer ausführlich beschriebenen πρᾶξις mit Anrufung Gottes geweiht werden muss: Λαβὼν χρυσῆν λεπίδα ἢ ἀργυρῆν χάρασσε ἀδαμαντίνῳ λίθῳ τοὺς ὑποκειμένους χαρακτῆρας κτλ.

[23] Vgl. dazu oben Anm. 19, unten Anm. 28. 31.

[24] Brief vom 13. 10. 1987. Er verweist dafür auf R. J. Forbes, *Studies in Ancient Technology*, vol. 5 (Leiden ²1966) 189-191, wo die bekannten Exemplare antiker Vergrösserungsgläser gesammelt sind und ihr Gebrauch erklärt wird. Dieselbe Technik der Beschriftung ist wohl auch für andere Goldamulette anzunehmen, so z. B. für das der Syntyche (s. oben Anm. 9), mit «lettres» von einer «extrême finesse», «gravées à la pointe», die nur mit dem Mikroskop gelesen werden konnten, sowie für das der Aurelia im Getty Museum (s. oben Anm. 9), eine dünne Goldfolie, 2,0 x 4,2 cm, mit 31 Zeilen, mit «almost microscopic size of the letters», «inscribed carefully with a sharp instrument».

[25] N. Wilson verweist dafür auch auf den Kölner Mani-codex: «I am tempted to think that similar notions played a part in the making of the Cologne Mani-codex; but in that case one can at least explain the small format, if not the small script, in a different way.»

[26] Zaubersprüche wurden dadurch wirksam, dass sie rezitiert wurden (vgl. die häufige Anweisung λέγε, *PGM* 3, 128f. Reg. I s. v. λέγειν). Der λόγος wurde zuerst rezitiert und dann aufgeschrieben (vgl. z. B. PGM VII 430ff.; s. zu PGM XXXV unten Anm. 81) oder rezitiert, während er aufgeschrieben wurde (vgl. z. B. PGM VII 452: γράφε τὸν λόγον ... λέγων; Marcell., *Med.* cap. 20 § 66: *In lamina argentea scribes et dices* ...). Die Defixiones wurden üblicherweise rezitiert, während sie aufgeschrieben wurden; vgl. dazu F.

Nachdem er einmal, vermutlich in einer Kulthandlung besonderer Art, rezitiert[27], geschrieben und dann in die Kapsel verschlossen worden war, wurde diese bis zum Tode des Trägers nicht mehr geöffnet.

Von den technischen Voraussetzungen zur Beschriftung her ist auch die unregelmässige Form der LB zu erklären. Der Text wurde zuerst auf eine Folie grösseren Formats geschrieben, deren Ränder zur Fixierung des Schriftträgers während der Eingravierung der Buchstaben benötigt wurden. Dann wurden die äusseren Teile der Folie weggeschnitten entlang den Rändern des beschrifteten Abschnitts, dessen Dimensionen nach dem Bedürfnis zur Einfügung in die Amulettkapsel bemessen waren. Besonders am rechten Rand wurde LB sehr knapp beschnitten. Damit wurde das zur Einpassung in das viereckige Amulettbehältnis geeignete Format des Amuletts erreicht.

Die Auftraggeber dieses Amuletts konnten sich einen professionellen Schreiber leisten. Der exquisiten Qualität der Kopie[28] entsprechen von der Seite des Textes die gepflegte Orthographie, die in der LB sorgfältiger den Regeln der klassizistischen Tradition folgt als in den beiden anderen Amuletten[29], sowie gewisse Wörter und Formulierungen, die auf eine gehobene literarische Bildung hinzu-

---

Graf, *Gottesnähe und Schadenzauber* (München 1996) 233. Fraglich ist, wie es damit bei den in «Massenfabrikation» hergestellten Amuletten (s. dazu oben Anm. 8) stand.

[27] Der Text der LB wurde wohl von einem Exorzisten rezitiert in Anwesenheit der Mutter des zukünftigen Trägers, Leontios, ὃν ἐγέννησεν ἥδε ἡ ἱερὰ μήτηρ Νόννα (Z. 50f.); s. dazu unten S. 68f. 71f. 84. 122f.; zum Verhältnis von Rezitation und Amulett-Text vgl. auch oben Anm. 13.

[28] Durchgehend am Zeilenende Wort- oder Silbenende eingehalten (anders TMB; vgl. dazu unten Anm. 52); vgl auch oben Anm. 19 ; zur Auslassung von ἐπικαλοῦμαι beim. 2., 3., 4., 5. und 7. Himmel s. oben Anm. 13.

[29] Vgl. zu TMB S. 20f.; zu PGM XXXV unten S. 34-38. Zur Bedeutung des Klassizismus als Kennzeichen einer sozialen Elite von der sog. Zweiten Sophistik an s. S. Swain, *Hellenism and Empire* (Oxford 1996) 17-42 («Language and Identity», bes. 27ff. «The rise of the Purists»); Th. Schmitz, *Bildung und Macht*, Zetemata 97 (1997) 75-83 («Eine Kunstsprache»). Zur Kontinuität der klassizistischen Hochsprache in der Spätantike s. L. J. Engels/H. Hofmann, «Literatur und Gesellschaft in der Spätantike» in: dieselben (Hrsg.), *Spätantike mit einem Panorama der byzantinischen Literatur*, Neues Handbuch der Literaturwissenschaft Bd. 4 (Wiesbaden 1997) 29-88 (bes. «Sprachentwicklung» S. 33-39).

weisen scheinen[30]. In diesen Zusammenhang gehört wohl auch die literarische Buchschrift, die für diesen Text verwendet wurde[31].

Zur <u>Sprache</u> der LB ist folgendes zu bemerken[32]:

<u>Phonetik</u>:

- αι statt ε: Z. 40 φεύγεται/φεύγετε; Z. 43 ἀπέρχεσθαι/ἀπέρχεσθε; Z. 52 βραβεύσεται/βραβεύσατε (vgl. Gignac 1, 193)

- ε statt α: Z. 52 βραβεύσεται/βραβεύσατε (vgl. Gignac 1, 278ff.)

- ι statt ει: Z. 22 σισμοῖς/σεισμοῖς Z. 46 ἀνίδεον/ἀνείδεον[33] (vgl. Gignac 1, 189)

- fehlende Gemination: Z. 23 θαλάσης/θαλάσσης (vgl. Gignac 1, 158f.)

<u>Form</u>:

- Z. 1 σφραγισμένον/ἐσφραγισμένον (vgl. Gignac 2, 243)

- Z. 2 ἐγγίσειν/ἐγγιεῖν (vgl. Gignac 2, 285f.; Blass/Debrunner/Rehkopf § 74)

<u>Genus nominis</u>:

- Z. 26 τοῖς ὁδοῖς (zur Fluktuation der genera s. Gignac 2, 39ff.)

<u>Kasusgebrauch</u>:

- Z. 30 ἐπὶ τὸν δράκοντα seltsam inmitten der Genetive und Dative nach ἐπί (vgl. aber TMB Z. 29/30 ἐπὶ τὸν ἕκτον οὐρανόν)

---

[30] Vgl. dazu besonders den Kommentar zu Abschnitt VII (Z. 46-51) unten S. 124f.

[31] Zur Definition der Qualität und zur Verwendung der Schreibweise in einer «book hand» s. E. G. Turner, *Greek Manuscripts of the Ancient World*, 2nd. Ed. Revised & enlarged by J. P. Parsons, *BICS* Suppl. 46 (1987) 3f.

[32] Zur Schreibung unseres redigierten Textes s. unten Anm. 66, 105.

[33] S. Kommentar ad loc., unten S. 117.

<u>Syntax:</u>

-        mangelnde Kongruenz: Z. 40 κατάδεσμον (acc. statt nom. ?, s. den Kommentar ad loc.)

<u>Gemeinsame Abweichungen</u> vom 'klassischen' Sprachgebrauch, die vielleicht auf die Vorlage zurückgehen (alle im Abschnitt LB III = TMB II = PGM XXXV I):

-        σισμοῖς LB 22 = TMB 44

-        θαλάσης LB 23 = TMB 47 (-ση) = PGM XXXV 9

-        τοῖς ὁδοῖς LB 26 = TMB 53

Zu dieser anspruchsvollen Gestaltung passt schliesslich auch, dass die LB auf eine Goldfolie geschrieben wurde. Zum Formular für ein φυλακτήριον (vgl. LB Z. 5. 34f. 41. 49f.) σωματοφύλαξ (vgl. LB Z. 53) πρὸς δαίμονας, πρὸς φαντάσματα, πρὸς πᾶσαν νόσον καὶ πάθος, das in der grossen Sammlung von Zauberrezepten und Amulettformularen der PGM VII aus dem 3. Jhdt. n. Chr. erhalten ist (Z. 579ff.) und mehrere verwandte Züge mit den Amulett-Abschnitten der LB und der TMB aufweist, steht zu Beginn (Z. 580-582) die Anweisung: ἐπιγραφόμενον ἐπὶ χρυσέου πετάλου ἢ ἀργυρέου ἢ κασσιτερίνου ἢ εἰς ἱερατικὸν χάρτην φορούμενον σφραγιστικῶς ἐστιν. ἔστιν γὰρ δυνάμεως ὄνομα τοῦ μεγάλου θεοῦ καὶ σφραγίς (vgl. LB Z. 1). Von den vier ihrem Wert nach in absteigender Reihe aufgezählten Beschreibmaterialien sind in den drei hier verglichenen Amuletten Gold (LB), Silber (TMB) und (hieratischer) Papyrus (PGM XXXV) vertreten[34].

Die LB erweist sich gegenüber den beiden anderen Amuletten in jeder Hinsicht als eine Luxusausführung.

---

[34] Zu den Amulett-Abschnitten vgl. unten S. 61f. 131ff. 143ff.; zur analogen Abstufung der Amulettbehältnisse s. oben Anm. 11.

## 2. Tablette magique de Beyrouth (TMB)

Paris, Musée du Louvre, Inv. M.N.D., 274. Publiziert 1909 von A. Héron de Villefosse[35], 1991 von D. R. Jordan mit neuen Lesungen, Übersetzung, kurzem Kommentar und einer Photographie[36]; 1994 von R. Kotansky mit neuen Lesungen, Übersetzung und ausführlichem Kommentar[37]; 1996 von R. Merkelbach[38]; hier vorgelegt mit einigen von Jordan und Kotansky abweichenden Lesungen von Th. G. und Chr. Sch.[39] (Abb. 4)[40].

Amulett für Alexandra, Tochter der Zoe (Z. 7f. 74f. 92f. 117f.).

Die TMB wurde in Beirut in einem Grab gefunden. Genauer Fundort und Fundumstände sind aber nicht bekannt[41].

---

[35] A. H. de Villefosse, «Tablette magique de Beyrouth, conservée au Musée du Louvre», in: *Florilegium ou Recueil de travaux d'érudition dédiés à Monsieur le Marquis Melchior de Vogüé* (Paris 1909) 287-295, mit diplomatischer Umschrift, redigiertem Text und Kommentar.

[36] D. R. Jordan, «A New Reading of a Phylactery from Beirut», *ZPE* 88 (1991) 61-69 mit Tafel II.

[37] Kotansky, *GMA* I Nr. 52, S. 270-300.

[38] Merkelbach, *Abrasax* 4, Nr. VII, S. 81-87 (mit orthographisch redigiertem Lesetext nach den Lesungen von Kotansky).

[39] Zu den abweichenden Lesungen vgl. den kritischen Apparat zur diplomatischen Umschrift des Textes.

[40] Die Photographien von M. Maurice Chuzeville verdanken wir der Freundlichkeit von Mme. Catherine Metzger, die Erlaubnis zu ihrer Publikation M. Alain Pasquier, conservateur au département des antiquités du Musée du Louvre (Brief vom 28. 2. 1986). Die Photographien überschneiden sich teilweise: Photo links enthält Z. 1-45, Mitte Z. 41-87, rechts Z. 77-120; die vier Zeichen 'S' unter dem Text am unteren Rand der Folie sind auf der Photographie nicht sichtbar. Mme. Metzger haben wir auch für ihre Unterstützung bei der mikroskopischen Untersuchung der TMB im Musée du Louvre zu danken.

[41] Zur Herkunft s. Villefosse (1909) 287: «Au mois de mars 1900 le musée du Louvre a fait l'acquisition d'une feuille d'argent trouvée à Beyrouth dans un tombeau» mit Anm. 1: «Inv. M.N.D., 274. Cf. IV. Musée du Louvre; département des antiquités grecques et romaines. Acquisitions de l'année 1900, n. 76. Elle a été mentionée par Aug. Audollent, Defixionum Tabellae, p.XXXV, note 8». Das von F. Heintz publizierte Amulett für Thomas («A

Silberfolie (ἀργυροῦν πέταλον)[42], langer schmaler Streifen, hochgestelltes Rechteck von unregelmässiger Form: grösste Breite 3 cm, Länge (= Höhe) 37,5 cm.

Das Amulett wurde in einer zylindrischen Kapsel aus Bronze getragen[43], von der mehrere Reste erhalten waren[44], die aber heute nicht mehr vorhanden sind[45].

Die Folie war, beginnend am unteren Ende, so eingerollt, dass dieses zuinnerst in der Rolle zu liegen kam. Dort ist sie am stärksten zerknittert. Bei der Verpackung der gerollten Folie in die Kapsel wurden die Ränder durch Stauchfalten und nachträgliche Beschneidung teilweise stark beschädigt. Die Lesbarkeit der Schrift wurde noch zusätzlich beeinträchtigt durch die Beschädigungen, die sich

---

Greek Silver Phylactery in the MacDaniel Collection» *ZPE* 112, 1996, 295-300 mit Tafel IV) stammt nach der begründeten Vermutung des Herausgebers aus der nächsten Umgebung der TMB (zu den Parallelen s. unten Anm. 42. 44. 46. 47. 52. 54. 55). Der Name des Amulett-Trägers weist wohl darauf hin, dass es ebenfalls für einen Christen bestimmt war (s. Heintz 1996, 300 zu Z. 54f.).

[42] Vgl. PGM VII 580-582 (abgedruckt oben S. 13). TMB wird nicht wie LB im Text ausdrücklich als φυλακτήριον und σωματοφύλαξ bezeichnet, dient aber derselben 'Zauber-Absicht' als 'Schutz- und Abwehrzauber'; vgl. dazu unten Anm. 71. Die Zauberabsicht im Amulett für Thomas (Heintz 1996) Z. 41-55 διαφυλάξατε ἀπό... ist sehr ähnlich ausgedrückt wie in TMB I Z. 6f.; III Z. 74-79 und in LB II Z. 4ff.; V Z. 43f.; die Amulette sollen bewahren vor κατάδεσμοι (TMB 12f.; 90f.; LB 6f. 40. 44f.), φάρμακα-φαρμακία (TMB 12. 76; LB 6f. 39f. 44), γοητεία (LB 45; Amulett für Thomas Z. 43f.). Der Anruf an die ἅγια καὶ ἰσχυρὰ καὶ δυνατὰ ὀνόματα in der Amulettformel TMB V Z. 109f. und im Amulett für Thomas Z. 37f. stimmt wörtlich überein.

[43] Die Amulettbehältnisse in der Form zylindrischer und prismatischer Röhrchen (zur Verwahrung aufgerollter Folien) führen eine ältere, vorbyzantinische Tradition fort; viele Exemplare (seit dem 4./3. Jh. v. Chr.) abgebildet bei Schienerl (1988) (vgl. oben Anm. 11).

[44] Vgl. Villefosse (1909) 287. Er verweist S. 294 noch auf zwei weitere Amulette, die in ihrer Kapsel gefunden wurden: «une amulette de la même famille, trouvée aussi près de Beyrouth» in der Bibliothèque Nationale, die wie die TMB eingerollt war, und das der Syntyche (s. oben Anm. 9). Gerollt für die Verpackungung in einer (nicht erhaltenen) Amulettkapsel war auch das Amulett für Thomas (Heintz 1996).

[45] Freundliche Auskunft von Mme. Metzger.

beim Entrollen und Glätten der alten Silberfolie ergaben. Dabei entstanden wohl die horizontalen Falten, die zwischen oder durch die
Zeilen der Schrift hindurchgehen und teilweise wie Linien[46], teilweise
wie Reihen von kleinen Bögen aussehen. Sie sind stellenweise von
Teilen der unregelmässig manchmal tiefer, manchmal höher ge-
schriebenen Buchstaben nur schwer zu unterscheiden. Dazu sind an
den Rändern beim Glätten kleine Stücke weggebrochen.

Die folgende Datierung der Schrift[47] verdanken wir ebenfalls
Prof. Peter Parsons (nach Diskussion mit R. A. Coles und J. R.

---

[46] Das sind offensichtlich nicht vor der Beschriftung gezogene 'Linien'. Die
Zeilen sind nicht dank ihrer Hilfe regelmässig und gerade geschrieben. Es
sind nachträglich entstandene Falten. Ihre Entstehung ist wohl so zu erklären, dass beim Entrollen der eng gerollten Silberfolie die Stellen, an denen
Buchstaben standen, die eine Art 'Relief' bildeten, gegen die Glättung einen
gewissen Widerstand leisteten, während an den Stellen, die keinen solchen
Widerstand boten, die Folie geknickt wurde (auch auf den Photographien gut
sichtbar z. B. zwischen Z. 53/54. 84/85. 95/96. 118/119, nach 120, wo jeweils am linken Rand ein Ausbruch damit verbunden ist). Dabei enstanden
die unregelmässigen Falten, die entweder den Zeilen der Buchstaben folgen,
gegen das stärker eingerollte Ende zu aber auch gelegentlich durch die Buchstaben hindurchgehen. Das Goldamulett in Stamford, Connecticut (4. Jh. n.
Chr.; oben Anm. 8), mit 32 Zeilen auf einem schmalen hochrechteckigen
Streifen von 2,7 x 8,0 cm (s. dazu Faraone/Kotansky 1988, Tafel IXa und
die Zeichnung S. 258) scheint in derselben Weise gerollt gewesen zu sein
wie die TMB: beginnend am unteren Ende, wo die Folie am meisten zerknittert ist. Auch hier sind dann erst beim Entrollen die unregelmässigen
'Linien' entstanden (im oberen Teil nur schwächere, im unteren am stärksten
eingerollten Teil stärkere 'Linien', beginnend nach Z. 16), auch hier teilweise zwischen den Zeilen (fehlen nach Z. 23. 27. 31, Doppellinie nach Z.
24), teilweise durch die Buchstaben einer Zeile hindurchgehend (z. B. Z. 17.
23), ganz krumm zuunterst (nach dem am rechten Rand nachgetragenen Ende
der Z. 30 = Z. 31 der Umschrift). Die 'Linien' können also nicht als
Schreibhilfe gedeutet werden (vgl. Faraone/Kotansky 1988, 258: «It seems
as if halfway through the tablet the scribe began to rule the gold foil in a
not altogether successful effort to produce a more orderly inscription with
somewhat smaller and more evenly spaced letters.»). Auch hier ist der Rand
beim Entrollen durch Ausbrüche beschädigt worden. Aehnlich auch das
Amulett für Thomas (Heintz 1996, Tafel IV): aufgerollt mit dem oberen
Ende zuinnerst, dann keine solchen 'Linien' mehr nach Z. 48 und im unteren
leer gelassenen Abschnitt.

[47] Frühere Datierungen: Villefosse (1909) 295: «Il est assez difficile de dater ce
monument d'une manière précise: je ne le crois pas antérieur au III<sup>e</sup> siècle de
notre ère»; E. Peterson, ΕΙΣ ΘΕΟΣ. *Epigraphische, formgeschichtliche und*

Rea)[48]: «This one seems easier. There are parts which one could quite easily ascribe to the 3rd cent. AD, as the first editor did; but here and there one sees letter forms ( $\mathcal{C}$ , $\mathcal{h}$ for eta, $\mathcal{C}$ ) which in Egypt at least are Byzantine. We would say, therefore, that it is'nt earlier than the fifth century AD; how much later it could be, it is very hard to say, though there are no clear signs of its being very late. Perhaps '5th/6th cent.' would be the prudent verdict.»

Der Schreiber schrieb den Text mit einem nicht sehr harten Griffel, wohl einem χαλκοῦν γραφεῖον[49] mit einer abgerundeten Spitze, ohne Worttrennung[50] und ohne Interpunktion. Die ziemlich unsorgfältig geschriebene Schrift wird gegen das Ende zu, wo er offenbar in Platznot kam, zunehmend schlechter lesbar[51].

Die Kolumnenbreite der Schrift hatte sich auch hier nach der Länge der Amulettkapsel zu richten. Der Schreiber entledigte sich dieser Aufgabe weder mit besonderer Sorgfalt noch besonders geschickt. Am Anfang ging er sorgloser mit dem Platz um. Die ersten Zeilen sind noch kürzer (mit grossem spatium mitten in Z. 8), dann werden sie länger, Z. 25 hat 22, die längste (Z. 59) 23 Buchstaben. Um die gebotene Breite nicht zu überschreiten liess er gelegentlich am rechten Rand etwas Raum frei (z. B. Z. 1-4. 7. 30. 44. 52. 69. 87. 106), oder er drängte am Zeilenende die Buchstaben mehr zusam-

---

*religionsgeschichtliche Untersuchungen* (Göttingen 1926) 88: «Vielleicht gehört es ins Ende des 4. oder Anfang des 5. Jahrhunderts»; Jordan (1991) 62: «IV$^p$ or later?»; Kotansky, *GMA* I, S. 270: «IV A.D.». Das Amulett für Thomas ist von einer sehr ähnlichen Hand geschrieben, also wohl gleich zu datieren wie TMB (s. Heintz 1996, 295).

[48] Brief vom 21. 1. 1987.

[49] Vgl. die Anweisungen, Zaubertexte mit einem χαλκοῦν γραφεῖον auf Metallfolien zu schreiben, z. B. PGM VII 216f. 398. 417 und viele weitere (s. *PGM* 3, Reg. I, s. v. γραφεῖον); zu LB s. oben Anm. 22.

[50] S. dazu unten Anm. 52.

[51] Dazu Villefosse (1909) 287: «... 120 lignes, dont les 59 premières sont assez lisibles .... A partir de la ligne 60 les caractères apparaissent avec moins de netteté; ils sont négligemment formés, plus serrés et parfois enchevêtrés les uns dans les autres. A la ligne 95 l'écriture devient plus mauvaise encore; le scribe se hâtait d'en finir et certaines lettres sont à peine lisibles.»

men (z. B. Z. 17. 25. 35. 59-61. 70-72. 108. 116)[52], in der vor-
letzten Zeile (119) musste er das letzte Wort[53] unter der angefan-
genen Zeile einrücken. Nach Zeile 30 hängen die Zeilen nach rechts
hinunter, gelegentlich ist das Zeilenende verschoben, nach unten (Z.
54) oder nach oben (Z. 65. 74).

Aber es gelang dem Schreiber trotzdem nicht, einen Text herzustellen, der genau in die Amulettkapsel hineinpasste. Nach der
Beschriftung schnitt er die überschüssigen Teile der Folie der Schrift
entlang ab, besonders am linken Rand sehr knapp. Doch er hatte die
Ränder des Schriftspiegels links und rechts nicht gerade gehalten.
Der lange schmale Streifen hatte eine in der oberen Hälfte leicht
nach rechts, weiter unten nach links ausschwingende Form bekommen (wie ein umgekehrtes S). Mit diesen Ausbuchtungen, die nach
dem Einrollen der Folie an beiden Enden herausragten, war das Röll-
chen für die Kapsel zu lang geworden. Deshalb wurden die Ränder
der Folie offenbar schon beim Verstauen in die Kapsel beschädigt:
Am rechten Rand entstand eine Falte, die dem Rand folgt (von Z. 35
bis 52). Damit der Deckel der Kapsel geschlossen werden konnte,
wurde dann der linke Rand der Folie, nachdem sie schon gerollt (und
wohl bereits in der Kapsel) war, nochmals beschnitten. Dabei sind
wohl die halbmondförmigen Einschnitte entstanden (bei Z. 55-57.
82-84. 97-119)[54].

---

[52] Er versuchte offenbar, das Zeilenende mit Wort- oder Silbenende zusammen-
fallen zu lassen; aber auch das gelang ihm nicht durchgehend; s. die diplomatische Umschrift. Zur «notoriously» unregelmässigen Silbentrennung am
Zeilenende in den Papyri vgl. Gignac, 2, 327-329 (s. dagegen oben Anm.
28 zu LB). Die Wortabtrennung im Amulett für Thomas (Heintz 1996) Z.
32ff. ist offenbar mehr dem Zufall überlassen (d.h. wie die Wörter entsprechend der kleineren Breite des Silberbandes Platz fanden).

[53] Χριστός: s. dazu den textkritischen Apparat zur diplomatischen Umschrift.

[54] Ein analoges Verfahren ist wohl anzunehmen bei dem Goldamulett in Stamford. Hier hat es wohl noch eine besondere Begründung. Wenn dieses Amulett aus einer «Massenproduktion» stammt (s. dazu oben Anm. 8. 46), so
war sein Text wohl nicht eigens für die Kapsel disponiert, in der es dann
verstaut wurde. Es wurde offenbar eher unsanft in eine Kapsel gestossen, für
die sein Textspiegel zu breit war. Dabei wurde die gerollte Folie so in die
Kapsel gedrückt, dass hier der linke Rand stellenweise etwas gestaucht wurde
(Falten bei den Zeilen 22-29. 31ff.). Dazu wurde der rechte Rand, nachdem
die Folie schon gerollt war, nochmals ziemlich stark beschnitten. Dabei
entstanden die Einschnitte, denen am Zeilenende Buchstaben oder Teile von
Buchstaben zum Opfer fielen (bei Z. 4. 5. 11. 12. 14. 15. 18. 19. 20. 23.

Dazu sind dem Schreiber beim Kopieren des Textes zahlreiche Flüchtigkeitsfehler unterlaufen. Er hat ein Wort wiederholt; ganze Wörter und Teile von Wörtern ausgelassen; einzelne Buchstaben ausgelassen, umgestellt oder hinzugefügt. Seine Phonetik ist stärker vulgärsprachlich beeinflusst als die von LB[55]. Einiges hat er wohl selber nicht verstanden.

Im folgenden seien die Merkmale der TMB kurz aufgezählt[56].

Es finden sich folgende <u>Schreibfehler</u>:

<u>Auslassung ganzer Wörter</u>:

- Z. 89 πάντα τὰ ἀρενικὰ ⟨καὶ θηλυκὰ⟩ (s. Kommentar ad. loc.)

<u>Auslassung von Buchstaben</u>:

- Z. 14 ὄματι statt ὀνόματι; Z. 19 ἐπ statt ἐπί (ebenso Z. 44. 48: dreimal verschliffen vor dem Artikel, üblicherweise 'korrekt'); Z. 69 δύ statt δύο; Z. 115 δεμον statt δεμονίων oder δεμόνων.


<u>Dittographie</u>:

- Z. 45/46 ἐπικαλοῦμαι/ἐπικαλοῦμαι (beim Zeilensprung)[57].

<u>Vorlage nicht verstanden bzw. fehlerhafte Wiedergabe der Vorlage</u>:

- Z. 63 Ἀδωνης für Ἀδωναι (s. Kommentar ad. loc.)

---

27. 28. 31). Auch am Amulett für Thomas (Heintz 1996, Tafel IV) sind die Falten am rechten Rand (Z. 5-25. 58-60 und im untersten leeren Abschnitt) sowie die Beschädigungen am linken (einmal auch am rechten) Rand wohl bei der Verstauung in eine zu kleine Kapsel entstanden.

[55] Zur Sprache der LB s. oben S. 12f., der PGM XXXV unten S. 33-38. Literatur zur Umgangssprache (im Gegensatz zur klassizistischen Kunstsprache der Gebildeten) bei Schmitz (1997) 75-83 («Eine Kunstsprache»). Aehnliche Erscheinungen der Phonetik und vielleicht nicht verstandene Wörter (z.B. gerade das wichtige Wort καταθεσιμων = καταδέσμων; θ statt δ s. Gignac 1,97) auch im Amulett für Thomas (Heintz 1996).

[56] S. dazu die diplomatische Umschrift und den redigierten Text; zur sprachwissenschaftlich falschen Schreibung mit Zirkumflex, Spiritus und Iota subscriptum s. unten Anm. 66. 105.

[57] Vgl. PGM XXXV Z.5/6; Z. 15/16; Z. 31a/32; Z. 33/34.

- Z. 68/69 Θαλουμθουσιν für Μαθουσαλημ (?, s. Kommentar ad. loc.)

- Z. 105 προσευχόμενα für προσερχόμενα (?, s. Kommentar ad. loc.)

Folgendes ist zu bemerken zur Sprache:

Zur Phonetik:

Konsonanten:

- fehlende Gemination: Z. 47 θαλάση/θαλάσση; Z. 89 ἀρενικά/ἀρρενικά bzw. ἀρσενικά (ebenso Z. 113); Z. 116/117 ἀπαλάξατε/ἀπαλλάξατε (vgl. Gignac 1, 155. 156. 158f.)

- fehlende Aspiration: Z. 79 ἐπορκίζω/ἐφορκίζω (vgl. Gignac 1, 135)

- Ausfall des ν vor Dental: Z. 3/4 ἐλθότα/ἐλθόντα; Z. 82/83 βροτοῦτα/βροντῶντα (vgl. Gignac 1, 116f.)

- Ausfall des ν am Wortende: Z. 7 ἤ statt ἤν (ebenso Z. 74. 117: also dreimal vor Vokal in der formelhaften Wendung ἤν ἔτεκεν Ζοή; nur einmal 'korrekt', Z. 92) (vgl. Gignac 1, 111f.)

- Ausfall des ς am Wortende: Z. 10 ἀνάγκη/ἀνάγκης; Z. 42 ταῖ/ταῖς (vgl. Gignac 1, 124f.)

- Ausfall des zwischenkonsonantischen π: Z. 27 πέμτου/πέμπτου (vgl. Gignac 1, 64)

- Liquidenmetathese: Z. 103 ὀφθλαμοῦ/ὀφθαλμοῦ (vgl. Schwyzer, *Gr. Gr.* 1, 267f.)[58]

Vokale:

- umgangssprachliche Krasis: Z. 2 τοὐρανοῦ (vgl. Gignac 1, 322f.)[59]

- ε statt αι: Z. 9. δέμονος/δαίμονος (ebenso Z. 10. 11. 75. 112. 115) (vgl. Gignac 1, 193)

---

[58] Vgl. dort S. 268 θυροκλιγκίδες /-κιγκλίδες; δρίφος/δίφρος u.a.

[59] Vgl. PGM XXXV Z. 22 κἀμοί; Z. 23 τἀγαθά.

- αι statt η : Z. 40. ταῖς/τῆς (vgl. Gignac 1, 247f.)

- η statt αι: Z. 59 πλατίης/πλατ(ε)ίαις; Z. 63 ᾿Αδωνης/ ᾿Αδωναι (vgl. Gignac 1, 248)

- ει statt ι: Z. 109 εἰσχυρά/ἰσχυρά (vgl. Gignac 1, 190)

- ι statt ει: Z. 44 σισμοῖς/σεισμοῖς; Z. 59. πλατίης/πλατείης (= -αις); Z. 62. ὄρι/ὄρει; Z. 100/101 βρόσι-πόσι/βρώσει-πόσει; Z. 108 ἐμβάσι/ἐμβάσει; Z. 108/109 βαλανίῳ/βαλανείῳ; Z. 120 βοήθι/βοήθει (vgl. Gignac 1, 189f.)

- ε statt η : Z. 16 καθέμενον/καθήμενον (ebenso Z. 18. 21. 24. 26. 29. 32. 51. 53. 56. 60. 61. 64. 66. 68) (vgl. Gignac 1, 242ff., bes. 243 sub b.I.)

- η statt ε: Z. 70 Χηρουβιν/Χερουβιν; Z. 115/116 νυκτηρινῶν/ νυκτερινῶν (vgl. Gignac 1, 244f.)

- υ statt οι: Z. 101 κύτης/κοίτης (vgl. Gignac 1, 197f.)

- ο statt ω: Z. 8 Ζοή/Ζωή (ebenso Z. 75. 93. 118) [60]; Z. 17 πρότου/πρώτου; Z. 67 στερεόματι/στερεώματι; Z. 70/71 αἰôνος- αἰόνων/αἰῶνος - αἰώνων; Z. 80 ζôντα/ζῶντα; Z. 100 βρόσ(ε)ι/βρώσει (vgl. Gignac 1, 276f.)

- ου statt ω: Z. 82/83 βροτοῦτα/βροντῶντα (vgl. Gignac 1, 210f.).

<u>Genus nominis:</u>

- Z. 53 τοῖς ὁδοῖς (zur Fluktuation der genera s. Gignac 2,39ff.)

<u>Kasusgebrauch:</u>

- Z. 29/30 ἐπὶ τὸν ἕκτον οὐρανόν, seltsam inmitten der Genetive und Dative nach ἐπί (vgl. allerdings LB Z. 30 ἐπὶ τὸν δράκοντα).

---

[60] Der Name Ζωή z. B. bei Zonaras (ed. W. Dindorf) 16, 12 (p.41); 27, 18 (p.179); s. auch Ζωή (nicht sicher, ob Eigenname) Suppl. Mag. 28,6; mit zurückgezogenem Akzent (Ζώη) z. B. bei P. M. Fraser-E Matthews, *A Lexikon of Greek Personal Names,* vol. II, *Attica* (edd. M. J. Osborne-S. G. Byrne, Oxford 1994) 194; zum Akzent s. A. Fick, *Die griechischen Personennamen nach ihrer Bildung erklärt* (2. Aufl. F. Bechtel und A. Fick, Göttingen 1894) 22ff.

<u>Gemeinsame Abweichungen</u> vom 'klassischen' Sprachgebrauch, die vielleicht auf die Vorlage zurückgehen (alle im Abschnitt LB III = TMB II = PGM XXXV I):

- σισμοῖς TMB 44 = LB 22

- θαλάσῃ TMB 47 = LB 23 (-σης) = PGM XXXV 9 (-σης)

- τοῖς ὁδοῖς TMB 53 = LB 26.


Die unsorgfältige, gewissermassen lieblose Behandlung des Zaubertextes scheint darauf hinzuweisen, dass nicht damit gerechnet wurde, dass die Trägerin des Amuletts sich für die Details des Wortlauts interessierte, der auf der in der Kapsel verborgenen Folie stand. Sie hatte wohl den Text vorher schon gehört, als er vom Magos rezitiert wurde[61].

---

[61] Vgl. oben Anm. 13. 26. Bonner (1950) 101, nimmt offenbar an, dass auch diese Texte vom Amulettbesitzer selber rezitiert wurden: «The owner and supposed reciter of the spell is Alexandra, daughter of Zoe.»

## 3. Papyrus Graeca Magica XXXV (PGM XXXV)

Firenze, Biblioteca Medicea Laurenziana, PSI I° 29. Publiziert 1912 von L. Cammelli[62], 1931 von K. Preisendanz mit neuen Lesungen, deutscher Übersetzung und Kommentar (Notizen zu den hebräischen Wörtern von Ad. Jacoby)[63]; 1996 von R. Merkelbach mit deutscher Übersetzung und Kommentar[64]. Englische Übersetzung von R. F. Hock nach Preisendanz (1931)[65]; hier als Vergleichstext (auf der Falttafel) vorgelegt mit neuen Lesungen von Th.G. und Chr.Sch.[66] (Abb. 5 und 6)[67].

---

[62] In: *Papiri greci e latini* (Pubblicazioni della Società Italiana per la ricerca dei Papiri greci e latini in Egitto) vol I (Firenze 1912) Nr. 29, S. 69-71 (signiert *l. c.*, S. 70 = Lorenzo Cammelli, s. Vorwort S. V) mit tavola fotocollografica No. 29 (von A. Alinari).

[63] PGM XXXV, in: *PGM* 2 (Stuttgart [2]1974) 160-162 (unverändert gegenüber der 1. Aufl. von 1931). Preisendanz hatte vorher in einem Artikel, «Papyrus graeca Societatis Italicae magica», in: *Raccolta di scritti in onore di G. Lumbroso*, Aegyptus Publicazioni 3 (1925) 212-216 gegenüber PSI 29 neue Lesungen und sehr kühne Deutungen vorgeschlagen (Kurzreferat in «Die griechischen Zauberpapyri», *APF* 8, 1927, 104-131; hier: 128), die er grossenteils zu PGM XXXV wieder zurückgezogen hat. Preisendanz hatte die in der damaligen Situation verständliche Absicht, gegenüber früheren Herausgebern, die sich «beschränken ... auf die Umschrift der bald mühelos, bald weniger leicht lesbaren Originale und verzichten auf Vermittlung von Normaltexten, die der eingeweihte wie fernerstehende Benutzer zur ungehemmten Arbeit sich wünschen darf», eine Ausgabe der Zauberpapyri herzustellen, «die ihrem Benutzer wirklich lesbare, verständliche Texte bietet, ohne ihn vor dem Eindringen in ihr Studium abzuschrecken» (s. dazu *APF* 8, 1927, 105). Er hat deshalb den redigierten Text weitgehend der Norm der klassizistischen Literatursprache angeglichen (zu seinem Text s. auch unten Anm. 87. 88).

[64] Merkelbach, *Abrasax* 4, Nr. VI, S. 71-79. Redaktion des Textes nach Preisendanz; zur Zählung der Zeilen s. unten Anm. 95. 114.

[65] in: PGMTr 268f. (mit Abbildung der Zeichnungen nach Z. 28 und der drei Köpfe).

[66] Unsere Lesungen basieren auf den Photographien, die uns vom Istituto Papirologico «G. Vitelli» in Florenz zur Verfügung gestellt wurden. Für Hilfe beim Entziffern einiger schwieriger Stellen danken wir Prof. Peter Parsons, Oxford. Die Eigentümlichkeiten der Sprache und der Orthographie bieten mit den Anhaltspunkten zur Bestimmung der sozialen und kulturellen

Aus Oxyrhynchos, genauere Fundumstände nicht bekannt[68].

Papyrusblatt[69]; unregelmässiges Rechteck, grösste Breite 12, 1 cm, grösste Höhe 19,4 cm; Ränder wohl ebenfalls nach der Beschriftung links und rechts der Schrift entlang beschnitten[70].

'Machtzauber' (χαριτήσιον καὶ νικητικόν) für Paulos Iulianos (Name zwischen dem linken und dem mittleren Kopf) mit dem Zweck, ihm Gunst, Macht, Sieg, Gewalt über andere zu verschaffen[71].

---

Umgebung der Texte zugleich eine willkommene Hilfe zur differenzierenden Charakterisierung der drei in anderer Hinsicht einander ähnlichen Amulette, die wir auf der Falttafel nebeneinandergestellt haben. Wir folgen deshalb mit unserem redigierten Text (ausser der Berichtigung evidenter Schreibfehler) möglichst nahe den Originalen, die allerdings zu ihrem Verständnis phonetischer und grammatischer Interpretation bedürfen (zu LB s. oben S. 12f., zur TMB oben S. 22f., zur PGM XXXV unten S. 33-38). Im Hinblick darauf stellen die mit den üblichen, sprachgeschichtlich anfechtbaren Mitteln redigierten Lesetexte einen Kompromiss dar. Als Hilfe zum Verständnis dessen, was sie in ihrer unklassischen Sprache sagen wollten, ergänzen wir einige der ausgefallenen Laute, auch wenn anzunehmen ist, dass sie nicht der damaligen Aussprache entsprechen, und fügen die diakritischen Zeichen bei, die den Text den heutigen Lesegewohnheiten erschliessen; zur Schreibung mit Zirkumflex, Spiritus und Iota subscriptum s. unten Anm. 105.

[67] Für die Zusendung der Photographien (Abb. 5 und 6) sind wir Dr.ssa Gabriella Messeri (Brief vom 29.10.1989), für die Erlaubnis zu ihrer Publikation Prof. Manfredo Manfredi, Presidente dell' Istituto Papirologico «G. Vitelli», zu Dank verpflichtet (Brief vom 1. 2. 1991).

[68] Cammelli in *PSI* I (s. oben Anm. 62) nennt als Herkunftsort Oxyrhynchos, ohne nähere Angaben. Nach G. Vitelli (im Vorwort zu *PSI* I, S. V) stammen die in diesem Band publizierten Texte entweder aus den eigenen Ausgrabungen der 'Società italiana' von Aschmunên und Behnasa (= Oxyrhynchos), oder sie wurden von Händlern und Bauern gekauft. PGM XXXV stammt also wohl aus einer dieser Ausgrabungen. Zu den Papyrus-Ausgrabungen in Oxyrhynchos-Behnasa s. E. G. Turner, *Greek Papyri. An Introduction* (Oxford 1968, Paperback 1980) 27ff., speziell zu den italienischen 33. Die meisten Papyri wurden auf Abfallhaufen gefunden, andere in Häusern, oder auf Friedhöfen; s. auch unten Anm. 72.

[69] Als Träger der Zauberformeln und Zeichen vermutlich ein ἱερατικὸς χάρτης, d. h. wohl ein irgendwie 'geweihter' Papyrus; s, dazu PGM VII 580f. (zitiert oben S. 13).

[70] S. dazu unten Anm. 72. 89.

[71] Nach Preisendanz zu PGM XXXV: «Angewandter Schutzzauber für einen Paulus Iulianus mit dem Zweck, Macht, Gunst und Einfluss bei jedermann

Die auf der Vorderseite (Abb. 5) und auf der Rückseite (Abb. 6) sichtbaren Spuren (Falten, Absplitterungen der Oberfläche, Löcher, Risse an den Rändern) lassen erkennen, dass das Papyrusblatt gefaltet war. Durch die Beschädigungen, die bei der Faltung entstanden, ist die Lesbarkeit des Textes an einigen Stellen beeinträchtigt. Der durch die Faltung entstandene Streifen wurde wohl ohne Amulettkapsel als Amulett getragen[72].

---

zu gewinnen». Die Formeln in Z. 1-13 werden in den parallelen Abschnitten LB III und TMB II (diese hat Preisendanz mit PGM XXXV verglichen) zum 'Schutzzauber' verwendet. Entsprechend ihrer Zauberabsicht ist aber PGM XXXV eher nach Th. Hopfner als 'Machtzauber' zu bezeichnen; s. Th. Hopfner, «Mageia», *RE* 14, 1 (1928) 301-393, dort 378 (H. teilt die Texte nach der 'Zauber-Absicht' in vier Gattungen ein, davon die dritte: «Liebes- und Machtzauber»). Jordan (1991) 61 bezeichnet PGM XXXV als «a χαριτήσιον for a man». Sehr viel Ähnlichkeiten mit PGM XXXV hat das Amulett, für das PGM XXXVI 35ff. die Anweisung gibt: Θυμοκάτοχον καὶ χαριτήσιον καὶ νικητικὸν δικαστηρίων (bei Gerichtsverhandlungen), wirkt sogar πρὸς βασιλέας, darin u. a. auch die Zaubernamen Ἰαω, Σαβαωθ, Ἀδωναι, Ἐλωαι, Ἀβλαναθαναλβα, Ἀκραμμαχαμαρι und das Gebet: κύριοι ἄγγελοι (vgl. PGM XXXV Abschn. I) und die Bitte: δότε μοι … νίκην, χάριν, δόξαν, ἐπιτυχίαν πρὸς πάντας ἀνθρώπους καὶ πρὸς πάσας γυνέκας (vgl. PGM XXXV Abschn. II a-f). Einen vergleichbaren Text mit teilweise ähnlichen Formeln (zu den Unterschieden s. unten Anm. 81) bietet das von R. Kotansky publizierte Goldamulett in Baltimore, ein νικητικὸν καί θυμοκάτοχον (dazu Kotansky 1991a, 41 Anm. 1 mit weiteren Parallelen). In PGM XXXV fehlt das Element des θυμοκάτοχον. Wie die Belege zeigen, ist 'χαριτήσιον' für sich allein, ohne spezifizierenden Zusatz, wohl keine ausreichend klare Bezeichnung für die Zauber-Absicht eines Amuletts; χαριτήσιον καὶ νικητικόν z. B. PGM VII 186; vgl. PGM LXX 1; zu χαριτήσιον vorwiegend im Liebeszauber vgl. J. J. Winkler, «The Constraints of Eros», in: Faraone/Obbink (1991) 214-243, dort S. 220 (χαριτήσιον bezeichnet stimulierende Erotika) und Anm. 18. 26-28.; χαριτήσιον in der Form χαριτῆσην in PGM XXXV 26. Der Name Paulos Iulianos ist wohl auch christlich; s. dazu Daniel/Maltomini zum Amulett Suppl. Mag. 43 mit den Namen Leontia, Eva und Thekla (*Suppl. Mag.* I, S. 154f.); vgl. unten Anm. 94; s. auch den Wortschatz unten S. 35.

[72] Querfalten etwa bei Z. 40. 33. 25. 16. 4. Gefaltete Papyrusamulette z. B. PGM XIX a; XLV; XLVII; LXIV; P 14; 16; P. Köln 257, christliches Amulett, 4./5. Jh.: «Der Papyrus wurde an allen vier Rändern sauber abgeschnitten und siebenmal längs gefaltet». Andere waren gerollt und teilweise verschnürt und versiegelt, z. B. PGM XVI; LIIIf. Die Papyrusamulette wurden wohl nicht in Amulettkapseln getragen (s. oben Anm. 11). Auch bei PGM XXXV deutet nichts darauf hin, dass sie zum Zweck der Aufbe-

Die ungelenke, von einem ungebildeten Schreiber geschriebene, stellenweise kaum lesbare Schrift[73], ist schwer zu datieren[74]. Das bezeugt auch die folgende Beurteilung, die wir ebenfalls Prof. Peter Parsons (nach Konsultation von R. A. Coles und J. R. Rea) verdanken[75]: «The letter forms seem unlikely to be earlier than the fifth century AD. You could argue that they should not be later than the fifth century, because they lack the exaggerated rising and descending strokes characteristic of the fully developed Byzantine script; but I doubt whether the argument is reliable. Coles would plump for the sixth century anyway; Rea and I would say 'fifth/sixth'.»

---

wahrung in einem Amulettbehältnis angefertigt wurde. Einige gefaltete Papyri waren wohl zum Einschieben in den Mund einer Mumie oder in einen Sarg vorbereitet (s. z. B. zu PGM XIX a; LXIV). Auch die Amulette auf Metallfolien wurden nicht alle in Kapseln als Anhänger getragen. Solche, die man für spezielle Gelegenheiten brauchte, wurden etwa im Gewand versteckt, so z. B. das θυμοκάτοχον καὶ χαριτήσιον καὶ νικητικόν PGM XXXVI 35 ff., das für Auseinandersetzungen im Gericht oder vor hochgestellten Personen empfohlen wird (s. oben Anm. 71). Dazu wird die Anweisung gegeben, das auf eine Silberlamelle zu schreibende (λαβὼν λάμναν ἀργυρᾶν γράφε Z. 37f.) Amulett im Unterkleid zu tragen: φόρι ἐν τῷ ὑποκαλύμματί σου, καὶ νικήσις (Z. 40). Vielleicht wurde auch PGM XXXV im Hinblick auf die νίκη (Z. 16. 22. 25) bei einem bestimmten Anlass (etwa einem Gerichtsfall wie PGM XXXVI 35ff.) hergestellt, dabei im Gewand versteckt getragen und dann, nachdem sie die gewünschte Wirkung erreicht (oder nicht erreicht) hatte, vom Amulettbesitzer weggeworfen (zu den Abfallhaufen in Oxyrhynchos s. oben Anm. 68).

[73]  Preisendanz (1925) 212 charakterisiert sie als: «scripturam papyri ab homine sine dubio inliterato ac rudi pessime miserrimeque factam»; s. unten Anm. 82. Zu den schwer lesbaren Korrekturen s. unten Anm. 78.

[74]  Cammelli (s. oben Anm. 62) datierte *PSI* I 29: «Sec. IVP (?)»; Preisendanz PGM XXXV: «5. Jh.»; Jordan (1991) 61: «Oxyrhynchus?, VP?». Gewisse sprachliche Phänomene, für die Gignac Parallelen aus anderen Papyri und aus der Literatur beibringt, scheinen eher für eine spätere Datierung zu sprechen; s. dazu unten S. 35-38. Gignac selber datiert aber (2, 386 Anm. 2) PGM XXXV auch: «5th cent.» (nach Preisendanz, seinem Gewährsmann für die PGM; s. Gignac 1, 13).

[75]  Brief vom 17.4.1991: «... the matter is so difficult and the writing so idiosyncratic ...»; vgl. dazu unten Anm. 78. 82.

Der Text ist ohne Wortabtrennung und ohne Interpunktion[76], mit den Wörtern über die Zeilenenden fortlaufend, geschrieben. Zwei *nomina sacra* werden abgekürzt[77]. Die unregelmässige und offenbar mit Mühe geschriebene Schrift und die stark von vulgärsprachlichen Elementen geprägte Sprache zeigen, dass der Schreiber des Amulett-Textes kein literarisch gebildeter Mann war. Es sind ihm auch einige Schreibfehler unterlaufen.

Doch, so ungeschickt er war, so ging er doch beim Kopieren seiner Vorlagen durchaus nicht flüchtig und ohne Sorgfalt vor. Er scheint im Gegenteil geradezu ängstlich bemüht gewesen zu sein, die Formeln des Zaubertextes so, wie er sie fand, möglichst genau zu kopieren. Dafür sprechen vor allem seine zahlreichen Korrekturen[78]. Gewiss hat er nicht alles verstanden, was er abschrieb[79]. Darauf kam es ihm offenbar weniger an als auf die Autorität der magischen Formeln und Zeichen, die nur bei genauer Befolgung der Vorlagen für wirksam gehalten wurden. Deshalb verzichtete er auf selbständige Veränderung und damit auch auf die Vereinheitlichung der Ortho-

---

[76] Auch ohne Ligaturen ausser vielleicht einmal für ου in τ(ο)ῦ Z. 21.

[77] Vgl. dazu und zum folgenden unten S. 35f.

[78] Zahlreiche schwer lesbare Korrekturen im oberen Teil (Abschnitte I bis II d, Z. 1-28). Wahrscheinlich war schon die Vorlage stellenweise schwer lesbar (besonders im Abschnitt II b, Z. 19-24): Z. 4 am Anfang (vor ἐπικαλοῦμε) 1 oder 2 Buchstaben getilgt ?; 5 Anfang 1 Buchstaben durchgestrichen; 13 τ von τὸν κ(ύριο)ν und ς von τῆς korrigiert, ια in στρατιᾶς aus η; 15/16: Ende 15 nach ν von παραμιν ev. η halb sichtbar/ Anfang 16 {η} nachgetragen und durchgestrichen, dann ται (τ mit Abstrichen am Querbalken, nicht μ); 16 η von δώηστε korrigiert; 18 über ναχ von μοναχῶν ev. κ (oder η, ω ?) und zwei Striche, mehrere Korrekturen in στρατιωτῶν; 24 δ in διὰ korrigiert, υ von οὖν über dem ν nachgetragen; 25 schräger Abstrich unter υ in δύναμιν; 26 α korrigiert in χαριτῆσην (= χαριτῆσιν = χαριτήσιον, Gignac 2, 27f, vgl. unten S. 37); 27 letztes ωθ unter dem Ende der Zeile nachgetragen; 28 wohl nur ein korrigiertes α in αβαωθ. - Korrekturen und Probleme im unteren Teil (Z. 31 a bis 50): 31 a ν über πευμ nachgetragen, danach μ,, das nicht getilgt ist (der Schreiber wollte wohl aus dem unrichtigen πευμ, das er zuerst geschrieben hatte, das richtige πνευ machen, an das die Fortsetzung in Z. 32 anschliesst) ; 33 nach υψω wohl noch ein σ. Die untersten Zeilen (39-40 links, 49-50 rechts) mit vielen Korrekturen sind fast unlesbar, teilweise durch Absplitterungen der Oberfläche zerstört.

[79] Vgl. unten S. 34-38.

graphie und der Sprache sowie auf Verbesserungen, auch da, wo sie sich andernfalls geradezu aufgedrängt hätten[80].

In den Rezepten zur Herstellung von Amuletten für Machtzauber wird im allgemeinen vorausgesetzt, dass der Schreiber und der Amulettbesitzer ein und dieselbe Person ist, und es werden verschiedene Vorlagen angeboten, die er für die Formulierung seines Amulettextes benützen kann[81]. Mehrere Indizien sprechen dafür, dass der Amulettbesitzer der PGM XXXV, Paulos Iulianos, auch so vorgegangen ist, dass er also auch der Schreiber und der Hersteller seines Amuletts war, für dessen Text und Bilddarstellungen er wohl auf mehrere Vorlagen zurückgegriffen hat. Für einige der auffälligen Eigentümlichkeiten der PGM XXXV ergibt sich von daher eine einleuchtende Erklärung, so in erster Linie für die schwerfällige, schlecht lesbare Schrift. Ihre mangelhafte Qualität ist leicht zu verstehen, wenn der Text nicht von einem berufsmässigen Schreiber geschrieben ist[82]. Alle Anzeichen weisen vielmehr darauf hin, dass er das mit vieler Mühe zustandegebrachte Produkt der fleissigen Arbeit eines ungebildeten Mannes ist, der für sich, vielleicht für eine be-

---

[80] Besonders auffällig ist die unkorrigiert wiedergegebene verstümmelte Liste der 'Sieben Himmel' und der Mächte, die über ihnen sitzen, in Z. 2-7; vgl. dazu unten Anm. 84 und S. 88ff.

[81] So wird derjenige, der das θυμοκάτοχον καὶ χαριτήσιον καὶ νικητικόν PGM XXXVI 35ff. braucht, im Rezept in der zweiten Person angeredet und aufgefordert: λαβὼν λάμναν ἀργυρᾶν γράφε ... (Z. 37f.), und im Amulettext (Z. 41ff.) ruft er die Mächte selber an wie in PGM XXXV, und so auch zum θυμοκάτοχον καὶ νικητικόν PGM XXXVI 161ff. : λέγε (Z. 163), γράψον (Z. 168) und im Text (Z. 169ff.) Anruf der Mächte im eigenen Namen. In diesem Fall hat nicht ein Magos den Text zu rezitieren und das Amulett zu konsekrieren (vgl. oben Anm. 27), sondern der Amulettbesitzer soll selber zuerst einen λόγος sprechen (Z. 163ff.) und dann, um dessen Wirkung zu verstärken, den empfohlenen Text auf einen Papyrus schreiben (Z. 168ff.). Dagegen wurde das Goldamulett in Baltimore (s. oben Anm. 6. 9), das teilweise ähnliche Formeln enthält wie PGM XXXV (s. oben Anm. 71), wohl von einem Schreiber geschrieben und in einer Amulettkapsel getragen (die Formel τὸν φοροῦντα Z. 36f.). Darin ruft der Amulettbesitzer auch nicht wie in PGM XXXV die Mächte in seinem eigenen Namen an.

[82] Vgl. oben Anm. 71. 73. 78. Ungelenke, schwer lesbare Schriften kleiner Leute bieten etwa die Formeln und Unterschriften von Zeugen in Urkunden; Beispiele aus dieser Zeit aus dem Hermopolites, in: *Corp. Pap. Raineri* Bd. IX, Griech. Texte VI, hrsg. v. J. M. Diethardt (Wien 1984), Nr. 1-5, 5./6. Jh. (Taf. 1), Nr. 6-7, 6. Jh. (Taf. 2), Nr. 8-10, 6. Jh. (Taf. 3), Nr. 34, 5./6. Jh. (Taf. 13) u. a.; zu diesen Schriften s. Turner (1968) 82f.

stimmte Gelegenheit[83], selber einen Macht-Zauber zusammengestellt hat. Unter dieser Voraussetzung ist es auch zu verstehen, warum er für seine naive Akkumulation von hochtönenden Zauberformeln nur über so mangelhafte Vorlagen verfügte[84], und warum er sich trotzdem so eifrig damit abmühte, seinen Text möglichst genau nach ihnen zu korrigieren[85]. Mit dieser peinlichen Sorgfalt scheint er geglaubt zu haben, die unfehlbare Wirkung der mit sozusagen ritueller Observanz angewandten zauberkräftigen Formeln und Zeichen auf die angerufenen Mächte erzwingen zu können. Von den Formeln und Zeichen selber verstand er aber offenbar wenig.

Es lässt sich ziemlich genau rekonstruieren, wie er dabei vorgegangen ist (s. dazu Abb. 5). Zuerst schrieb er absatzweise die Abschnitte I bis II d (= Z. 1-28) in einer die ganze Breite des Schriftspiegels ausfüllenden Kolumne[86]. Diesen Teil schloss er ab mit einer Beschwörung bei Ἰαω Σαβαωθ in zwei nicht koordinierten Schwindeschemata (Z. 27 f.). Er gab die 'Schwindeform' aber nicht als 'Figurenbau' wieder, sondern schrieb die Schwindewörter in fortlaufender Schrift. Als besondere Einheit machte er die Figur immerhin dadurch kenntlich, dass er sie eigens einrahmte mit Strichen darüber (zwischen Z. 26 und 27), darunter (unter Z. 28) und am Ende von Z. 27 (wo er ωθ unter dem Zeilenende nachtragen musste) und sie damit vom vorhergehenden Text sichtbar absetzte[87].

---

[83]   Vgl. dazu oben Anm. 72.

[84]   Deutlichstes Beispiel für eine mangelhafte Vorlage sind die Anrufungen der Mächte, die über den Himmeln sitzen in Abschnitt I, Z. 1-7 mit ihrer erratischen Numerierung und mit dem gänzlichen Ausfall des Siebten Himmels; s. dazu unten S. 88ff. 139f.

[85]   Vgl. dazu oben Anm. 78.

[86]   Die sieben oder acht Kreuze über der ersten Zeile schrieb er wohl ganz zuerst. Die erste Zeile rückte er etwas ein. Er füllte dann den leer gebliebenen Raum mit einem imposanten zweistöckigen K der zweiten Zeile aus. Vielleicht hatte er an den Anfang noch ein Zeichen setzen wollen. Am Ende der Z. 19 setzte er mit διὰ τὴν etwas tiefer neu ein: Absatz vor Abschnitt II b (hier Wechsel der Vorlage?; s. unten Anm. 97. 98).

[87]   Zur «Schwindeform» in PGM XXXV s. *PGM* 3, 285, Reg. XV, «5. Verminderung in laufender Schrift, ohne Figurenbau», dort: «Ἰαω Σαβαωθ XXXV 27, nur ιαω, αω, ω ist Schwindewort» (Ιαω Σαβαωθ αω Σαβαωθ ω Σαβαωθ; vgl. Merkelbach, *Abrasax* 4, 74, der die erste Schwindeform anders anordnet) ) und: «Σαβαωθ, αβαωθ bis θ XXXV 28». Beide zusammen

In einem zweiten Lauf schrieb und zeichnete er das Konglomerat, das den unteren Teil des Blattes ausfüllt. Zuerst setzte er, etwas rechts von der Mitte des Blattes, die 'Überschrift' (Z. 31 b)[88], die er ebenfalls mit Strichen darüber, links und rechts (ähnlich wie die um das Schwindeschema) als solche hervorhob, und zeichnete darunter die drei bärtigen Köpfe mit Basis so, dass er zwischen dem linken und dem mittleren den Namen des Amulettbesitzers (das heisst also wohl seinen eigenen) auf vier kurze Linien verteilt einfügen konnte. Dann schrieb er um dieses Ensemble herum die Abschnitte II e und f des Textes in zwei Kolumnen, einer links und unter den Köpfen hindurch (II e, Z. 31 a - 40), und einer rechts davon (II f, Z. 41 - 50). Weil die 'Überschrift' etwas weiter nach rechts hinausragte, konnte er mit der rechten Kolumne erst zwei Zeilen tiefer beginnen[89], und sie wurde am Ende zwei Zeilen länger als die linke (der Schluss jetzt unlesbar).

---

werden von der Umrahmung umschlossen (auch das unter Z. 27 nachgetragene ωθ).

[88] Cammelli (in *PSI* I, s. oben Anm. 62) hat die Stellung der Z. 31 b (bei ihm in Z. 29) als Überschrift erkannt (er nennt sie S. 70 «formula magica»). Er hat sie mitten auf der Seite über den drei Köpfen eingestellt, aber nicht versucht, sie zu entziffern (nur 16 ✳ anstelle von Buchstaben). Dagegen versuchte Preisendanz aus Z. 31 a und 31 b eine fortlaufende Zeile zu konstruieren: (31 a) παρὰ τὰ π⟨ν⟩εύμα(31 b)τα τὰ ἐναντίου ἴδ' ἐπὶ φνεύ-/(32) ματα κτλ., und übersetzt: «Sieh vorbei an den Geistern des Gegners auf die Geister der Ehre und Erhöhung (?)» (danach übersetzt R. F. Hock, *PGMTr* 268) mit dem Vermerk: «Unklare Stelle». Dagegen sprechen sowohl die Stellung der Z. 31 b und ihrer Umgebung auf dem Blatt wie auch der (abgesehen von der fragwürdigen Lesung) unverständliche Wortlaut dieser erzwungenen Zeile. Unter den Strichen, die 31 b als 'Überschrift' kennzeichnen, sind in einer Reihe drei Gruppen von schwer lesbaren Buchstaben zu erkennen: 1.) links zwei oder drei Buchstaben, wohl ỊẠΩ (vgl. Z. 27f.); 2.) in der Mitte 14 Buchstaben, möglich: ẠΝΑΝΗΣ̣ΥΙΟ̣ΕΠΙΦΝ (Zauberwörter oder Namen); 3.) rechts drei Buchstaben, wohl ΙΑΩ̣. Die 'Ueberschrift' gehört wohl zu den darüberstehenden Zauberzeichen (χαρακτῆρες). Jeweils zusammengehörige Zaubernamen (wie hier in der 'Ueberschrift') und Zauberzeichen (χαρακτῆρες) z. B. zu den 12 Zeichen des Tierkreises in PGM VII 310-321, dort ein Name mit ΙΑΩ zum Wassermann, ein Zeichen wie hier die 'Sonne' zum Steinbock. Eine Reihe von χαρακτῆρες mit einer achtstrahligen 'Sonne' zu einem νικητικόν (θαυμαστὸν τοῦ Ἑρμοῦ) in PGM VII 919-924 mit der Formel Θωουθ, δὸς νίκην, ἰσχύν, δύναμιν τῷ φοροῦντι (vgl. PGM XXXV II a Z. 16f.; II b Z. 19-22; II c Z. 25f.).

[89] An dieser Stelle blieb das Blatt beim Beschneiden des rechten Randes etwas breiter.

Zuletzt fügte er die Zeichen und Buchstaben zwischen den Strichen nach dem oberen und vor dem unteren Teil ein. Für die 'Sonne' hatte er unten zu wenig Platz für den Kreisbogen und für die 'Strahlen'. Sie ist deshalb etwas unförmig reduziert.

Mit der Anordnung, in der Zeichen, Zeichnungen und Schrift miteinander kombiniert werden, folgte er wohl einer Vorlage, die er nicht sehr geschickt nachgebildet hat[90].

PGM XXXV ist mit LB und TMB weniger nahe verwandt als diese beiden untereinander. Die PGM XXXV unterscheidet sich von ihrer 'Zauber-Absicht' her[91] und in manchen Einzelheiten der Ausführung (besonders im zweiten Teil von Z. 13 an) von LB und TMB[92]. Im Gegensatz zu LB und TMB, die fast ausschliesslich reinen Text enthalten[93], hat PGM XXXV verschiedene Beigaben: mehrere

---

[90] Zur Verbindung von Überschrift, Zeichnungen und Text und ihrer Anordnung vgl. z. B. die Anweisungen zur Herstellung von Amuletten in PGM XXXVI: 1 ff. Zeichnung von Zauberwörtern umgeben; 35ff. (Inhalt sehr ähnlich, vgl. oben Anm. 71) Überschrift Ἰαω über der Zeichnung, darum herum links, rechts und unten Zauberwörter und Zauberzeichen; 69ff. Zeichnung, die von Zauberworten links, rechts und unten umgeben ist; 103ff. Zeichnung mit ιαωε und anderen Zauberwörtern in Schwindeform links und rechts, darunter das Gebet, das den Wunsch des Trägers ausspricht.

[91] S. dazu oben Anm. 71. In PGM XXXV wird nicht ausdrücklich um Schutz für den Amulett-Träger gebeten. Als 'Amulett' kann sie gelten im Sinne der Definition von Bonner (1950) 2: «In the broadest sense of the word, an amulet is any object which by its contact or its close proximity to the person who owns it, or to any possession of his, exerts powers for his good, either keeping evil from him and his property or by endowing him with positive advantages.» LB und TMB gehören zur ersten, PGM XXXV zur zweiten Kategorie.

[92] Anders als in LB und TMB (und auch in dem Amulett in Baltimore, oben Anm. 9. 71. 81) beruft und beschwört hier der Amulettbesitzer Παῦλος Ἰουλιανός die Mächte selber, nicht ein Zauberer für ihn (s. oben Anm. 26. 27. 61. 81). Sein Name steht nicht im Zaubertext, sondern im Nominativ daneben, ohne die im andern Fall übliche Nennung der «Mutter, die ihn geboren hat».

[93] Nur einmal eine kurze Reihe von 4 'S' am unteren Rand von TBM (auf der Photographie nicht sichtbar). Reihen von Zauberzeichen und Zeichnungen gab es nicht nur auf Papyri, sondern auch auf Metall-Amuletten, Zeichen z. B. auf der Goldfolie des Amuletts für Syntyche (oben Anm. 9) und auf der Goldfolie in Baltimore (oben Anm. 9); Die Anweisungen für Amulette mit

Reihen von Zeichen[94] und Buchstaben, und mehrere Zeichungen[95], dazu die Namen im Schwindeschema (Z. 27f.), die sie zu einem sichtbar als solches erkennbaren Zauberdokument machen[96]

Ihr Text ist anders aufgebaut als derjenige der beiden andern. Er zerfällt in zwei verschiedene, aber unmittelbar miteinander verbundene Teile. Im ersten (Abschnitt I) werden mit dem Verbum ἐπικαλοῦμαι Mächte einzeln herbeigerufen, die als Machthaber über ihren Bereichen sitzen. Im zweiten werden sie dann alle zusammen[97] in sechs einander folgenden Abschnitten (II a-f) beschworen[98]. Nur der erste Teil und der Anfang des Abschnitts II a (Z. 1-14) haben Parallelen in der LB im Abschnitt III und im Anfang des Abschnitts IV (Z. 8-33) und in der TMB im Abschnitt II und im Anfang des Abschnitts III (Z. 13-73)[99]. Die folgenden Abschnitte des zweiten Teils der PGM XXXV (II a Fortsetzung bis II f, Z. 15-50) haben keine Entsprechungen in LB und TMB.

---

Zeichnungen in PGM XXXVI schreiben verschiedene Beschreibstoffe vor: 1ff. Blei; 35ff. Silber; 69ff. 102ff. Papyrus, u. a..

[94] Die erste Reihe (7 Kreuze) schon vor dem Beginn des Textes oben links (weiter rechts ein T oder ein Kreuz? christlich?, s. oben Anm. 71. 86).

[95] Preisendanz beschreibt die Zeichen nach Z. 28 folgendermassen: «Eine Zeile mit 7 Z(auber)Zeichen, darunter Kreis mit Zacken und 'Auge': Sonne, achtstrahliger Stern, Rad mit 7 Speichen», und (zu Z. 30 in der Übersetzung): «Zeile mit Z(auber)Zeichen, darunter in zwei Reihen neben drei Köpfen - zwischen der 1. und 2. steht der Name des Amulett-Trägers 'Paulos Iulianos' - Rest der Anrufung.» (Zu Z. 31 b s. oben Anm. 88). Zur Zählung der Zeilen: Preisendanz zählt als Z. 29 und 30 die nicht lesbaren Zauberzeichen (zwischen dem achtzackigem Stern und dem Rad). Wir folgen seiner Zählung und beginnen die Zeilen des unteren Teils mit 31a und b: Merkelbach zählt Zeilen 31a-34 (nach unserer Zählung) als Zeile 30; Zeilen 35-40 (nach unserer Zählung) als Zeilen 31-36, den Namen Παῦλος Ἰουλιανός als Z. 37-40 und begint dann die Zeilen des Teils II f (unsere Zeilen 41-50) mit 41.

[96] Vgl. oben Anm. 87.

[97] ὑμᾶς πάντας Z. 14, aufgenommen durch ὑμᾶς 25. 27. 37. 41, nur Imperativ im Abschn. II b, Z. 22 (Wechsel der Vorlage).

[98] Mit ἐξορκίζω in allen Abschnitten des zweiten Teils ausser in II b (Wechsel der Vorlage).

[99] Die Parallelen mit TMB hatte schon Preisendanz gesehen und die einander (nicht genau) entsprechenden Namen verglichen zu PGM XXXV Z. 2-12.

Für die unmittelbare Vergleichung mit der LB und der TMB, um deren Erklärung es hier in erster Linie geht, sind deshalb nur der Abschnitt I und der Anfang des Abschnitts II a (Z. 1-14) von Bedeutung. Damit sie mit den entsprechenden Abschnitten der LB und der TMB unter gleichen Voraussetzungen verglichen werden können, geben wir auf der Falttafel einen Lesetext[100], der Übereinstimmungen und Unterschiede erkennen lässt. In diesem Teil ist der Text der PGM XXXV weniger stark zerstört. Zu seiner Herstellung an zweifelhaften Stellen[101] und zu seinem Verständnis bieten die parallelen Abschnitte der LB und der TMB am meisten Hilfe. Im Kommentar zu diesen Abschnitten werden die korrespondierenden Abschnitte der PGM XXXV mitberücksichtigt[102].

Die folgenden Abschnitte, die in LB und TMB keine Parallelen haben, erfordern zu ihrer Erklärung einen eigenen, weiter ausholenden Kommentar namentlich auch zu den Zeichnungen. Da diese Abschnitte speziell zur Erklärung der LB und der TMB nichts beitragen, haben wir hier darauf verzichtet[103]. Um aber die Übersicht über das Ganze zu ermöglichen, präsentieren wir den vollständigen Text so wie wir glauben ihn lesen zu können[104].

Im folgenden stellen wir einige Bemerkungen zur Schreibweise und zur Sprache der PGM XXXV zusammen[105].

---

[100] Vgl. dazu oben Anm. 66 und unten Anm. 105.

[101] S. dazu oben Anm. 78.

[102] S. unten S. 88-99.

[103] Knapper Kommentar bei Merkelbach, *Abrasax* 4, 76-79.

[104] Der Text ist im unteren Teil des Blattes stärker zerstört und teilweise fast unlesbar geschrieben (s. oben Anm. 78, unten Anm. 114). Wir verzichten auf Ergänzungsversuche in den von uns nicht kommentierten Abschnitten. Zur 'Überschrift' Z. 31 b s. oben Anm. 88.

[105] Zur Sprache der LB s. oben S. 12f., der TMB oben S. 20f. Der z. B. auch von Gignac zur Verdeutlichung des Gemeinten geschriebene Zirkumflex (vgl. z. B. λωδῖκιν, οἰκῖδιν, Gignac, 2, 27f.; τὸ, τὸν κριθὸν, ὁμολογῶ, Gignac 1, 276.) ist sprachgeschichtlich unrichtig in dieser Zeit, in der lange und kurze Vokale nicht mehr unterschieden werden; s. dazu Schwyzer, *Gr. Gr.* 1, 392-394; Gignac, 1, 178. 325-327. Auch die Unterscheidung der Spiritus ist sprachgeschichtlich unrichtig, nachdem der H-Laut im Anlaut etwa seit dem 4. Jh. n. Chr. verschwunden war (vgl. z.B. ἐπορκίζω TMB 79); s. dazu Schwyzer, *Gr. Gr.* 1, 178. 204; Gignac 1,133-138. Ferner ent-

Der Schreiber, der in mehreren Fällen Gleiches an verschiedenen Stellen verschieden schreibt, bezeichnet oder ausdrückt, folgt damit offenbar verschiedenen Vorlagen, deren Eigenheiten er getreulich wiedergibt ohne den Versuch, seinen Text einheitlich zu redigieren[106]:

<u>Verwendung derselben Wörter in verschiedenen Formen:</u>

- Z. 20. 25 δύναμιν neben Z.16 δυναμίαν; Z. 25 χάριν neben Z. 22 χάριτα und Z. 16 χάριταμ; Z. 25 (ἵνα) δότε neben Z. (14) 16 (ἵνα) ...δώηστε; Z. 22 ἔ⟨μ⟩προσθεν neben Z. 17 ἔ⟨μ⟩π⟨ρ⟩οσθεν.

<u>Ungleiche bzw. fehlende Wiedergabe der Zahlen derselben Ordnung:</u>

- Z. 2-7 bei der Numerierung der Himmel[107].

<u>Verschiedene Konstruktionen mit denselben Verben:</u>

- Z. 1-11 mit ἐπικαλοῦμε und καθήμενος.

<u>Verwendung verschiedener Formeln zum Ausdruck desselben Inhalts:</u>

- Z. 34-36 ἐπικαλοῦμε κὰ παρακαλῶ καὶ ἐξορκίζω neben Z. 24f. παρακαλῶ καὶ ἐξορκίζω und Z. 13f. 41 blossem ἐξορκίζω (nur je einmal in LB Z. 36 ὁρκίζω, in TMB Z. 79 ἐπορκίζω, ohne diese Amplifikationen).

<u>Fehler aus der Vorlage übernommen, oder fehlerhafte Wiedergabe der Vorlage:</u>

<u>Unverstandene Wörter:</u>

- Z. 17 ΙΣΧ, Z. 20 ΥΧΥΣΙ, wohl beides statt ἰσχύν; Z. 26f. του, ταχύ, wohl statt ταχύ, ταχύ (richtig Z. 19).

---

spricht das Iota subscriptum nicht der Aussprache. In den Papyri ist das auslautende ι der Langdiphthonge seit dem 3. Jh. v. Chr. nach und nach verschwunden. Die Schreibung mit Iota subscriptum wurde erst etwa im 12. Jh. n. Chr. eingeführt; s. dazu Schwyzer, *Gr.Gr.*, 201-203; Gignac 1, 183f.; vgl. oben Anm. 66.

[106] Zu den zahlreichen Besonderheiten im Abschnitt II b (Z. 19-24), die wohl auf einen Wechsel der Vorlage schliessen lassen, s. oben Anm. 78. 86. 97. 98.

[107] Zum Fehlen des vierten der sieben Himmel vgl. Pradel (1907) 21,21ff. (unten S. 91).

<u>Falsches genus nominis</u>:

-   Z. 8 τοῦ χιόνος (vgl. dagegen TMB Z. 40 ταῖς = τῆς χιόνος)
    (vgl. Gignac 2, 48 zur 'anomalous fluctuation' im genus von
    nomina der 3. Deklination).

<u>Mangelnde Kongruenz</u>:

-   Z. 22f. δότε ... ὡς ... ἐχαρίσου (= -σω) (plur. - sing.)

Dazu kommen <u>Schreibfehler</u>:

<u>Dittographien</u>:

-   Z. 6f. ἐπικαλοῦ/{λοῦ}με (beim Zeilensprung)[108]; Z. 18 καὶ
    {καί} (beides vom Schreiber selber korrigiert)[109].

<u>Buchstaben wiederholt beim Zeilensprung</u>:

-   Z. 31a/32 πνεύμ/ματα; Z. 33/34 ὑψωσ/σίας (vom Schreiber
    nicht korrigiert)[110].

<u>Buchstaben umgestellt</u>:

-   Z. 16 δώηστε statt δώσητε (zur Form s. unten).

<u>Abgekürzte nomina sacra unregelmässig bezeichnet</u>:

-   Z. 13 κ(ύριο)ν und Z. 14. 42 θ(εο)ῦ, mit Strich über der
    Abkürzung Z. 13. 42, dieser fehlt dagegen Z. 14.

Zur <u>Unordnung in den Zahlen</u> Z. 2-7 s. oben.

Mehrere Erscheinungen der Wortwahl, der Wortbildung, der Grammatik und der Phonetik weisen auf einen dem Neugriechischen
schon recht nahen mittelgriechischen Sprachgebrauch hin:

<u>Spätgriechische bzw. vulgärsprachliche Spracherscheinungen</u>:

<u>Wortschatz</u>:

-   Z. 13f. ὑμνιλογού⟨ν⟩των; Z. 18f. μοναχῶν, παγανῶν, κο-
    ρασίων (καὶ πεδίων); Z. 26 χαριτῆσην (zur Form s. unten);
    Z. 32f. κοσμήσεος καὶ ὑψωσσίας; Z. 38 ἀπαραβάτους (= -
    τως s. unten).

---

[108] Vgl. TMB 45/46.

[109] Vgl. oben Anm. 78.

[110] Vgl. aber zu Z. 15/16 παραμίνη/{η}ται oben Anm. 78.

## Phonetik:

### Konsonanten:

- θ statt δ: Z. 17 ἀνθρῶν/ἀνδρῶν (vgl. Gignac 1, 97)

- μ und ν werden assimiliert mit folgendem κ: Z. 16 χάριταμ καί; Z. 37 πᾶγ καίλευμα (vgl. Gignac 1, 167)

- μ fällt aus vor π: Z. 17. 22 ἔ⟨μ⟩προσθεν (vgl. Gignac 1, 117)

- ν fällt aus vor τ: Z. 13 ὑμνιλογού⟨ν⟩των; Z. 17. 19 πά⟨ν⟩των; Z. 48 πά⟨ν⟩τα (vgl. Gignac 1, 116f.).

- ν fällt aus am Wortende: Z. 9 τό⟨ν⟩; Z. 20 τή⟨ν⟩; Z. 12 Χαρουβι⟨ν⟩ (vgl. Gignac 1, 111f.)

- ρ fällt aus in Kombination mit anderen Konsonanten: Z. 17 ἔ⟨μ⟩π⟨ρ⟩οσθεν; Z. 41 ἐξο⟨ρ⟩κίζω (vgl. Gignac 1, 107f.)

  Möglicherweise Verdoppelung des λ: Z. 44 Βιλλιαμ[111] (vgl. Gignac 1, 155f.)[112]

- fehlende Gemination des σ, im Wortinneren: Z. 1 ἀβύσου/ἀβύσσου; Z. 9 θαλάσης/θαλάσσης; zwischen zwei Wörtern: Z. 13 πάση⟨ς⟩ στρατιᾶς (vgl. Gignac 1, 124f. 158f.).

### Vokale:

- umgangssprachliche Krasis: Z. 22 κἀμοί; Z. 23 τἀγαθά[113] (vgl. Gignac 1, 321ff.)

- α statt αι: Z. 19 κά/καί, dann im ganzen neunmal κά (neben καί 26mal) (vgl. Gignac 1, 194)

---

[111] Βιλλιαμ: die Lesung des zweiten Lambda ist unsicher. Preisendanz las Βιλιαμ, dt. Uebersetzung «Bileam». W. Brashear, «The Greek Magical Papyri: An Introduction and Survey», *ANRW* II 18.5 (1995) 3551 deutet den Namen als Bileam, so auch Merkelbach, *Abrasax* 4, 79. Der Name des Propheten Bileam von Pethor (Num. 22,5-24,25 etc.) wird in der LXX Βαλααμ, bei Jos. *Ant.* 4, 108 etc. Βάλαμος, in der Vulgata Balaam geschrieben. Wenn er gemeint ist, müsste wohl die hebräische Form des Namens בִּלְעָם zugrundeliegen. Vgl. auch Βηλλια TMB 51f.

[112] S. oben zur Wiederholung des μ Z. 31a/32 und des σ Z. 33/34 beim Zeilensprung. Das sind wohl eher Schreibfehler.

[113] Vgl. TMB Z. 2 τοὐρανοῦ.

- ε statt αι: Z. 1 ἐπικαλοῦμε/ἐπικλοῦμαι (dann immer, 14 mal); Z. 18 γυνεκῶν/ γυναικῶν; Z. 19 πεδίων/παιδίων (vgl. Gignac 1, 192f.)

- αι statt ε: Z. 15f. παραμίνηται/παραμ(ε)ίνητε; Z. 37 καίλευμα/κέλευμα (vgl. Gignac 1,193)

- ι statt ει: Z. 15f. παραμίνηται/παραμείνητε (vgl. Gignac 1,189f.)

- η statt ι: Z. 26 χαριτῆσην/χαριτῆσιν (vgl. Gignac 1, 237f.)

- ου statt ο: Z. 7 vielleicht Μουριαθα/Μοριαθα (vgl. TMB Z. 31 Μοριαθ) (vgl. Gignac 1, 212f.)

- ω statt ο: Z. 26.39 διαδωματοφώρου/διαδωματοφόρου (vgl. Gignac 1, 277)

- ο statt ου: Z. 13 ὁρανόν/οὐρανόν; Z. 26. 39 τρίτο/τρίτου (vgl. Gignac 1, 211f.)

- ο statt ω: Z. 23 δορήματα/δωρήματα (vgl. Gignac 1, 267f.) (zu κοσμήσεος s. unten)

- ου statt ω: Z. 11f. ἐν μέσου τοῦ Χαδραλλου/ἐν μέσῳ τῷ; Z. 11f. ἐχαρίσου/ἐχαρίσω; Z. 23: ἀπαραβάτους/ἀπαραβάτως (vgl. Gignac 1, 209f.).

Nomina:

- Z. 26 χαριτῆσην statt χαριτῆσιον[114] mit -ην statt -ιν (s. oben) (vgl. Gignac 2, 27f.)

- Z. 22 χάριτα (vgl. Gignac 2, 52)

- Z. 16 χάριταμ (vgl. Gignac 2, 45. 52 mit Anm. 4)

- Z. 32f. κοσμήσεος (vgl. Gignac 2, 75)

- Z. 16 δυναμίαν; Z. 33f. ὑψωσσίαν (zum Übergang in die a-Deklination vgl. Gignac 2, XX. 45)

---

[114] χαριτῆσιν (mit sprachgeschichtlich richtigem Akzent, s. oben Anm. 105) druckt Merkelbach, *Abrasax* 4, 74 in Z. 26 (sowie in Z. 33 nach seiner Numerierung = hier Z. 40, wo wir das nicht lesen können; die Umstellung der Z. 39 und 40 durch Preisendanz, der Merkelbach folgt, scheint uns unbegründet); χαριτῆσιν μέγα für χαριτῆσιον μέγα auch PGM XXXVI 273 (4. Jh.).

-     Genus nominis: zu τοῦ χιόνος Z. 8 s. oben.

<u>Verbum</u>:

-     Z. 16 δώηστε (= δώσητε) Konj. zum Aor. ἔδωσα (vgl. Gignac 2, 386f.) (neben δότε Z. 25, kurzvokaliger Konj. s. unten).

<u>Konjunktion</u> (und Syntax):

-     Z. 14ff. = Z. 36f. ἐξορκίζω ὑμᾶς ... ἵνα μου ὑπακούσητε κτλ.; Z. 24f. παρακαλῶ καὶ ἐξορκίζω ὑμᾶς ἵνα δότε: ἵνα hier verwendet wie mgr. und ngr. νά mit (einmal) kurzvokalischem Konjunktiv (δότε) und (zweimal) Vorziehung des Pronomens (μου statt μοι) (vgl. Schwyzer-Debrunner, *Gr. Gr.* 2, 312. 319. 384).

Eine <u>gemeinsame Abweichung</u> vom 'klassischen' Sprachgebrauch geht vielleicht auf die gemeinsame Vorlage zurück (im Abschnitt LB III = TMB II = PGM XXXV I)[115]:

-     θαλάσης PGM XXXV 9 = LB 23 = TMB 47 (-ση).

<u>Namen</u>: Abgesehen von den 'Zaubernamen' im engeren Sinn weicht auch die Schreibung anderswoher bekannter Namen ohne erkennbares Prinzip von den geläufigen Formen ab. Namen aus der LXX: Z. 12 Χαρουβι καί Σαραφιν; Z. 14 Ἀβραμ, Ἰσακα, Ἰαχωβ; Z. 44 Βιλλιαμ[116]; neben Z. 20. 27f. fünfmal Σαβαωθ steht Z. 39 Σαβαθ; neben Z. 3 Ῥαφαηλ, Z. 4 Σουριηλ, Z. 6 Πιτιηλ, Z. 43 Σαραχαηλ steht Z. 9 Σαεσεχελ. Die Namen der kosmischen Mächte im Abschnitt I (Z. 1-11) klingen teilweise an die Namen in den entsprechenden Abschnitten LB III und TMB II an, decken sich mit ihnen aber weder in der Form noch in der Verteilung auf die verschiedenen Bereiche genau[117]. Es scheint, dass der Schreiber die Bedeutung und die Herkunft der meisten Namen nicht gekannt hat. Er hat sie wohl einfach aus den Vorlagen so kopiert, wie er sie dort lesen konnte.

---

[115] S. dazu im Kommentar, unten S. 97f.

[116] S. oben Anm. 111.

[117] Vgl. dazu den Kommentar, unten S. 89. 92.

# Lamella Bernensis

## Diplomatische Umschrift

ΣΦΡΑΓΙΣΘΕΟΥΖΩΝΤΟΣΣΗΜΕΙΟΝΣΦΡΑΓΙΣΜΕΝΟΝΤΟΥ
ΜΗΕΓΓΙΣΕΙΝΠΑΝΤΑΑΚΑΘΑΡΤΟΝΟΡΚΙΖΩΤΟΝΕΠΑΝΩΤΩΝ
ΟΥΡΑΝΩΝΣΑΒΑΩΘΤΟΝΕΔΕΩΘΤΟΝΕΠΑΝΩΤΟΥΕΧΕ
ΩΘΤΟΝΕΔΕΩΘΤ ΟΝ Χ ΘΩΔΑΙΔΙΑΦΥΛΑΤΤΕΤΟΝΦΟ
5 ΡΟΥΝΤΑΤΟΦΥΛΑΚΤΗΡΙΟΝΤΟΥΤΟΛΕΟΝΤΙΟΝΑΠΟ
ΠΑΝΤΩΝΔΑΙΜΟΝΙΩΝΚΑΙΦΑΡΜΑΚΩΝΚΑΙΚΑΤΑ
ΔΕΣΜΩΝΚΑΙΠΑΝΤΩΝΚΙΝΔΥΝΩΝΚΑΙΕΠΙΒΟΥΛΩΝ
ΤΟΥΑΝΤΙΚΕΙΜΕΝΟΥΕΠΙΚΑΛΟΥΜΑΙΤΟΝΚΑΘΗ
ΜΕΝΟΝΕΠΙΤΗ[.]ΑΒ ΥΣΣΟ[.]ΓΑΒΡΙΗΛΕΠΙΚΑΛΟΥΜΑΙ
10 ΤΩΟΝΟΜΑΤΙΤΟΥΚΤΙΣΑΝΤΟΣΤΑΠΑΝΤΑΕΠΙΚΑΛΟΥ
ΜΑΙΤΟΝΚΑΘΗΜΕΝΟΝΕΠΙΤΩΠΡΩΤΩΟΥΡΑΝΩ[......]Α
ΜΑΡΜ ΑΩΘΤΟΝΚΑΘΗΜΕΝΟΝΕΠΙΤΩΔΕΥΤΕΡΩΟΥΡΑ
ΝΩΘΟΥΡΙΗΛΤΟΝΚΑΘΗΜΕΝΟΝΕΠΙΤΩΤΡΙΤΩΟΥ
ΡΑΝΩΡΑΦΑΗΛΤΟΝΚΑΘΗΜΕΝΟΝΕΠΙΤΩΤΕΤΑΡ
15 ΤΩΟΥΡΑΝΩΡΑΓΑΗΛΤΟΝΚΑΘΗΜΕΝΟΝΕΠΙΤΩ
ΠΕΜΠΤΩΟΥΡΑΝΩΡΑΧΑΗΛΕΠΙΚΑΛΟΥΜΑΙΤΟΝ
ΚΑΘΗΜΕΝΟΝΕΠΙΤΩΕΚΤΩΟΥΡΑΝΩΩΜΑΡΙΩΘ
ΤΟΝΚΑΘΗΜΕΝΟΝΕΠΙΤΩΕΒΔΟΜΩΟΥΡΑΝΩΧΑΦΟΙ
ΕΠΙΚΑΛΟΥΜΑΙΤΟΝΕΠΙΤΩΝΑΣΤΡΑΠΩΝΚΑΘΗΜΕΝΟΝΡΙ
20 ΕΦΑΕΠΙΚΑΛΟΥΜΑΙΤΟΝΕΠΙΤΑΙΣΒΡΟΝΤΑΙΣΖΟΝ
ΧΑΛΕΠΙΚΑΛΟΥΜΑΙΤΟΝΕΠΙΤΟΙΣΚΡΥΣΤΑΛΛΟΙΣΜΑΙΩ
ΕΠΙΚΑΛΟΥΜΑΙΤΟΝΕΠΙΤΟΙΣΣΙΣΜΟΙΣΣΙΩΡΩΧΑΕΠΙΚΑ
ΛΟΥΜΑΙΤΟΝΕΠΙΤΗΣΘΑΛΑΣΗΣ[....]Ρ[...]ΛΑΕΠΙΚΑΛΟΥ
ΜΑΙΤΟΝΕΠΙΤΟΙΣΔΡΑΚΟΥΣΙΝΕΙΠΟΛ[....]ΕΠΙΚΑΛΟΥ
25 ΜΑΙΤ ΟΝΕΠ Ι ΤΟΙΣ[ ................
ΤΟΙΣΟΔΟΙΣΚΑΘΗΜΕΝΟΝΡΑ[.......]ΕΠΙΚΑΛΟΥΜΑΙ
ΤΟΝΚΑΘΗΜΕΝΟΝΕΠΙΤΟΙΣΟΡΕΣΙΜΙΧΑΗΛΕΠΙΚΑ

ΛΟΥΜΑΙΤΟΝΚΑΘΗΜΕΝΟΝΕΠΙΤΟΥΣΙΝΑΣΑΒΑΩΘΟΥ
ΑΩΘΑΔΩΝΑΙΤΟΝΣΙ[. .]ΧΩΧΩΘΙΤΟΝΚΑΘΗΜΕΝΟΝ
30 ΕΠΙΤΟΝΔΡΑΚΟΝΤΑΤΕ̣ΘΕΜΝΟΥΤΑΟΚΑΘΗΜΕΝΟΣ
ΕΠΙΤΟΥΣΤΕΡΕΩΜΑΤΟΣΣΧΡΑΔΑΟΚΑΘΗΜΕΝΟΣ
ΕΠΙΤΗΣΘ[. . . . .]ΤΟΥΜΑΘΟΥΣΑΛΗΜΕΥΧΩΔΩΟ
ΚΑΘΗΜΕΝΟΣΕΠΙΤΩΝΔΥΟΧΕΡΟΥΒΙΝΜΙΗΗΛΔΙΑ
ΦΥΛΑΤΤΕΛΕΟΝΤΙΟΝΤΟΝΦΟΡΟΥΝΤΑΤΟΦΥΛΑΚΤΗ
35 ΡΙΟΝΤΟΥΤΟΟΡΚΙΖΩΣΕΤΟΝΑΟΡΑΤΟΝΘΕΟΝΕΞΑ
ΩΡΒΑΙΑΔΩΝΑΙΞΥΡΙΝΤΟΝΡΑΒΩΤΟΝΠΛΑΣΑΝ
ΤΑΤΟΥΣΟΥΡΑΝΟΥΣΠΥΛΩΝΤΩΝΝΟΥΝΕΩΘΑΡ
ΧΕΒΑΣΝΑΡΒΣΙΟΣΗΨΕΒΑΩΘΦΕΚΩΘΕΩΘΠΑΝ
ΤΑΤΑΑΡΡΕΝΙΚΑΚΑΙΘ̣Η̣ΛΥΚΑΚΑΙΠΑΝΤΑΦΑΡ
40 ΜΑΚΑΚΑΙΚΑΤΑΔΕΣΜΟΝΦΕΥΓΕΤΑΙΑΠΟΛΕΟΝ
ΤΙΟΥΤΟΥΦΟΡΟΥΝΤΟΣΤΟΦΥΛΑΚΤΗΡΙΟΝΤΟΥΤΟ
ΑΛΛΑΥΠΟΚΑΤΩΤΩΝΠΗΓΩΝΚΑΙΤΗΣΑΒΥΣΣΟΥ
ΑΠΕΡΧΕΣΘΑΙΚΑΙΜΗΒΛΑΨΗΤΕΜΗΤΕΜΟΛΥΝΗ
ΤΕΜΗΤΕΦΑΡΜΑΚΟΙΣΜΗΤΕΑΠΟΠΤΥΣΜΑΤΟΣΜΗ
45 ΤΕΚΑΤΑΔΕΣΜΟΥΗΓΟΗΤΕΙΑΣΗΤΙΝΟΣΕΠΗΡΕΙΑΣ
ΗΤΕΕΠΙΠΕΜΠΤΟΝΗΑΥΤΟΜΟΛΟΝΚΑΙΑΝΙΔΕΩΝ̣
ΕΙ̣ΤΕΣΧΗΜΑΤΙΠΟΛΥΠΡΟΣΩΠΩΗΕΦ[. . .]Π̣Ω̣ΤΡΟΠΟΝ
ΕΙΤΕΧΕΙ̣Σ̣[. . . .]ΝΑ̣ΝΕΚ[. .]ΚΑΣΗΜΕΡΙΝΟΝΗΝΥ
ΚΤΕΡΙΝΟΝΦΕΥΓΕΑΠΟΤΟΥΦΟΡΟΥΝΤΟΣΤΟΦΥΛΑ
50 ΚΤΗΡΙΟΝΤΟΥΤΟΛΕΟΝΤΙΟΥΟΝΕΓΕΝΝΗΣΕΝΗΔΕΗΙ
ΕΡΑΜΗΤΗΡΝΟΝΝΑΥΜΕΙΣΟΥΝΑΙΜΕΓΙΣΤΑΙΔΥΝΑ
ΜΕΙΣΒΡΑΒΕΥΣΕΤΑΙΝΙΚΗΝΒΟΗΘΕΙΤΕΤΩΦΟΡΟΥΝΤΙ
ΤΟΝΣΩΜΑΤΟΦΥΛΑΚΑΤΟΥΤΟΝΛΕΟΝΤΙΩΕΙΣΤΟΥΣΑΙ
ΩΝΑΣΤΩΝΑΙΩΝΩΝΑΜΗΝ ·

## Redigierter Text

σφραγὶς θεοῦ ζῶντος. σημεῖον σφραγισμένον τοῦ
μὴ ἐγγίσειν πάντα ἀκάθαρτον. ὀρκίζω τὸν ἐπάνω τῶν
οὐρανῶν Σαβαωθ τὸν Εδεωθ τὸν ἐπάνω τοῦ Εχεωθ τὸν Εδεωθ τὸν Χθοδαι. διαφύλαττε τὸν φο-
5 ροῦντα τὸ φυλακτήριον τοῦτο Λεόντιον ἀπὸ
πάντων δαιμονίων καὶ φαρμάκων καὶ καταδέσμων καὶ πάντων κινδύνων καὶ ἐπιβουλῶν
τοῦ ἀντικειμένου. ἐπικαλοῦμαι τὸν καθήμενον ἐπὶ τῇ[ς] ἀβύσσο[υ] Γαβριηλ. ἐπικαλοῦμαι
10 τῷ ὀνόματι τοῦ κτίσαντος τὰ πάντα. ἐπικαλοῦμαι τὸν καθήμενον ἐπὶ τῷ πρώτῳ οὐρανῷ [ ......]α
Μαρμαωθ, τὸν καθήμενον ἐπὶ τῷ δευτέρῳ οὐρανῷ Θουριηλ, τὸν καθήμενον ἐπὶ τῷ τρίτῳ οὐρανῷ Ῥαφαηλ, τὸν καθήμενον ἐπὶ τῷ τετάρ-
15 τῳ οὐρανῷ Ῥαγαηλ, τὸν καθήμενον ἐπὶ τῷ
πέμπτῳ οὐρανῷ Ῥαχαηλ, ἐπικαλοῦμαι τὸν
καθήμενον ἐπὶ τῷ ἕκτῳ οὐρανῷ Ωμαριωθ,
τὸν καθήμενον ἐπὶ τῷ ἑβδόμῳ οὐρανῷ Χαφοι,
ἐπικαλοῦμαι τὸν ἐπὶ τῶν ἀστραπῶν καθήμενον Ῥι-
20 εφα, ἐπικαλοῦμαι τὸν ἐπὶ ταῖς βρονταῖς Ζονχαλ, ἐπικαλοῦμαι τὸν ἐπὶ τοῖς κρυστάλλοις Μαιω,
ἐπικαλοῦμαι τὸν ἐπὶ τοῖς σισμοῖς Σιωρωχα, ἐπικαλοῦμαι τὸν ἐπὶ τῆς θαλάσης [ ...]ρ[ ...]λα, ἐπικαλοῦμαι τὸν ἐπὶ τοῖς δράκουσιν Ειπολ[ ....], ἐπικαλοῦ-
25 μαι τὸν ἐπὶ τοῖς [ ...................
τοῖς ὁδοῖς καθήμενον Ῥα[ ........], ἐπικαλοῦμαι
τὸν καθήμενον ἐπὶ τοῖς ὄρεσι Μιχαηλ, ἐπικα-

---

1 ἐσφραγισμένον — 2 ἐγγιεῖν — 22 σεισμοῖς *cf.* TMB 44 — 23 θαλάσσης
*cf.* TMB 47 *et* PGM XXXV 9 — 26 ταῖς ὁδοῖς *cf.* TMB 53

λοῦμαι τὸν καθήμενον ἐπὶ τοῦ Σινα Σαβαωθ Ουαωθ Ἀδωναι, τὸν Σι[. .]χωχωθι, τὸν καθήμενον
30   ἐπὶ τὸν δράκοντα Τεθεμνουτα. ὁ καθήμενος
ἐπὶ τοῦ στερεώματος Σχραδα, ὁ καθήμενος
ἐπὶ τῆς θ[. . . . .] τοῦ Μαθουσαλημ Ευχωδω, ὁ
καθήμενος ἐπὶ τῶν δύο Χερουβιν Μιηηλ, διαφύλαττε Λεόντιον τὸν φοροῦντα τὸ φυλακτή-
35   ριον τοῦτο. ὁρκίζω σε τὸν ἀόρατον θεὸν ΕΞΑ
ΩΡΒΑΙ Ἀδωναι ΞΥΡΙΝ, τὸν Ῥαβω, τὸν πλάσαντα τοὺς οὐρανούς, ΠΥΛΩΝΤΩΝΝΟΥΝ ΕΩΘ ΑΡ-
ΧΕΒΑΣΝΑΡΒΣΙΟΣ ΗΨΕΒΑΩΘ ΦΕΚΩΘ ΕΩΘ. πάντα τὰ ἀρρενικὰ καὶ θηλυκὰ καὶ πάντα φάρ-
40   μακα καὶ κατάδεσμον, φεύγεται ἀπὸ Λεοντίου τοῦ φοροῦντος τὸ φυλακτήριον τοῦτο,
ἀλλὰ ὑποκάτω τῶν πηγῶν καὶ τῆς ἀβύσσου
ἀπέρχεσθαι, καὶ μὴ βλάψητε μήτε μολύνητε μήτε φαρμάκοις μήτε ἀπὸ πτύσματος μή-
45   τε καταδέσμου ἢ γοητείας ἤ τινος ἐπηρείας.
ἤτε ἐπίπεμπτον ἢ αὐτόμολον καὶ ἀνίδεον
εἴτε σχήματι πολυπροσώπῳ ἢ Ἐφ[ . . .]πῳ τρόπον
εἴτ' ἔχεις [. . . .]ναν εκ[. .]κας ἢ ἡμερινὸν ἢ νυκτερινόν, φεῦγε ἀπὸ τοῦ φοροῦντος τὸ φυλα-
50   κτήριον τοῦτο Λεοντίου, ὃν ἐγέννησεν ἥδε ἡ ἱ-
ερὰ μήτηρ Νόννα. ὑμεῖς οὖν αἱ μέγισται δυνάμεις, βραβεύσεται νίκην, βοηθεῖτε τῷ φοροῦντι
τὸν σωματοφύλακα τοῦτον Λεοντίῳ, εἰς τοὺς αἰῶνας τῶν αἰώνων, ἀμήν.

---

**40** φεύγετε — **43** ἀπέρχεσθε — **46** ἀνείδεον ? — **52** βραβεύσατε

# Übersetzung

### I (Z. 1-2)

Siegel des lebendigen Gottes.

Besiegeltes Zeichen, auf dass sich nicht nahe jeder unreine (Dämon).

### II (Z. 2-8)

Ich beschwöre bei dem über den Himmeln: Sabaoth,

    bei dem Edeoth, dem über dem Echeoth,

    bei dem Edeoth, dem Chthodai.

Bewahre den, der dieses Amulett trägt, Leontios,

    vor allen Dämonen und Zaubermitteln und

    Bindezaubern und vor allen Gefahren und

    Nachstellungen des Widersachers.

### III (Z. 8-30)

Herbei rufe ich den, der da sitzet über der Urmasse (? dem Abgrund?): Gabriel;

herbei rufe ich im Namen dessen, der alles gegründet hat;

herbei rufe ich den, der da sitzet über dem ersten Himmel ...: Marmaoth;

    den, der da sitzet über dem zweiten Himmel: Thuriel;

    den, der da sitzet über dem dritten Himmel: Raphael;

    den, der da sitzet über dem vierten Himmel: Ragael;

    den, der da sitzet über dem fünften Himmel: Rachael;

herbei rufe ich den, der da sitzet über dem sechsten Himmel: Omarioth;

    den, der da sitzet über dem siebenten Himmel: Chaphoi;

herbei rufe ich den über den Blitzen Sitzenden: Riepha;

herbei rufe ich den über den Donnern: Zonchal;

herbei rufe ich den über den Krystallen : Maio;

herbei rufe ich den über den Erdbeben: Siorocha;

herbei rufe ich den über dem Meer: ...;

herbei rufe ich den über den Schlangen: Eipol...;

herbei rufe ich den über den ...;

...                        (den über) den Wegen Sitzenden: Ra...;

herbei rufe ich den, der da sitzet über den Bergen: Michael;

herbei rufe ich den, der da sitzet über dem Sinai: Sabaoth, Uaoth, Adonai;

den Si...chochothi,

den, der da sitzet über der Schlange: Tethemnuta.


## IV (Z. 30-38)

Der Du sitzest über der Feste: Schrada;

der Du sitzest über der ... des Mathusalem: Euchodo;

der Du sitzest über den zwei Cherubin: Mieel:

bewahre Leontios, der dieses Amulett trägt.

Ich beschwöre dich bei dem unsichtbaren Gott: EXAORBAI, Adonai, XYRIN;

bei dem Rabo;

bei dem, der die Himmel geschaffen hat,

PYLONTONNOYN EOTH ARCHEBASNARBSIOS

EPSEBAOTH PHEKOTH EOTH.


## V (Z. 38-45)

Alle Ihr männlichen und weiblichen (Dämonen) und

alle Ihr Zaubermittel und Bindezauber:

flieht weg von Leontios, der dieses Amulett trägt;

vielmehr unter die Quellen und den Abgrund

geht weg und

schadet nicht

und befleckt (ihn) nicht, weder mit Zaubermitteln noch mit Speichel

noch mit einem Bindezauber oder Zauberei oder

irgendeiner Gewalttätigkeit.

## VI (Z. 46-51)

Seist Du zugesandt oder von selbst kommend, und

gestaltlos oder von vielgesichtiger Gestalt, oder nach der

Art des ..., sei es dass Du ... hast,

entweder am Tag oder während der Nacht:

fliehe weg von dem, der dieses Amulett trägt, Leontios,

den geboren hat diese (hier anwesende) heilige Mutter Nonna.


## VII (Z. 51-54)

Ihr also, Ihr gewaltigsten Mächte:

verleiht Sieg;

helft dem, der dieses leibbewahrende (Amulett) trägt, Leontios,

von Ewigkeit zu Ewigkeit, amen.

# Tablette magique de Beyrouth

## Diplomatische Umschrift

```
   ΟΡΚΙΖΩΣΕΤΟΝ
   ΕΠΑΝΩΤΟΥΡΑΝΟΥ
   ΣΑΒΑΩΘΤΟΝΕΛΘΟ
   ΤΑΕΠΑΝΩΤΟΥΕΛΑ
 5 ΩΘΤΟΝΕΠΑΝΩΤΟΥ
   ΧΘΟΘΑΙΔΙΑΦΥΛΑΞΟΝ
   ΑΛΕΞΑΝΔΡΑΝΗΕΤΕΚ
   ΕΝΖΟΗ vacat ΑΠΟΠΑΝ
   ΤΟΣΔΕΜΟΝΟΣΚΑΙΠΑ
10 ΣΗΣΑΝΑΓΚΗΔΕΝΟΜΩΝ
   ΚΑΙΑΠΟΔΕΜΟΝΙΩΝΚ
   ΑΙΦΑΡΜΑΚΩΝΚΑΙΚΑ
   ΤΑΔΕΣΜΩΝΕΠΙΚΑΛΟΥΜΑΙ
   ΕΝΟΜΑΤΙΤΟΥΚΤΙΣΑΝΤΟΣ
15 ΤΑΠΑΝΤΑΕΠΙΚΑΛΟΥΜΑΙ
   ΤΟΝΚΑΘΕΜΕΝΟΝΕΠΙΤΟΥ
   ΠΡΟΤΟΥΟΥΡΑΝΟΥΜΑΡΜΑΡΙΩΘ
   ΕΠΙΚΑΛΟΥΜΑΙΤΟΝΚΑΘΕ
   ΜΕΝΟΝΕΠΤΟΥΔΕΥΤΕ
```

20 ΡΟΥΟΥΡΑΝΟΥΟΥΡΙΗΛΕΠΙ

ΚΑΛΟΥΜΑΙΤΟΝΚΑΘΕΜΕ

ΝΟΝΕΠΙΤΟΥΤΡΙΤΟΥΟΥΡΑ

ΝΟΥΑΗΛΕΠΙΚΑΛΟΥΜΑΙ

ΤΟΝΚΑΘΕΜΕΝΟΝΕΠΙΤΟΥ

25 ΤΕΤΑΡΤΟΥΟΥΡΑΝΟΥΓΑΒΡΙΗΛ

ΕΠΙΚΑΛΟΥΜΑΙΤΟΝΚΑΘΕΜ

ΕΝΟΝΕΠΙΤΟΥΠΕΜΤΟΥΟΥΡ

ΑΝΟΥΧΑΗΛΕΠΙΚΑΛΟΥΜΑΙ

ΤΟΝΚΑΘΕΜΕΝΟΝΕΠΙΤΟ

30 ΝΕΚΤΟΝΟΥΡΑΝΟΝ vacat

ΜΟΡΙΑΘΕΠΙΚΑΛΟΥΜΑΙ

ΤΟΝΚΑΘΕΜΕΝΟΝΕΠΙΤ

ΩΕΒΔΟΜΩΟΥΡΑΝΩΧΑΧΘ

ΕΠΙΚΑΛΟΥΜΑΙΤΟΝΕΠΙΤΑΙΣ

35 ΑΣΤΡΑΠΑΙΣΡΙΟΦΑΕΠΙΚΑ

ΛΟΥΜΑΙΤΟΝΕΠΙΤΑΙΣΒΡΟΝ

ΤΑΙΣΖΟΝΧΑΡΕΠΙΚΑΛΟΥΜΑΙ

ΤΟΝΕΠΙΤΑΙΒΡΟΧΑΙΣΤΟΥ

ΡΙΗΛΕΠΙΚΑΛΟΥΜΑΙ

40 ΤΟΝΕΠΙΤΑΙΣΧΙΟΝΟΣ

ΤΟΒΡΙΗΛΕΠΙΚΑΛΟΥΜΑΙ

ΤΟΝΕΠΙΤΑΙΥΛΑΙΣΙΝΛΟΥ

ΘΑΔΑΜΑΕΠΙΚΑΛΟΥΜΑΙ

ΤΟΝΕΠΤΟΙΣΣΙΣΜΟΙΣ

---

**25** ΓΑΒΡΙΗΛ : *V* ΣΑΡΡΙΗΛ — **37** ΖΟΝΧΑΡ : *K* ΒΟΝΧΑΡ — **38/39** ΤΟΥ |
ΡΙΗΛ : *V* ΟΥ | ΡΙΗΛ *J* ΤΕΒ | ΡΙΗΛ *K* ΤΕΥ | ΡΙΗΛ — **40** ΧΙΟΝΟΣ : *V*
ΧΙΟΝΟΙΣ *JK* ΧΙΟΝΕΣΙ — **42** ΥΛΑΙΣ : *K* ΥΔΑΙΣ

45 ΣΙΟΡΟΧΑΕΠΙΚΑΛΟΥΜΑΙ
      ΕΠΙΚΑΛΟΥΜΑΙΤΟΝΕΠΙΤΗ
      ΘΑΛΑΣΗΣΟΥΡΙΗΛΕΠΙΚΑ
      ΛΟΥΜΑΙΤΟΝΕΠΤΩΝΔΡΑ
      ΚΟΝΤΩΝΕΙΘΑΒΙΡΑΕΠΙ
50 ΚΑΛΟΥΜΑΙΤΟΝΕΠΙΤΟΙΣΠΟ
      ΤΑΜΟΙΣΚΑΘΕΜΕΝΟΝΒΗΛ
      ΛΙΑΕΠΙΚΑΛΟΥΜΑΙΤΟΝΕΠΙ
      ΤΟΙΣΟΔΟΙΣΚΑΘΕΜΕΝΟΝ
      ΡΑΣΟΥΣΟΥΗΛΕΠΙΚΑΛΟΥ
55 ΜΑΙΤΟΝΕΠΙΤΑΙΣΠΟΛΕΣΙΝ
      ΚΑΘΕΜΕΝΟΝΕΙΣΤΟΧΑΜΑ
      ΕΠΙΚΑΛΟΥΜΑΙΤΟΝΕΠΙΤΟΙΣ
      ΟΡΕΣΙΝΝΟΥΧΑΗΛΕΠΙΚΑ
      ΛΟΥΜΑΙΤΟΝΕΠΙΤΑΙΣΠΛΑΤΙΗΣ
60 ΚΑΘΕΜΕΝΟΝΑΠΡΑΦΗΣΕΠ[Ι
      ΚΑΛΟΥΜΑΙΤΟΝΚΑΘΕΜΕΝΟΝ
      ΕΠΙΤΩΟΡΙΣΙΝΑΕΙΘΕΩΝ
      ΕΙΝΑΘΑΔΩΝΗΣΔΕΧΟΧΘΑ
      ΤΟΝΚΑΘΕΜΕΝΟΝΕΠΙΤΩΝ
65 ΔΡΑΚΟΝΤΩΝΙΑΘΕΝΝΟΥ

---

45 ΣΙΟΡΟΧΑ : *J* ΣΙΟΡΑΧΑ — 49 ΕΙΘΑΒΙΡΑ : *V* ΘΘΑΒΙΡΑ *K* ΕΘΑΒΙΡΑ
— 51/52 ΒΗΛ|ΛΙΑ : *VK* ΒΗΔ|ΛΙΑ — 53 ΚΑΘΕΜΕΝΟΝ : *V* ΚΑΘΗ
ΜΕΝΑ — 54 ΡΑΣΟΥΣΟΥΗΛ : *JK* ΦΑΣΟΥΣΟΥΗΛ — 56 ΚΑΘΕΜΕΝΟΝ : *V*
ΚΑΤΕΜΕΝΟΝ — ΕΙΣΤΟΧΑΜΑ : *V* ΕΠΤΟΧΑΜΑ — 57/58 ΕΠΙ
ΤΟΙΣ|ΟΡΕΣΙΝ : *V* ΕΠΠΟΜ|ΑΡΕΣΙΝ — 59 ΤΑΙΣ ΠΛΑΤΙΗΣ : *V* ΤΗΣ
ΠΛΑΝΗΣ *JK* ΤΑΙΣΠΛΑΤΙΑΙΣ — 60 ΑΠΡΑΦΗΣ : *V* ΑΠΡΑΦΗΑ — 62
ΟΡΙΣΙΝΑΕΙΘΕΩΝ : *JK* ΦΙΣΙΜΑΕΙΘΩΝ — 64 ΤΩΝ : *J* ΤΟΝ

ΙΑΘ OKAΘEMENOΣEΠITΩ
ΣTEPEOMATIXPABAOKA
ΘEMENOΣEΠITΩΘAΛOYM
ΘOYΣINMEΣONTΩNΔY
70 XHPOYBINTOYAIONOΣTΩN
AIONΩNOΘEOΣABPAAM
KAIOΘEOΣIΣAAKKAIOΘ
EOΣIAKΩBΔIAΦYΛAΞO[N
AΛEΞANΔPANHETEKEN
75 ZOHAΠOΔEMONIΩN
KAIΦAPMAKΩNKAIΣKO
TOΔINIAΣKAIAΠOΠANTO[ .
ΠAΘOYΣKAIAΠOΠAΣHΣM
ANIAΣEΠOPKIZΩΣETON
80 ZONTAΘEONENZAOPO
BEMNAMAΔΩNZAMAΔΩN
TONAΣTPAΠTONTAKAIB
POTOYTAEBIEMAΘAΛZ[ . .
PΩPABΔONKANON
85 TONΠATHΣANTATON
ΘEΣTATONEIBPAΘIBAΣ

---

66 ΙΑΘ : *JK* ΙΑΝ — 67 ΧΡΑΒΑ : *V* ΧΡΑΡΑ : *J* ΧΡΑΡΑ — 70 ΑΙΟΝΟΣ : *K* ΑΙΩΝΟΣ — 73 ΔΙΑΦΥΛΑΞΟ[Ν : *V* -ΦΥΛΑΖΟΝ — 76/77 ΣΚΟ | ΤΟΔΙΝΙΑΣ : *V* ΣΚΟ | ΤΟΦΙΝΙΑΣ — 77 ΠΑΝΤΟ[ : *VJ* ΠΑΝΤΟ — 79 ΕΠΟΡΚΙΖΩ : *V* ΟΡΚΙΖΩ — 80 ΖΟΝΤΑ : *K* ΖΩΝΤΑ — ΕΝΖΑΟΡΟ : *J* ΕΝΖΑΑΡΑ — 81 ΝΑ ΜΑΔΩΝΖΑΜΑΔΩΝ : *V* ΝΑΜΑΔΩΝΑΜΑΔΩΝ *K* ΝΟΜΑΔΩΝΖΑΜΑΔΩΝ — 83 ΕΒΙΕΜΑΘΑΛΖ[ : *V* ΕΒΕΜΑΘΕΛΖΘ *J* ΕΒΙΕΜΑΘΑΛΖΕ *K* ΕΒΙΕ ΜΑΘΑΛΑΖΕ — 86 ΕΙΒΡΑΘΙΒΑΣ : *V* ΕΙΒΡΑΘΙΒΑΤ *J* ΕΙΒΡΑΔΙΒΑΣ

ΒΑΡΒΛΙΟΙϹΕΙΨΑΘΩ

ΑΘΑΡΙΑΘΦΕΛΧΑΦΙΑΩΝ

ṬΟΝΠΑΝΤΑΤΑΑΡΕΝΙΚΑ

90    ΚΑΙΠΑΝΤΑΤΑΦΟΒΕΡΑΚΑ

ΤΑΔΕϹΜΑΤΑΦΥΓΕΤΕΑΠ

ΑΛΕΞΑΝΔΡΑϹΗΝΕΤΕΚΕΝ

ΖΟΗΥΠΟΚΑΤΩΤΩΝΠΗ

ΓΩΝΚΑΙΤΗϹΑΒΥϹϹΟΥΑ̣Π̣Ọ

95    . . ]Ε̣Ϲ̣Α̣ΘΙΝΑΜΗΒΛΑΠΤΗΤΕ

ΜΗΤΕΜΟΛΥΝΗΤΕΗΦΑΡ

Μ̣ΑΚΩΗΤΕΛỌΓΩΜΗΤΕΑ

Π̣ΟΦΙΛΗΜΑΤΟϹΜΗΤΕΑΠỌ

ΑϹΠΑϹΜΟΥΜΗΤΕΑΠΑΤῌ

100   Μ̣ΗΤΕΕΝΒΡΟϹΙΜΗΤΕΕΝ

Π̣ΟϹΙΜΗΤΕΕΠΙΚΥṬῌϹ

ΜΗΤΕΕΝϹΥΝΟΥϹΙΑϹΜΩ

Μ̣ΗΤΕΑΠΟΟΦΘΛΑΜΟΥ

ΜΗΤΕΤΩΙΜΑΤΙΩΜΗ

105   ṬΕΠΡΟϹΕΥΧΟΜΕΝΑΜΗ

. ]Ε̣ΕΝΟΔΩΜΗΤΕΕΠΙΞΕ

---

87 ΨΑΘΩ : *K* ΨΑΘΑΩ — 89 ṬΟΝ : *V* [Τ]ΟΝ *JK* ΟΝ —90/91 ΚΑ|
ΤΑΔΕϹΜΑΤΑ : *V*ΚΑΙ|ΤΑΔΕϹ ΜΑΤΑ — 91 ΦΥΓΕΤΕΑΠ : *V* ΦΥϹΕΤϹΑΤΙ
— 94/95 Α̣Π̣Ọ| . . ]Ε̣Ϲ̣Α̣Θ : *V* ΙΙΠΟ|ΧΕΤΑ *JK* Μ̣ | [1-2] ΕΩΘ — 95 ΙΝΑ
ΜΗΒΛΑΠΤΗΤΕ : *V* ΙΙΟΝΑΜΗ ΒΛΑΙΑΤΑ — 96 ΜΟΛΥΝΗΤΕ : *V* ΜΟΛΥ
ΝΑΤΕ — 96/97 ΦΑΡ|Μ̣ΑΚΩ ΗΤΕΛỌΓΩ : *V* ΦΑΡ|ΜΑΚΑΙΗΤΕΛΕΠΕ *JK*
ΦΑΡ|ΜΑΚΩϹῌΤΕΑΥΤΗ — 99 ΑΠΑΤῌ : *V* ΑΠΑΝΤΑ *JK* ΑΠΑΝΤΗ —101
Π̣ΟϹΙ : *K* ΠΟϹΕΙ — ΕΠΙ ΚΥṬῌϹ : *V* ΕΝΙΚΥΤΑΙϹ —103 ΟΦΘΛΑΜΟΥ : *V*
ΟΦΧΑΜΟΥ — 104 ΜΗΤΕ : *VK* [Μ]ΗΤΕ — 104/105 ΜΗ|ṬΕ : *VJK*
ΜΗ|[Τ]Ε — 105 ΠΡΟϹΕΥΧΟΜΕΝΑ : *JK* ΠΡΟϹΕΥΧΟΜΕΝΗ

ΝΗΣΜΗΤΕΕΝΠΟΤΑΜΟΥ

ΕΜΒΑΣΙΜΗΤΕΕΝΒΑΛΑΝ

.]ΩΑΓΙΑΚΑΙΕΙΣΧΥΡΑΚΑΙΔΥ

110  .]ΑΤΑΟΝΟΜΑΤΑΔΙΑΦΥΛΑ

ΞΑΤΕΑΛΕΞΑΝΔΡΑΝΑΠΟ

ΠΑΝΤΟΣΔΕΜΟΝΙΟΥ

.]ΡΕΝΙΚΟΥΚΑΙΘΗΛΥΚ

. . .]ΑΙΑΠΟΠΑΣΗΣΟΧΛΗ

115  .]ΕΩΣΔΕΜΟΝΝΥΚΤΗΡΙ

. .]ΝΚΑΙΗΜΕΡΙΝΩΝΑΠΑΛΑ

.]ΑΤΕΑΛΕΞΑΝΔΡΑΝΗΕΤΕ

. .]ΝΖΟΗΗΔΗΗΔΗΤΑΧΥ

ΤΑΧΥΕΙΣΘΕΟΣΚΑΙΟΧΡΙΣΤΟ[ .

120  . .]ΤΟΥΒΟΗΘΙΑΛΕΞΑΝΔΡΑ

Ν ΣΣΣΣ

---

107 ΠΟΤΑΜΟΥ: V ΠΑΤΟΥΣΙΩ JK ΠΟΤΑΜΙΩ — 108/109 ΒΑΛΑΝ | .]Ω :
V ΒΑΛΑΝ | . . . — 109/110 ΔΥ | .]Α ΤΑ : V ΔΥ | [ΝΑ]ΤΑ JK ΔΥ | ΝΑΤΑ —
110/111 ΔΙΑΦΥΛΑ | ΞΑΤΕ : V ΔΙΑΦΥΛΑ | [Ξ]ΑΤΕ — 112 ΠΑΝΤΟΣ : JK
[Π]ΑΝΤΟΣ — ΔΕΜΟΝΙΟΥ : V ΔΕΜΩΝΙΟΥ JK ΔΕΜΟΝΙΟΥ — 113 .]ΡΕ
ΝΙΚΟΥ : J ΑΡΕΝΙΚΟΥ — 113/114 ΘΗΛΥΚ | . . .]ΑΙ : V ΘΗΛΥΣ | [Κ]ΑΙ
JK ΘΗΛΙΚ[ΟΥ] | ΚΑΙ — 114/115 ΟΧΛΗ | .]ΕΩΣ : VK ΟΧΛΗ | [ΣΕ]ΩΣ —
115/116 ΝΥΚΤΗΡΙ | . .]Ν : V ΝΥΚΤΗΡ | [ΩΝ] — 117/118 ΕΤΕ | . .]Ν .: V
ΕΤΕΚ | [Ε]Ν — 119 ΤΑΧΥ: VJ [Τ]ΑΧΥ — ΧΡΙΣΤΟ[ .: V ΧΡΙΣΤΟ JK ΧΡΙ
ΣΤΕ — 120 ΒΟΗΘΙ : V ΒΟΗΣΙ — 120/121 ΑΛΕΞΑΝΔΡΑ | Ν : K
ΑΛΕΧΑΝΔΡΑ | Ν

## Redigierter Text

ὀρκίζω σε τὸν
ἐπάνω τοὐρανοῦ
Σαβαωθ, τὸν ἐλθό⟨ν⟩ -
τα ἐπάνω τοῦ Ελα-
5   ωθ, τὸν ἐπάνω τοῦ
Χθοθαι. διαφύλαξον
'Αλεξάνδραν, ἣ⟨ν⟩ ἔτεκ-
εν Ζοή, **vacat** ἀπὸ παντὸς δέμονος καὶ πά-
10   σης ἀνάγκη⟨ς⟩ δενόμων
καὶ ἀπὸ δεμονίων κ-
αὶ φαρμάκων καὶ κα-
ταδέσμων. ἐπικαλοῦμαι
ἐν ⟨ὀν⟩όματι τοῦ κτίσαντος
15   τὰ πάντα. ἐπικαλοῦμαι
τὸν καθέμενον ἐπὶ τῷ
πρότου οὐρανοῦ Μαρμαριωθ,
ἐπικαλοῦμαι τὸν καθέ-
μενον ἐπ⟨ὶ⟩ τοῦ δευτέ-
20   ρου οὐρανοῦ Ουριηλ, ἐπικαλοῦμαι τὸν καθέμε-
νον ἐπὶ τοῦ τρίτου οὐρα-
νοῦ Αηλ, ἐπικαλοῦμαι

---

**8** Ζωή *idem* 75. 93. 118 — **9** δαίμονος — **10** δαιμόνων *idem* 115 — **11** δαιμονίων *idem* 75. 112 — **16** καθήμενον *idem* 18. 21. 24. 26. 29. 32. 51. 53. 56.
60. 61. 64. 66. 68 — **17** πρώτου

τὸν καθέμενον ἐπὶ τοῦ

25 τετάρτου οὐρανοῦ Γαβριηλ,
ἐπικαλοῦμαι τὸν καθέμ-
ενον ἐπὶ τοῦ πέμτου οὐρ-
ανοῦ Χαηλ, ἐπικαλοῦμαι
τὸν καθέμενον ἐπὶ τὸ-

30 ν ἕκτον οὐρανὸν **vacat**
Μοριαθ, ἐπικαλοῦμαι
τὸν καθέμενον ἐπὶ τ-
ῷ ἑβδόμῳ οὐρανῷ Χαχθ,
ἐπικαλοῦμαι τὸν ἐπὶ ταῖς

35 ἀστραπαῖς Ῥιοφα, ἐπικαλοῦμαι τὸν ἐπὶ ταῖς βρον-
ταῖς Ζονχαρ, ἐπικαλοῦμαι
τὸν ἐπὶ ταῖ⟨ς⟩ βροχαῖς Τουριηλ, ἐπικαλοῦμαι

40 τὸν ἐπι ταῖς χιόνος
Τοβριηλ, ἐπικαλοῦμαι
τὸν ἐπὶ ταῖ⟨ς⟩ ὕλαις Ινλουθαδαμα, ἐπικαλοῦμαι
τὸν ἐπ⟨ὶ⟩ τοῖς σισμοῖς

45 Σιορωχα, ἐπικαλοῦμαι
{ἐπικαλοῦμαι} τὸν ἐπὶ τῇ
θαλάσῃ Σουριηλ, ἐπικα-
λοῦμαι τὸν ἐπ⟨ὶ⟩ τῶν δρα-
κόντων Ειθαβιρα, ἐπι-

---

27 πέμπτου — 40 τῆς — 44 σεισμοῖς *cf.* LB 22 — 47 θαλάσσῃ *cf.* LB 23 *et*
PGM XXXV 9

50    καλοῦμαι τὸν ἐπὶ τοῖς πο-
      ταμοῖς καθέμενον Βηλ-
      λια, ἐπικαλοῦμαι τὸν ἐπὶ
      τοῖς ὁδοῖς καθέμενον
      Ῥασουσουηλ, ἐπικαλοῦ-
55    μαι τὸν ἐπὶ ταῖς πόλεσιν
      καθέμενον Εἰστοχαμα,
      ἐπικαλοῦμαι τὸν ἐπὶ τοῖς
      ὄρεσιν Νουχαηλ, ἐπικα-
      λοῦμαι τὸν ἐπὶ ταῖς πλατίης
60    καθέμενον Απραφης, ἐπ[ι -
      καλοῦμαι τὸν καθέμενον
      ἐπὶ τῷ ὄρι Σιναει θεὸν
      Εινανθ Ἀδωνης Δεχοχθα,
      τὸν καθέμενον ἐπὶ τῶν
65    δρακόντων Ιαθ Εννου
      Ιαθ. ὁ καθέμενος ἐπὶ τῷ
      στερεόματι Χραβα, ὁ κα-
      θέμενος ἐπὶ τῷ Θαλουμ-
      θουσιν μέσον τῶν δύ⟨ο⟩
70    Χηρουβιν τοῦ αἰῶνος τῶν
      αἰόνων, ὁ θεὸς Ἀβρααμ
      καὶ ὁ θεὸς Ἰσαακ καὶ ὁ θ-
      εὸς Ἰακωβ, διαφύλαξο[ν
      Ἀλεξάνδραν, ἣ⟨ν⟩ ἔτεκεν
75    Ζοή, ἀπὸ δεμονίων

---

53 ταῖς ὁδοῖς *cf.* LB 26 — 59 πλατείαις — 62 ὄρει — 67 στερεώματι — 70
Χερουβιν — 70/71 αἰῶνος/αἰώνων

καὶ φαρμάκων καὶ σκο-
τοδινίας καὶ ἀπὸ παντὸ[ς
πάθους καὶ ἀπὸ πάσης μ-
ανίας. ἐπορκίζω σε τὸν
80    ζῶντα θεόν, ΕΝΖΑΟΡΩ
ΒΕΜΝΑΜΑΔΩΝΖΑΜΑΔΩΝ,
τὸν ἀστράπτοντα καὶ β-
ροτοῦ⟨ν⟩τα, ΕΒΙΕΜΑΘΑΛΖ[ . .
ΡΩ ΡΑΒΔΟΝ ΚΑΝΟΝ,
85    τὸν πατήσαντα τὸν
Θεστα τὸν Ειβραθιβας
ΒΑΡΒΛΙΟΙΣΕΙΨΑΘΩ
ΑΘΑΡΙΑΘ ΦΕΛΧΑΦΙΑΩΝ
ΤΟΝ. πάντα τὰ ἀρενικὰ ⟨καὶ θηλυκὰ⟩
90    καὶ πάντα τὰ φοβερὰ καταδέσματα, φύγετε ἀπ'
Ἀλεξάνδρας, ἣν ἔτεκεν
Ζοή, ὑποκάτω τῶν πη-
γῶν καὶ τῆς ἀβύσσου, ΑΠΩ
95    . .]ΕΣΑΘ, ἵνα μὴ βλάπτητε
μήτε μολύνητε ἢ φαρ-
μάκῳ ἤτε λόγῳ μήτε ἀ-
πὸ φιλήματος μήτε ἀπὸ
ἀσπασμοῦ μήτε ἀπάτῃ
100   μήτε ἐν βρόσι μήτε ἐν
πόσι μήτε ἐπὶ κύτης

---

79 ἐφορκίζω — 80 ζῶντα — 82/83 βροντῶντα — 89 ἀρρενικά *idem* 113 —
100 βρώσει — 101 πόσει — κοίτης

   μήτε ἐν συνουσιασμῷ
   μήτε ἀπὸ ὀφθλαμοῦ
   μήτε τῷ ἱματίῳ μή-
105 τε προσευχόμενα μή-
   τ]ε̣ ἐν ὁδῷ μήτε ἐπὶ ξένης μήτε ἐν ποταμοῦ
   ἐμβάσι μήτε ἐν βαλαν-
   ί]ῳ. ἅγια καὶ εἴσχυρὰ καὶ δυ-
110 ν]ατὰ ὀνόματα, διαφυλάξατε 'Αλεξάνδραν ἀπὸ
   παντὸς δεμο̣νίου
   ἀ]ρενικοῦ καὶ θηλυκ-
   οῦ κ]α̣ὶ ἀπὸ πάσης ὀχλή-
115 σ]ε̣ως δεμόν⟨ων⟩ νυκτηρι-
   νῶ]ν καὶ ἡμερινῶν. ἀπαλά-
   ξ]ατε 'Αλεξάνδραν, ἣ⟨ν⟩ ἔτε-
   κε]ν̣ Ζοή. ἤδη ἤδη ταχὺ
   τ̣αχύ. εἷς θεὸς καὶ ὁ Χριστὸ[ς
120 αὐ]τοῦ, βοήθι 'Αλεξάνδρα-
   ν. ΣΣΣΣ

---

103 ὀφθαλμοῦ — 105 *potius* προσερχόμενα — 108 ἐμβάσει — 108/109 βαλανείῳ — 109 ἰσχυρά — 115/116 νυκτερινῶν — 116/117 ἀπαλλάξατε —
120 βοήθει

# Übersetzung

## I (Z. 1-13)

Ich beschwöre dich bei dem über dem Himmel Sabaoth,

bei dem, der da kommt über dem Elaoth,

bei dem über dem Chthothai.

Bewahre Alexandra, die geboren hat Zoe,

vor jedem Dämon und vor jedem Zwang der

Dämonen und vor dämonischen Mächten und

Zaubermitteln und Bindezaubern.

## II (Z. 13-66)

Herbei rufe ich im Namen dessen, der alles gegründet hat;

herbei rufe ich den, der da sitzet über dem ersten Himmel: Marmarioth;

herbei rufe ich den, der da sitzet über dem zweiten Himmel: Uriel;

herbei rufe ich den, der da sitzet über dem dritten Himmel: Ael;

herbei rufe ich den, der da sitzet über dem vierten Himmel: Gabriel;

herbei rufe ich den, der da sitzet über dem fünften Himmel: Chael;

herbei rufe ich den, der da sitzet über dem sechsten Himmel: Moriath;

herbei rufe ich den, der da sitzet über dem siebenten Himmel: Chachth;

herbei rufe ich den über den Blitzen: Riopha;

herbei rufe ich den über den Donnern: Zonchar;

herbei rufe ich den über dem Regen: Turiel;

herbei rufe ich den über dem Schnee: Tobriel;

herbei rufe ich den über den Wäldern: Inluthadama;

herbei rufe ich den über den Erdbeben: Siorocha;

{herbei rufe ich;}

herbei rufe ich den über dem Meer: Suriel;

herbei rufe ich den über den Schlangen: Eithabira;

herbei rufe ich den über den Flüssen Sitzenden: Bellia;

herbei rufe ich den über den Wegen Sitzenden: Rasusuel;

herbei rufe ich den über den Städten Sitzenden: Eistochama;

herbei rufe ich den über den Bergen: Nuchael;

herbei rufe ich den über den Strassen Sitzenden: Apraphes;

herbei rufe ich den, der da sitzet über dem Berg Sinai, den Gott

Einath, Adones, Dechochtha;

den, der da sitzet über den Schlangen: Iath Ennu Iath.


### III (Z. 66-89)

Der Du sitzest über der Feste: Chraba;

der Du sitzest über dem Thalumthusin

inmitten der zwei Cherubin, von Ewigkeit der Ewigkeiten;

Gott Abraams und Gott Isaaks und Gott Jakobs:

bewahre Alexandra, die geboren hat Zoe,

vor Dämonen und Zaubermitteln und Schwindel

und vor jedem Leiden und vor jeder

Geisteskrankheit.

Ich beschwöre dich bei dem lebendigen Gott,

ENZAOROBEMNAMADONZAMADON

bei dem, der blitzt und donnert,

EBIEMATHALZ[..]RO RABDON KANON

bei dem, der tritt auf den Thesta, den Eibrathibas,

BARBLIOISEIPSATHO ATHARIATH

PHELCHAPHI AONTON.


### IV (Z. 89-109)

Alle Ihr männlichen <und weiblichen> (Dämonen)

und alle Ihr schrecklichen Bindezauber:

flieht weg von Alexandra, die geboren hat Zoe,

unter die Quellen und den Abgrund,

APO[..]ESATH, damit (ihr)

nicht schadet (und)

(sie) nicht befleckt, sei es mit einem Zaubermittel oder einem

Zauberspruch, weder mit einem Kuss noch mit

einer (Gruss-)Umarmung, noch mit Täuschung,

noch beim Essen noch beim Trinken, noch im

Bett noch beim Beiwohnen, noch mit dem

(bösen) Blick noch mit dem Gewand, noch betend

(? eher: herbeikommend), noch auf dem Weg,

noch in der Fremde, noch beim Einstieg in einen

Fluss, noch im Bad.


V (Z. 109-119)

Ihr heiligen und starken und mächtigen Namen:

bewahrt Alexandra vor jedem Dämon, männlich und weiblich,

und vor jeder Belästigung durch Dämonen,

während der Nacht und am Tag;

befreit Alexandra, die geboren hat Zoe.

Jetzt, jetzt, schnell, schnell.


VI (Z. 119-121)

Der eine Gott und sein Christus: hilf Alexandra.

# Kommentar

## Einleitung

LB und TMB sind Amulette. Als solche weist sie zuerst einmal ihre äussere Beschaffenheit aus; mit andern Amuletten sind sie durch manche Formeln verbunden, und schliesslich begegnet in LB auch mehrfach (Z. 5. 34f. 41. 49f.) das entsprechende griechische Wort: φυλακτήριον. Beide verheissen Schutz vor allen denkbaren dämonischen Mächten und deren verschiedenartigen Wirkungsweisen. Diese Funktion wiederum bringt sie in die Nähe jener spezifischen Form von Exorzismen, die man als "abergläubische Abwehrmassnahmen für alle Fälle" charakterisiert hat[1]. Deutlich exorzistische Züge geben in LB die Abschn. II, IV, V und VI, in TMB Abschn. I, III und IV zu erkennen (die Abschnitte sind dargestellt in der Anordnung des Textes auf der Falttafel). Die Abschnitte LB III resp. TMB II erfüllen je die Aufgabe eines "Exorzismusgebets". Solche "exorzistischen κλήσεις" stehen üblicherweise dem eigentlichen Exorzismus im engeren Sinn voran. Sie sollen die Helfermächte zugunsten des Exorzisten und des potentiellen Opfers bzw. dessen, dem der Schutz prophylaktisch (eben z.B. durch Vermittlung eines Amuletts) zugedacht ist, in Bewegung setzen. Überdies wird man natürlich damit gerechnet haben, dass die Dämonen sich durch eine Aufzählung ihrer vielen und kraftvollen Gegenspieler von vornherein beeindrucken lassen[2].

Den beiden Amuletten liegt letztlich ein gemeinsames Formular zugrunde. Grössere und kleinere Unterschiede bestätigen, was wir zur Genüge aus den Zauberpapyri wissen: dass Texte dieser Art bei aller Sorgfalt, die man ihnen schuldet, im Fluss sind, d.h. variiert, modifiziert und aus andern Quellen angereichert werden[3]. Das 'Urformular' muss seinerseits aus mehreren heterogenen Elementen gebildet worden sein: den klar umgrenzten 'Abschnitten', in die sich LB wie

---

[1]   K. Thraede, «Exorzismus», *RAC* 7 (1969) 45.

[2]   Thraede (1969) 52ff.

[3]   Vgl. A. D. Nock, «Greek Magical Papyri», *JEA* 15 (1929) 219-232; jetzt: ders., *Essays on Religion in the Ancient World* I (Oxford 1972, repr. with corrections 1986) 176-194; hier 178f.

TMB wieder auflösen lassen. Wesen und Herkunft der einzelnen Abschnitte sind es, welche die Gesamterscheinung dieser 'exorzistischen Amulette' oder 'amulettartigen Exorzismen' prägen:

LB I = Z. 1-2 (keine Entsprechung in TMB): Eine Art von 'Überschrift'. Sie bestimmt den Amulett-Typus (vergleichbare 'Titel' finden sich auch auf Amuletten mit kurzem Text), umreisst den Zweck des Gegenstands und verleiht ihm möglicherweise einen gewissen theologischen Hintergrund.

LB II = Z. 2-8 ~ TMB I = Z. 1-13: Der Text eines 'Amuletts'.

LB III = Z. 8-30 ~ TMB II = Z. 13-66: Ein langer Anrufungskatalog, der dem Träger des Amuletts eine Vielzahl von Helfern gewinnen soll. Da er nicht in eine 'Schutzformel' mündet, vielmehr bestenfalls als loser Vorspann zu LB IV bzw. TMB III dient, wirkt er nur schon äusserlich etwas fremd und isoliert.

LB IV = Z. 30-38 ~ TMB III = Z. 66-89: Nochmals ein 'Amulett'.

LB V = Z. 38-45 und VI = Z. 46-51 ~ TMB IV = Z. 89-109: Exorzistische Ausfahrbefehle, an die Dämonen gerichtet.

LB VII = Z. 51-54 ~ TMB V = Z. 109-119: Erneute Hinwendung zu den Helfermächten. Sie hat in TMB die Form eines doppelten Amuletts; auch in LB trägt sie amulettartige Züge, doch eine gewisse höhere Stilisierung bewirkt, dass der Abschnitt gleichsam ein Gegengewicht zur bedeutungsschweren Überschrift (Abschn. I) bildet.

TMB VI = Z. 119-120 (abgesehen vom Verbum βοηθεῖν, das auch in LB VII begegnet, keine Entsprechung): Eine explizit christliche 'Akklamation'.

Zauberer und Exorzisten erheben im allgemeinen nicht den Anspruch, originell zu sein; vielmehr verstehen sie sich als Träger uralter Überlieferungen, und sie nehmen ihre Weisheit überall dort her, wo sie die Verfügung über zaubermächtige Kräfte zu erkennen glauben. Als Folge davon äussert sich in Zaubertexten ein fast schrankenloser Synkretismus: pagan-antike Elemente stehen neben agyptisch, jüdisch, später auch christlich geprägten Vorstellungen und Wendungen und vermischen sich mit ihnen, anscheinend ohne dass dies im geringsten als anstössig empfunden worden wäre. Im Gegenteil, vermutlich ging man davon aus, dass ein Zauber desto sicherer wirke, je mehr Ingredienzien in ihm zur Geltung kämen. Überdies bedienen sich die Zauberer, ihrer Denkweise entsprechend, über weite Strecken vorgegebener, fester Formeln, Junkturen, Begriffe, denen gegenüber sie sich nur geringe Freiheiten erlauben, da ihr Anspruch ja eben auf der genauen Kenntnis tausendfach bewährter Praktiken und λόγοι beruht. Hauptaufgabe des Kommentars ist es also, die in LB und TMB verwendeten Formeln zu bestimmen, in vergleichbaren Texten nachzuweisen und, wo möglich, ihre Herkunft und Funktion zu klären.

Als vergleichbare Texte kommen zunächst alle möglichen Arten von Amuletten in Betracht. Dabei ist auszugehen von der magistralen Sammlung und Darstellung, die C. Bonner in seinen 'Studies in Magical Amulets' geschaffen hat; häufig freilich werden treffende Parallelen gerade solchen Stücken verdankt, die Bonner noch nicht bekannt waren, sondern erst in neuerer Zeit ans Licht getreten sind. Als Fundgrube erwiesen sich ferner erwartungsgemäss die PGM mit ihren vielfältigen und ausführlichen Zauberanweisungen; der glückliche Besitz eines Exemplars des (nicht mehr erschienenen) 3. Bandes, der die von Preisendanz erarbeiteten Indices enthält, ermöglichte eine einigermassen systematische Auswertung.[4] Seither sind mehrere Sammlungen nach unterschiedlichen Gesichtspunkten ausgewählter magischer Texte erschienen oder z. T. noch im Erscheinen begriffen, die sowohl neue als auch schon bekannte Texte in korrigierter und neu kommentierter Version bringen; so vor allem: H. D. Betz (ed.), *The Greek Magical Papyri in Translation, including the Demotic Spells* (Chicago/London 1986); R. W. Daniel/ F. Maltomini (edd.), *Supplementum Magicum* Vol. I-II, Papyrologica Coloniensia Vol. XVI, 1-2 (Opladen 1990, 1992); R. Kotansky, *Greek Magical Amulets, The Inscribed Gold, Silver, Copper and Bronze Lamellae, Part I: Published Texts of Known Provenience*, Papyrologica Coloniensia Vol. XXII, 1 (Opladen 1994); R. Merkelbach, *Abrasax. Ausgewählte Papyri religiösen und magischen Inhalts*, Papyrologica Coloniensia Vol. XVII, 1-4 (Opladen 1990-1996). Kotansky bietet zu TMB einen ausführlichen Kommentar. Unser Kommentar verfolgt teilweise andere Ziele.

Zu den hier besprochenen Amuletten kommt überdies die grosse Masse byzantinischer Exorzismen in Betracht. In ihnen leben manche Bestandteile der antiken Zauberei weiter; anderseits ermöglichen sie ein Verständnis von LB und TMB gerade in den Bereichen, wo die ältern Amulette und Zaubertexte versagen. Solche Exorzismen sind teils unter den Namen grosser Väter wie Basileios und Johannes

---

[4] Nützlich ist jetzt auch der Überblick von W. Brashear, «The Greek Magical Papyri: An Introduction and Survey», *ANRW* II 18.5 (1995) 3380-3684.

Chrysostomos, teils anonym überliefert. Reiche Sammlungen finden sich bei A. Delatte, *Anecdota Atheniensia* I: Textes grecs inédits relatifs à l'histoire des religions, *Bibl. Fac. Phil. et Lettres de l'Univ. de Liège 36* (Liège/Paris 1927)[5]; L. Delatte, *Un office byzantin d'exorcisme*, Académie de Belgique, Classe des Lettres-Mémoires 2ème série; Tome LII (Bruxelles 1957); F. Pradel, *Griechische und süditalienische Gebete, Beschwörungen und Rezepte*, RVV III 3 (Giessen 1907); Th. Schermann, «Die griechischen Kyprianosgebete», *Oriens Christianus* 3 (1903) 303-323; A. Strittmatter, *Ein griechisches Exorzismusbüchlein*: Ms. Car. C 143b der Zentralbibliothek in Zürich. II: Texte, *Orientalia Christiana* 26 (1932), 2, 127-144.

LB und TMB bilden also ihrerseits anschauliche Zeugnisse dafür, wie das Zauberwesen sich durch die Zeiten in ungebrochener Tradition fortpflanzt, Neues widerstandslos aufnimmt und Überkommenes nur geringfügig oder überhaupt nicht abwandelt, welche Veränderungen auch immer die höheren Formen religiöser Erfahrung durchlaufen mögen. Mit ihrem Doppelantlitz - als exorzistische Amulette - blicken die beiden Stücke gleichsam zurück in die Antike und voraus nach dem späteren Byzanz. Angesichts dessen gebührt einer Datierung ins 5. Jh., wie sie bereits Peterson für TMB erwogen hatte[6], nur schon aus innern Gründen hohe Wahrscheinlichkeit; der paläographische Befund scheint jetzt die erwünschte Bestätigung zu liefern[7].

Anderseits fällt es aufgrund des bereits erwähnten Synkretismus sehr schwer, von den Amulett-Texten auf die 'Konfession' der Träger (oder gar der Verfasser) zu schliessen: eine hohe Frequenz 'biblischer' Begriffe und Wendungen etwa weist nicht zwangsläufig auf ein christliches Milieu. Immerhin, trifft die Datierung ins 5. Jh. zu, so spricht doch im vornherein manches für die Annahme, Leontios (LB) und Alexandra (TMB) bzw. deren Mütter Nonna (LB) und Zoe (TMB) seien tatsächlich Christen gewesen. Im Falle der TMB tritt als Stütze die explizit christliche 'Akklamation' in Abschn. VI hinzu. Diese könnte umgekehrt wieder auf die Vermutung führen, Alexandra bzw. Zoe hätten den voranstehenden Text als nicht eindeutig, nicht 'christlich' genug empfunden (was er ja auch nicht ist) und des-

---

[5]  Dazu vgl. die wichtige Rezension von K. Latte, *Gnomon* 5 (1929) 470ff. = *Kl. Schriften* (München 1968) 808ff.

[6]  E. Peterson (1926a) 88: "Ende des 4. oder Anfang des 5. Jh."

[7]  S. oben S. 8f. 16f.

halb eine Erwähnung der einzigen und wahren Helfer für wünschenswert, wenn nicht einfach für notwendig, gehalten. Eine vergleichbare Bekundung der eigenen Zugehörigkeit fehlt in LB. Nonna freilich dürfte sich zumindest mit ihrem Namen als Christin ausweisen, ferner mit dem ihr verliehenen ungewöhnlichen Epitheton ἱερά[8]. Ob sie selbst sich der theologischen Implikationen bewusst war, welche die Überschrift in Abschn. I möglicherweise enthält[9], bleibt fraglich; für den Hersteller - sei es der LB, sei es der Vorlage - möchte man es gerne voraussetzen. Die Erwähnung des ἀντικείμενος (Z. 8) dagegen und zumal die Schlussformel, εἰς τοὺς αἰῶνας τῶν αἰώνων ἀμήν (Z. 53f.), müssen in den Ohren auch von Laien vertraut geklungen und das beruhigende Gefühl geweckt haben, der ganze schwer verständliche Zauber erfolge gewissermassen im Namen des alleinigen, des "lebendigen Gottes" (Z. 1), den die Kirche lehrte, und stehe keineswegs im Widerspruch zu anerkannten und sanktionierten Praktiken wie etwa der Taufe[10] .

Die sprachlichen Merkmale der LB und TMB sind an je entsprechendem Ort in der Beschreibung zusammengestellt und charakterisiert[11].

Nachstehend sollen die beiden Amulette, wo immer die Entsprechungen dies nahelegen oder mindestens zulassen, gemeinsam kommentiert werden. Als Ausgangspunkt dient jeweils der Wortlaut in LB. Eine Trennung war erforderlich in LB VII bzw. TMB V und VI.

---

[8] S.unten S. 122f. Auch Paulos Iulianos (PGM XXXV) war wohl ein Christ. S. oben Anm. 71 zu S. 24.

[9] S. unten S. 66ff.

[10] S. unten S. 68f.

[11] S. oben zu LB S. 12f.; zu TMB S. 20-22; zu PGM S. 34-38.

# Kommentar

## LB Abschn. I (Z. 1-2)

### LB 1 σφραγὶς θεοῦ ζῶντος

σφραγίς auf kaiserzeitlichen Amuletten und in Exorzismen steht zumeist im Zusammenhang mit dem 'Siegel Salomons'. Das gilt wohl auch für PGM VII 580ff., obwohl Salomons Name fehlt: φυλακτήριον σωματοφύλαξ πρὸς δαίμονας ... φορούμενον σφραγιστικῶς ἐστιν. ἔστιν γὰρ δυνάμεως ὄνομα τοῦ μεγάλου θεοῦ καὶ σφραγίς (vgl. K. Preisendanz, «Salomo», *RE* Suppl. 8, 1956, 675, 35ff.). Explizit mit Namen dagegen im «Exorzismus des Pibechis» PGM IV 3039ff. (jetzt auch in: Merkelbach, *Abrasax* 4, Nr. I, mit Kommentar S. 39), dazu Preisendanz (1956) 673, 24ff., insbesondere über die rätselhafte Siegelung der 'Zunge des Jeremias'; vgl. dazu auch D. Sperber, «Some Rabbinic Themes in Magical Papyri», *JSJud* 16 (1985) 93-103, bes. 95ff. Eine Silber-Lamella aus der Kölner Papyrussammlung (P. Köln 338, inv. T 3; 3./4. Jh.; Ägypten (?); D. R. Jordan/R. D. Kotansky, «A Solomonic Exorcism», *Kölner Papyri* 8, Papyrologia Colonensia VII, 8, Opladen 1997, 53-69, Nr. 338, Tafel V; Hinweis von Herrn Dr. J. Hammerstaedt, Köln) enthält einen Exorzismus, in dem jeder böse Geist beschworen wird (ὁρκίζω) Z. 5ff. ἐξελθεῖν ἀπὸ ᾿Αλλοῦτος, ἣν ἔτεκεν ῎Αννις, τῆς ἐχούσης τὴν σφραγῖδα Σολομῶνος...; s. dazu den Kommentar von Jordan/Kotansky S. 59-61; vgl. auch R. Kotansky, «Greek Exorcistic Amulets», in: M. Meyer/P. Mirecki (ed.), *Ancient Magic and Ritual Power* (Leiden/New York/Köln 1995) 243-277, hier: 267f. Das Siegel Salomons begegnet auch auf aramäischen Zaubergefässen aus Mesopotamien; s. z. B. J. Naveh/S. Shaked, *Magic Spells and Formulae* (Jerusalem 1993) B 20,7f. (engl. Übersetzung S. 127): «The seal and the protection of Solomon for..., son of..., from every demon...»; vgl. B 26,10. Erwähnenswert ist ferner ein aramäisch-griechisches exorzistisches Silber-Amulett (5. Jh. ?; R. Kotansky/J. Naveh/S. Shaked, «A Greek-Aramaic Silver Amulet From Egypt in the Ashmolean Museum», *Le Muséon* 105, 1992, 5-24), das vermutlich von einem jüdischen Exorzisten für einen christlichen Kunden geschrieben wurde und in dessen aramäischem Teil (Z. 16, engl. Übersetzung S. 11) die Dämonen beschworen werden «in the name

of...who bound...the evil [spirit] by the ring of the seal of King Solomon».

Von Salomons Zauberkraft, die ihm Gott verliehen hat und die
sich vor allem in Exorzismen bewährt, spricht Jos. *Ant.* 8,45-49; seine
Methoden hätten sich erhalten, und er selbst, Josephus, habe solchen
Exorzismen, vorgenommen von einem gewissen Eleazar, beigewohnt.
Als Zaubermittel diente ein δακτύλιος ἔχων ὑπὸ τῇ σφραγῖδι ῥίζαν
(zu diesem Bericht s. D. C. Duling, *Harv. Theol. Rev.* 78, 1985, 2ff.,
mit weiterer Literatur über Salomon 'den Magier' in Anm. 1). Weiter
ausgestaltet wird die Sache dann im sog. *Testamentum Salomonis*, wo
Salomon vom Erzengel Michael ein δακτυλίδιον ἔχον σφραγῖδα
γλυφῆς λίθου τιμίου übergeben wird (I,6 Mc Cown), mit dem er in
der Folge sämtliche Dämonen zu bannen und zu zwingen vermag,
beim Bau des Tempels mitzuwirken (vgl. auch A. Delatte, *Anecd.
Ath.* 215,3ff.: hier heisst der Ring dann stets σφραγὶς τοῦ θεοῦ, so
etwa 216, 28. 32. 37). A. D. Nock (1929, 188f.) sieht im
'Salomonssiegel' (neben der Angelologie und den Exorzismen) einen
der deutlichsten Beiträge der Juden zur antiken Zauberei; vgl.
Thraede (1969) 57. Reiches Material zum 'Salomonssiegel' bei
Preisendanz (1956) 670ff.; Alexander (1986) 372ff. («The Testament of Solomon»); Merkelbach, *Abrasax* 4, 1-8.

Über die sog. 'Salomons-Amulette' - häufig einen Reiter dar-
stellend, der mit der Lanze eine liegende weibliche Gestalt bedroht,
mit den Aufschriften Σολομον um den Reiter und σφραγὶς θεοῦ auf
der Rückseite - vgl. Bonner (1950) 208ff.; Preisendanz (1956)
680,1ff., bes. 683,48ff.; Delatte/Derchain (1964) 261ff. (Nr. 369-
377); Alexander (1986) 376f.; vgl. Jordan/Kotansky (1997a) 61. In
unserem Zusammenhang besonders interessant ist ein byzantinisches
Bronze-Amulett dieses Typus, das folgende Umschrift trägt: σφραγὶς
θεοῦ ζῶντος φύλαξον ἀπὸ παντὸς κακοῦ τὸν φοροῦντα τὸ φυλακτήριον τοῦ⟨το⟩. Bonner Nr. 324 (beschrieben 219f.), abgebildet auf
Plate XVII; wiedergegeben auch bei C. D. G. Müller, *JbAC* 17
(1974) 102. Ein weiteres Stück mit σφραγὶς τοῦ ζῶντος θεοῦ φύλαξον τὸν φοροῦντα verzeichnet Preisendanz (1956) 683, 24ff. Die Erweiterung von θεοῦ zu **θεοῦ ζῶντος** findet sich in Verbindung mit
der σφραγίς übrigens selten. Anderseits hat der **θεὸς ζῶν** seinen
festen Platz in der antiken Zauberei; wo immer er begegnet, ist jü-
disch-christlicher Einfluss im Spiel: Peterson (1926a) 42f.; Nock
(1929) 188f.; Belege bei Bauer/Aland s. v. [ζάω] ζῶ 1.a.ε.; in den
PGM: IV 559 (σύμβολον θεοῦ ζῶντος). 959. 1038. 1553; VII 823;
XII 79; auf Amuletten z.B.: Kotansky, *GMA* I 65,1 (φυλακτήριον

θ(εο)ῦ ζῶντος als 'Überschrift'); 67,1; 51,8f. (vgl. den Kommentar von Kotansky S. 269 zu Z. 6-10); 58,11 (?); und auf dem Amulett für Syntyche (jetzt in: Merkelbach, *Abrasax* 4, Nr. II,3f.). Vgl. ferner Bonner (1950) 301 Nr. 288; TMB 80.

**σφραγίς - σφραγίζειν** finden sich auch in christlichen Exorzismen, zuweilen ausdrücklich in Verbindung mit Salomon (A. Delatte, *Anecd. Ath.*, 98,22ff. σφραγῖδες θεοῦ ζῶντος; 235,24f. ὑπὸ τῆς σφραγῖδος τῆς δοθείσης Σολομῶντι; vgl. L. Delatte 1957, 93, 22f.), zuweilen ohne sichtbaren Bezug (Pradel 1907, 12,20ff.). Die Frage ist nun, wieweit sich der Begriff samt den zugehörigen Vorstellungen einem christlichen Amulett-Träger aufgrund spezifisch christlicher Konnotationen empfehlen mochte. In Betracht kommen wohl vor allem zwei Gesichtspunkte:

1. Man konnte in σφραγὶς θεοῦ ζῶντος ein Zitat aus Apoc. 7,2; 9,4 erkennen (vgl. schon Bonner 1950, 210). Eine solche Verbindung scheint hergestellt zu sein in einem von Reitzenstein (1904) 297 publizierten Amulett-Text aus dem Cod. Paris. 2316 (Blatt 436[r]); 294 Anm. 1 notiert Reitzenstein übrigens einen Anklang an die Apoc. in einem weiteren Amulett-Text des gleichen Codex. Dass mit aller Wahrscheinlichkeit auch die LB auf Apoc. 7,2 anspielt, wird sich gleich im folgenden ergeben (zu Z. 1/2 σημεῖον ... ἐγγίσειν).

2. Überdies wies die σφραγὶς τοῦ υἱοῦ τοῦ θεοῦ (Past. Herm., *Sim.* 9,16,3) oder die 'σφραγίς durch das πνεῦμα' seit frühester Zeit den 'Träger' als Christus und seiner Gemeinde zugehörig aus (vgl. 2. Cor. 1,22; Ephes. 1,13; 4,30; 2. Clem. 7,6; 8,5); ja mit σφραγίς (geistig oder 'dinglich' verstanden) wurde seit dem Ende des 2. Jh. nicht selten direkt die Taufe bezeichnet, sei es im engern Sinn die 'Taufwaschung', sei es im weitern das gesamte dazugehörige Ritual; vgl. etwa Severian. Gabal. (= Ps. Basil.) *Bapt.* 2 (PG 31, 428C) σὺ δὲ πῶς ἐπανέλθῃς εἰς τὸν παράδεισον μὴ σφραγισθεὶς τῷ βαπτίσματι; dazu auch 4 (432C); Constantin. *Diac. Laud.* 37 (PG 88, 521C) παιδία, ἐσχάτη ὥρα ἐστίν, πάντων τὸ τέλος ἤγγικεν [s. unten S. 70f.]. εἴ τις οὐκ ἐνεσημάνθη τῇ σφραγῖδι τοῦ πνεύματος, σημειωθήτω φωτὶ τοῦ βαπτίσματος, καὶ ἀχράντῳ αἵματι τὰς νοερὰς ἐπιχρίσει φλιὰς καὶ τοὺς σταθμοὺς τῶν αἰσθήσεων (bezeichnend hier auch die Anspielung auf das 'typologische' Vorbild: das σημεῖον [s. u.] beim Passah-Fest, Ex. 12,7.13). Dazu F. J. Dölger, *Sphragis. Eine altchristliche Taufbezeichnung* (Paderborn 1911); G. W. H. Lampe, *The Seal of the Spirit* (London 1951 [4]1976), bes. 237ff. («The Seal and

Baptism»). Im Hinblick auf die Funktion der LB wird man zudem bedenken, dass der Taufe selbst ein eigentlicher Taufexorzismus vorausging; vgl. F. J. Dölger, *Der Exorzismus im altchristl. Taufritual* (Paderborn 1909); Thraede (1969) 76ff.; H. Kelly, *The Devil at Baptism* (Ithaca/London 1985); vgl. auch Kotansky, *GMA* I, S. 174-180; Merkelbach, *Abrasax* 4, 9-24. Wer getauft war, trug sein 'Siegel' also nicht nur in der Erwartung auf das jüngste Gericht, sondern wusste sich, nach dem Exorzismus und der Einwohnung des πνεῦμα, auch 'gesiegelt' gegen die Dämonen. Trotzdem scheinen auch Getaufte vor Belästigungen durch δαιμόνια nicht restlos gefeit gewesen zu sein: daher die Exorzismen, in denen man ausdrücklich auf die 'Versiegelung' des Opfers hinweist: Vgl. das Exorzismusgebet des 'Basil.' PG 31, 1680A τρέψον αὐτὸν εἰς φυγὴν καὶ ἐπίταξον αὐτῷ καὶ τοῖς δαίμοσι αὐτοῦ ἀναχωρῆσαι παντελῶς, ἵνα μή τι βλαβερὸν κατὰ τὴν ἐσφραγισμένην εἰκόνα ἐργάσηται. L. Delatte (1957) 44,9f. ἵνα ἐάσητε τὸν δοῦλον τοῦ θεοῦ τοῦτον τὸν ἐσφραγισμένον θείᾳ δυνάμει καὶ ἀπέλθητε εἰς τοὺς ἰδίους τόπους. Wie dieses 'Siegel' zu verstehen ist, macht ·deulich A. Delatte, *Anecd. Ath.*, 243,23f. (zu den ἀκάθαρτα πνεύματα gesagt) : μὴ ἐγγίσητε [s. unten S. 70f.] ἀνθρώπου ὃς ἐδέξατο τὸ ἅγιον βάπτισμα (vgl. bereits 243,10). Nicht so eindeutig zu fassen, aber wohl ebenfalls auf die Taufe zielend, Strittmatter (1932) 142,8ff. ἀναλύθητε πάντα ... ἀδικήματα ... διὰ τῆς προσευχῆς ταύτης καὶ τῆς σφραγῖδος τοῦ κυρίου ἡμῶν Ἰησοῦ Χριστοῦ καὶ τῶν ἁγίων αὐτοῦ ἀρχαγγέλων Μιχαήλ, Γαβριήλ, Ῥαφαήλ, Οὐριήλ (die Erzengel lassen auch an Salomon denken).


Erwähnung verdienen in diesem Zusammenhang ferner drei Amulette - syrische Texte auf Tierhäuten - iranischer Herkunft (für den Hinweis sei Erica Reiner, Chicago, gedankt). Sie stammen etwa aus der gleichen Zeit wie LB und wurden von Ph. Gignoux publiziert: *Incantations magiques syriaques*, Coll. de la Revue des Études Juives (Louvain 1987). In ihnen wird immer wieder betont, dass die Trägerin der Amulette - alle drei gehören derselben Frau - 'versiegelt' sei oder sein solle; vgl. besonders I 35-38 (p. 13 Gignoux 1987): «Tu es scellé et bien scellé, corps de cette Xvarr-veh-zad, qui est appelée Yazdan-zadag, par le sceau du Grand <Dieu> et le signe du Premier, par le sceau d'El Iu Ilôn, El Ilôn, seigneur des seigneurs...» Die 'Siegelung' scheint anlässlich einer Zeremonie vorgenommen worden zu sein (I 86 p. 19): «Avec l'huile je t'ai scellée, et dans ces eaux je t'ai accompagnée (?), par le sel je t'ai engendrée.» Gignoux (p. 24) bezieht die Worte auf die Taufe oder «quelque autre rituel». -

Über einen allfälligen Zusammenhang zwischen der LB und der Taufe ihres Trägers s. unten S. 122.


**LB 1/2 σημεῖον σφραγισμένον τοῦ μὴ ἐγγίσειν**


Zur Auslassung der Reduplikation (σφραγισμένον) s. die Beschreibung der Sprache der LB oben S. 12.


**σημεῖον σφρ.** bezeichnet erneut die σφραγίς (vgl. Hesych. σ 2920 σφραγῖδες· αἱ ἐπὶ τῶν δακτυλίων, καὶ τὰ τῶν ἱματίων σημεῖα); jetzt aber ist das entsprechende Wort der LXX verwendet: σημεῖον heisst das Erkennungszeichen der Juden beim Passah-Fest (Ex. 12,13) - auf den typologischen Zusammenhang, den man mit der christlichen σφραγίς herstellte, wurde bereits hingewiesen; σημεῖον heisst ferner Ez. 9,4-6 das Mal, das die καταστενάζοντες und κατωδυνώμενοι ἐν πάσαις ταῖς ἀνομίαις in Jerusalem auf die Stirne gedrückt bekommen und das sie vor der Strafe des Herrn bewahrt.


**ἐγγίζειν** ist ebenfalls ein Wort der LXX; mit ihm wird häufig das 'Herannahen' von etwas Bösem oder Bedrohlichem bezeichnet, so Ps. 26,2 (ἐν τῷ ἐγγίζειν ἐπ᾽ ἐμὲ κακοῦντας...): zitiert in einem Gebet bei Pradel (1907) 26,8; ferner Ps. 90,7.10. Es ist dies der Psalm des 'Mittagsdämons', der seinerseits als Amulett-Text verwendet wurde, vgl. Pradel (1907) 7,1ff.; ein solches Amulett mit Ps. 90 wurde publiziert von R. W. Daniel, *Vig. Christ.* 37 (1983) 400ff. So fand ἐγγίζειν Eingang in die Sprache der jüdisch beeinflussten Zauberei und der Exorzismen (zwei Belege oben S. 68f. zu σφραγίς); es ist nicht belegt in den PGM. Für das Verständnis der LB entscheidend dürfte indes der bereits erwähnte Abschnitt Ez. 9,4-6 sein. 9,1 hatte der Herr verkündet: ἤγγικεν ἡ ἐκδίκησις τῆς πόλεως. Dann wird einer der sechs Männer ausgeschickt, damit er denen, die gerettet werden sollen, das σημεῖον aufdrücke, und es ergeht der Befehl (9,6): ἐπὶ δὲ πάντας, ἐφ᾽ οὕς ἐστιν τὸ σημεῖον, μὴ ἐγγίσητε. Das σημεῖον garantiert also das μὴ ἐγγίζειν: so verhält es sich bei Ezechiel, so auch in der LB, und dieser Befund legt die Vermutung nahe, dass ein Zusammenhang besteht. Hat aber σημεῖον ... μὴ ἐγγίσειν als 'Zitat' zu gelten, so stellt sich erneut die Frage, ob σφραγὶς θεοῦ ζῶντος ebenfalls eine biblische Anspielung sein soll: ob darin Apoc. 7,2 zumindest mitzuhören ist. Wenn auch mit Vorbehalten, so ist eine positive Antwort wohl doch erlaubt angesichts dessen, dass Ez. 9,6 und Apoc. 7,2 von den Vätern miteinander verbunden werden konnten. Der entscheindende Beleg findet sich in *Schol. Apoc.* 31 des Origenes (*Der Scholienkommentar des Origenes zur Apokalypse Johannis*, ed. C. Diobouniotis/A. Harnack, *TU* 38, 3, 1911, p. 37; zur Echtheitsfrage vgl. B. Neuschäfer, *Origenes als Philologe, Schweiz. Beitr. zur Altertumswiss.* 18, 1987, 55. 353f. Anm. 320-324: origenisches Material in überarbeiteter Fassung?): σκυθρωπῶν μελλόντων ἐπιφέρεσθαι, ὑπηρετῶν τις ἄγγελος τῇ θεοῦ φωνῇ πρὸς τοὺς ἐγχειρισθέντας τὰ ἐπίπονα τέως μὴ ἐπάγειν αὐτά, ἕως σφραγῖδας ἐπὶ τῶν μετώπων λάβωσιν οἱ θεοῦ δοῦλοι, ἐντέλλεται. τοῦτο αὐτὸ λέξεσιν ἑτέραις ἐν Ἰεζεκιὴλ τῷ προφήτῃ · κόπτετε καὶ μὴ φείδεσθέ τι, ἐφ᾽ οἷς δέ ἐστι τὸ σημεῖον, μὴ ἐγγίσητε. Stammt die 'typologische' Verbindung in der Tat von Origenes, so gewännen wir zumindest einen terminus post quem für die Entstehung der 'Überschrift', welche die LB gegenüber der TBM so sehr hervorhebt; und für ihren Verfasser zeichnete sich sogar eine durchaus respektable theologische Bildung ab.


**τοῦ μὴ ἐγγίσειν**: Zum Futurum -ίσειν statt -ιεῖν vgl. Blass/Debrunner/Rehkopf § 74; Gignac 2,285f.; zum Genetiv des Infinitivs mit Artikel in finaler Funktion Blass/Debrunner/Rehkopf § 400. Dieser finale Infinitiv begegnet ganz ähnlich in einem der von Reitzenstein (1904) 294 publizierten Amulette: τοῦ μὴ ἀδικῆσαι ἢ βλάψαι ἢ προσεγγίσαι. Wichtig dann zumal Delatte/Derchain (1964) 316f. Nr. 460, ein geschnittener Karneol, der für die LB auch sonst von Bedeutung ist (s. unten S. 77. 100. 105). Seine Umschrift beginnt: ὁρκισμὸς οὗτός ἐστ(ι) Σαβαὼθ Ἀδωναὶ <u>τοῦ μὴ ἐγγίσαι</u>... (zu dieser Gemme s. den wichtigen Aufsatz von L. Robert, «Amulettes grecques», *Journal des Savants* 1981, 3-44; jetzt in: ders., *Opera Minora Selecta* VII, Amsterdam 1990, 465-506; bes. 6-27/468-489). Der Ausdruck scheint also in der Sprache der Zauberei und der Exorzismen geradezu formelhaft geworden zu sein.


**LB 2 πάντα ἀκάθαρτον**


Zu ergänzen ist sicher **δαίμονα**; eine ähnliche 'Ellipse' unten Z. 38/39 πάντα τὰ ἀρρενικὰ καὶ θηλυκὰ (sc. δαιμόνια). TMB hat Z. 8/9 ἀπὸ παντὸς δέμονος (neben Z. 11 ἀπὸ δεμονίων).

**ἀκάθαρτος** ist insbesondere seit dem NT (s. Bauer/Aland s. v. ἀκάθαρτος 2.) geradezu stehendes Beiwort böser Geister und Dämonen und dementsprechend in christlichen Amuletten und Exorzismen allgegenwärtig. In den PGM ist das Wort nur spärlich belegt: IV 1238 zur Kennzeichnung des Σατανᾶς, sonst allein in eindeutig christlichen Texten (bei πνεῦμα oder δαιμόνιον): P 10,21; 13,15; 13a4; 17,10 ähnlich wie LB: ἐξορκισμὸ⟨ς⟩ Σολομῶνος πρὸς πᾶν ἀκάθαρτον πν(εῦμ)α.

## LB Abschn. II (Z. 2-8)
## ~ TMB Abschn. I (Z. 1-13)

Der Abschnitt bereitet dem Verständnis insgesamt erhebliche Schwierigkeiten. Deren Erörterung soll hier den Einzelerklärungen vorausgeschickt werden.

**1.** Im Gegensatz zu TBM 1 fehlt im ersten 'Amulett' der LB σε. Da aber Z. 35, in analogem Kontext, auch LB ὁρκίζω σε (~ TMB 79 ἐπορκίζω σε) gibt, hatte σε höchst wahrscheinlich auch in der Vorlage gestanden.

**2.** Der Ausdruck (ἐξ)ὁρκίζω (σε/ὑμᾶς) ist im 'Schadenzauber' jeder Art sowie im Exorzismus heimisch. Mit diesem Wort werden Dämonen beschworen, oder genauer 'vereidigt', den Willen des Beschwörenden zu erfüllen (Schadenzauber), den Leib des Besessenen, Kranken u.s.w. zu verlassen (der eigentliche Exorzismus), oder dann im Sinne einer «Abwehrmassnahme 'für alle Fälle'» (s. dazu unten S. 111) sich fernzuhalten, nicht zu schaden u.s.w.; dazu R. Merkelbach, «Astrologie, Mechanik, Alchimie und Magie im griechisch-römischen Ägypten», urspr. 1993, jetzt in: ders., *Philologica*, Stuttgart/ Leipzig 1997, 240-254, hier: 254; Kotansky (1995b) 249-251; R. Kotansky, «Remnants of a Liturgical Exorcism on a Gem», *Le Muséon* 108 (1995), 143-156; hier: 145ff. (zu dieser wichtigen Gemme s. unten S. 77f.). Das Verb wird dabei entweder mit Präpositionen κατά (+gen.)/εἰς (+acc.) oder aber mit dem doppelten Accusativ konstruiert, so dass nicht nur der zu beschwörende Dämon, sondern auch die Mächte, bei denen resp. in deren Namen der Dämon bindend 'beschworen' wird, im Acc. stehen:

a) Schadenzauber: Audollent, DT 242 (jetzt auch in: Merkelbach, *Abrasax* 4, Nr. III; s. den wichtigen Kommentar von R. Wünsch, *Antike Fluchtafeln*, Bonn [1]1907, Nr. 4, S. 13ff.): (1) ἐξορκίζω σε, ὅστις ποτ' εἶ, νεκυδαίμων, τὸν θεὸν τὸν κτίσαντα γῆν καὶ οὐρανόν... (ich beschwöre Dich *bei* Gott, der...), und dann immer (Z. 2-34 insgesamt 30 mal) (ἐξ)ὁρκίζω σε τὸν θεὸν τὸν... (ich beschwöre dich... *bei* Gott;); DT 271 (s. dazu den Kommentar von Wünsch 1907, 21ff.; s. jetzt auch Merkelbach, *Abrasax* 4, Nr. XI mit weit. Lit. S. 111) Z. 2 (ὁρκίζω σε...) τὸν θεὸν τοῦ Αβρααν, vgl. Z. 8 ὁρκίζω σε μέγαν θεόν... (*beim* grossen Gott; vgl. Z. 10. 11. 15. 16f. 17f. 19. 23f. 25.27. 32ff.); PGM LXI 19 ὁρκίζω σε τὸν μέγαν θεόν; PGM III 76 ὅτι ὁρκίζω σε Ιαω Σαβαωθ Αδωναι... (ich beschwöre dich *bei*

Iao...); PGM IV 1554 ὁρκίζω σε Αδωναι (ich beschwöre dich *bei* Adonai); PGM XIII 303ff. ἐξορκίζω σε, πῦρ, δαίμων ἔρωτος ἁγίου, τὸν ἀόρατον καὶ πολυμερῆ, τὸν ἕνα καὶ πανταχῆ (ich beschwöre dich, Feuer, Dämon der heiligen Liebe, beim Unsichtbaren und Vielteiligen...)

b) 'exorzistisch': im «Exorzismus des Pibechis» (PGM IV 3007-3086; jetzt auch in: Merkelbach, *Abrasax* 4, Nr. I; s. auch unten S. 80. 100), zuerst (3019) ὁρκίζω σε κατὰ τοῦ θεοῦ τῶν Ἑβραίων, dann 3033f. ὁρκίζω σε τὸν ὀπτανθέντα τῷ Ὀσραηλ...(ich beschwöre dich bei dem, der Israel geoffenbart wurde); vgl. 3045ff.; 3052f. ὁρκίζω σε μέγαν θεὸν Σαβαωθ (*beim* grossen Gott Sabaoth); 3056f. ὁρκίζω σε τὸν καταδείξαντα... (*bei* dem, der geoffenbart hat...); 3058f., 3032, 3065; der bereits erwähnte Karneol Delatte/Derchain (1964) 316f. Nr. 460 ἐξορκίζω σε θεὸν τὸν μέγαν Βαρβαθιηαωθ τὸν Σαβαωθ; Test. Sal. XI 6 ὁρκίζω σε τὸ ὄνομα τοῦ μεγάλου θεοῦ (*beim* Namen); vgl. Marc. 5,7 ὁρκίζω σε τὸν θεόν, μή με βασανίσῃς (ich beschwöre dich *bei* Gott; s. dazu u. a. S. Eitrem, *Some Notes on the Demonology in the New Testament*, Symb. Osloens. Suppl. XX, ²1966, 70ff.).

Die Konstruktion kommt auch in den byzantinischen Exorzismen vor, obwohl (ἐξ)ὁρκίζω mit κατά+gen. oder εἰς+acc. entschieden häufiger verwendet wird: Delatte, *Anecd. Ath.*, 240,8-14, bes. 10f. αὐτὸν ὑμᾶς ἐξορκίζω, τὰ ἀκάθαρτα πνεύματα, τὸν ἐπιβλέποντα....., αὐτὸν ὑμᾶς ἐξορκίζω ... τὸν Θεόν...

Zum Accusativ bei den Verben des Schwörens im Sinne von «ich schwöre bei» s. K.-G. 1, 296f. und LSJ z. B. s.v. ὄμνυμι. Zur Konstruktion (ἐξ)ὁρκίζω + acc. dupl. «ich beschwöre jemanden bei» s. A. Deissmann, *Bibelstudien* (Marburg 1895) 36; Bauer/Aland s.v. ὁρκίζω; Kotansky (1995a) 145f.

3. Angesichts des dargelegten Befundes und in Anbetracht dessen, dass die Konstruktion ὁρκίζω + acc. dupl. zweifellos auch in LB 35 ~ TMB 79 - unmittelbar vor dem Ausfahrbefehl - vorliegt (s. dazu unten S. 79), scheint es naheliegend, dieselbe Konstruktion und Bedeutung von ὁρκίζω «ich beschwöre (dich) bei ... Sabaoth», auch in LB 2ff. ~ TMB 1ff. anzunehmen. Das bereitet jedoch auf den ersten Blick Schwierigkeiten. Denn es ist einerseits nicht gesagt, wer genau mit **σε** beschworen wird: man müsste annehmen, dass der gemeinte Dämon nicht explizit genannt wird. Anderseits folgt auf die Beschwörung eine formelhafte Anrede an die Helfermacht (**διαφύλαξον**...), die aber vorher ebenfalls nicht ausdrücklich angerufen

wird. Denn es ist ja so gut wie ausgeschlossen, dass der in Z. 2 beschworene Geist in Z. 4f. aufgefordert würde, den Amulett-Träger
vor den bösen Geistern und ihren Wirkungsweisen zu bewahren.
Nimmt man dagegen die theoretisch mögliche Konstruktion mit ein-
fachem Accusativ im Sinne von «ich beschwöre (Dich), den ... Sabaoth» an, so scheinen die Probleme gelöst: διαφύλαξον würde sich
dann auf (σε) τὸν ... Σαβαωθ beziehen. So übersetzte Jordan (1991)
66 TMB 1ff. «I adjure you the one above the heaven, Sabaoth», TMB
79f. dagegen « I adjure you by the Living God». Dass aber in einem
exorzistischen Amulett, das in der jüdisch-christlichen Tradition
steht, mit ὀρκίζω der 'biblische' Gott Sabaoth 'vereidigt' würde, wäre
von vornherein höchst ungewöhnlich und scheint, soweit wir sehen,
sonst auch nicht belegt zu sein. Freilich, W. Brashear, *Magica Varia*
(Bruxelles 1991) 51 und in seinem Gefolge auch Kotansky, *GMA* I,
S. 281 (zu TMB 1ff.), hoben hervor, dass beim Ausdruck ὀρκίζω σε
τὸν θεόν beide Konstruktionen, sowohl «ich beschwöre Dich, Gott»
als auch «ich beschwöre dich bei Gott», grundsätzlich möglich seien,
und verwiesen dabei den Leser auf A. D. Nock in: H. I. Bell et al.,
«Magical Texts from a Bilingual Papyrus in the British Museum»,
*PBA* 17 (1931), 235-289; hier: 266 (line 19), der jedoch gerade für
die Konstruktion mit dem doppelten Accusativ in dem von ihm be-
handelten Text plädierte, für die zweite, mit dem einfachen Accusa-
tivobjekt, hingegen keine Belege anführte. In der Tat, dort, wo in den
jüdisch-christlich beeinflussten Texten gelegentlich die Konstruktion
mit dem einfachen Accusativ «ich beschwöre Dich, den Gott» an-
genommen wird, scheint in der Regel die zwar leicht missverständliche, jedoch übliche Konstruktion mit dem doppelten Accusativ im
Sinne von «ich beschwöre dich bei Gott» vorzuliegen (vgl. jetzt
Kotansky 1995a, 154 mit Anm. 27 mit Beispielen aus Suppl. Mag.).
Ein instruktives Beispiel dafür bietet auch ein von Pradel (1907)
21,21-22,32 publiziertes 'Exorzismusgebet', das für LB auch sonst
von Bedeutung ist (s. dazu unten S. 91). Hier wird jeder böse und
unreine Geist beschworen (21,21 ὀρκίζω σε πᾶν πονηρὸν καὶ ἀκάθαρτον πνεῦμα). Die Anrede an den bösen und unreinen Geist wird
dann nicht mehr wiederholt, sondern es werden «ὀρκίζω σε»-Sätze
ohne nähere Bezeichnung des beschworenen Dämons aneinandergereiht, in denen die Mächte genannt werden, *bei* denen der Dämon
beschworen wird. Freilich, zunächst (21,21-28) ist der Text unmiss-
verständlich, da ὀρκίζω mit κατά (mit acc., nicht wie üblich mit gen.)
konstruiert ist. Dann aber wechselt die Konstruktion in einer un-
unterbrochenen Reihe von κατά + acc. zum doppelten Accusativ
ohne Präposition: 21, 28ff. <u>ὀρκίζω σε κατὰ</u> τοῦ ἑβδόμου οὐρανοῦ

τὸν πρῶτον ἄγγελον Μιχαηλ, ὀρκίζω σε τὸ μυστικὸν τοῦ θεοῦ, ὀρκίζω σε κατὰ τὰ ἅγια η´ γράμματα.... Merkelbach, *Abrasax* 4, 79 übersetzte hier «ich beschwöre dich beim Engel...», dann aber «ich beschwöre dich, geheimer (Name) Gottes...». Dass jedoch hier nicht der geheime Name Gottes, sondern - nach wie vor - πᾶν πονηρὸν καὶ ἀκάθαρτον πνεῦμα *bei* τὸ μυστικὸν τοῦ θεοῦ beschworen wird, macht schon der unmittelbar darauffolgende Ausfahrbefehl deutlich: (21, 30ff.) εἴ τις ἂν εἶσαι κἂν ἐπιπέμπτων καὶ ἐπιφθονικῶν ... ἔξελθε καὶ ἀναχώρησον... Natürlich soll hier nicht der heilige Name Gottes ausgetrieben werden. Ein analoger Wechsel der Konstruktion von ὀρκίζω mit κατά + gen. zu ὀρκίζω + acc. dupl. innerhalb eines Satzes erfolgt auch 22,25ff.: ὀρκίζω σε (sc. πᾶν πονηρὸν καὶ ἀκάθαρτον πνεῦμα; vgl. 21,21) ⟨κατὰ⟩ τῶν ζ´ θεμελίων τῆς γῆς, τῶν ἁγίων ἀποστόλων καὶ προφητῶν, τὴν καρδίαν τοῦ ἡλίου, τὴν σφραγῖδα τοῦ Χριστοῦ, τὸν θρόνον τοῦ δεσπότου θεοῦ, τὰ ἅγια γράμματα, ... μὴ ἀδικήσῃς τὸν δοῦλον τοῦ θεοῦ ὁ δεῖνα. (Der Verfasser hat offenbar verschiedene Formeln mit verschiedenen Konstruktionen für das «Beschwören bei» [ὀρκίζω σε + κατά + gen./acc.; ὀρκίζω + acc. dupl.; an anderen Stellen ὀρκίζω σε + εἰς + acc.] aus verschiedenen Vorlagen übernommen und promiscue in seinen Text eingesetzt.)

Dass auch in TMB 1ff. der höchste Gott Sabaoth unmöglich *beschworen* werden kann, sah offenbar auch R. Merkelbach und nahm hier eine andere *Bedeutung* von ὀρκίζω an. Er übersetzte (*Abrasax* 4, 83f.) TMB 1ff. «Ich rufe Dich an, der du über dem Himmel bist, Sabaoth», TMB 79f. dagegen «ich vereidige dich beim lebendigen Gott». Dagegen ist jedoch folgendes einzuwenden: 1.) es ist unwahrscheinlich, dass im selben Text derselbe Ausdruck in analogem Kontext in zwei so verschiedenen Bedeutungen verwendet worden wäre; 2.) ὀρκίζω bedeutet nicht ἐπικαλοῦμαι. Auch dort, wo - wie z. B. in PGM XXXV 14ff. - die Verben nebeneinanderstehen, behält (ἐξ)ορκίζω seine prägnante Bedeutung «ich beschwöre, vereidige».

Aus diesen Gründen muss wohl auch in LB 2 ~ TMB 1 sowie LB 35 ~ TMB 79 von ein und derselben Bedeutung «ich beschwöre (dich) bei» ausgegangen werden. Das bedeutet dann, dass in LB Abschn. II resp. TMB Abschn. I zwei Formeln, die exorzistische Beschwörung des nicht näher bezeichneten bösen Geistes und eine formelhafte Anrede an die Helfermacht, auf den ersten Blick ohne jeden Zusammenhang und Sinn nebeneinandergestellt sind. Das Phänomen kann erklärt werden.

**4.** Dass der zu 'beschwörende' Geist nicht explizit genannt wird, ist nicht ohne Parallelen. Der Exorzismus auf dem bereits erwähnten (oben S. 71) Karneol Delatte/Derchain (1964) 316f. Nr. 460 fängt folgendermassen an: ἐξορκίζω σε θεὸν τὸν μέγαν Βαρβαθιηαωθ τὸν Σαβαωθ. Dass hier ein im ganzen Text nirgends explizit genannter Dämon bei Sabaoth beschworen wird, geht zwingend sowohl aus der 'Überschrift' ὁρκισμὸς οὗτός ἐστ(ι) Σαβαὼθ 'Αδωναὶ τοῦ μὴ ἐγγίσαι, als auch aus der zweiten exorzistischen Formel ἐξορκίζω..., μὴ παρα-κούσῃς τὸ οὔνομα τοῦ Θεοῦ hervor. Es sei hier daran erinnert, dass in der bereits erwähnten (s. oben in S. 73) Bleitafel Audollent, DT 242 der beschworene Geist nur ein einziges Mal explizit genannt wird (DT 242, 1 ἐξορκίζω σε, ὅστις ποτ' εἶ, νεκυδαίμων, τὸν θεὸν τὸν κτίσαντα γῆν). Darauf folgt eine lange Reihe von (ἐξ)ορκίζω σε τὸν θεὸν τὸν-Sätzen («ich beschwöre dich bei Gott, der...»), in denen der Dämon nur noch mit σε angeredet wird und die deshalb auch leicht missverstanden werden könnten, wenn man sie - wie im Falle des besprochenen Karneols - aus dem Kontext herauslösen würde. Ähnlich ist es z. B. auch um den «Exorzismus des Pibechis» bestellt; dazu jetzt Kotansky (1995a) 146f., der (ἐξ)ορκίζω σε als «a kind of 'fossilized' formula» deutet.

**5.** Die Verbindungen einer exorzistischen Formel mit einem 'amu-lettartigen' Gebet an die Helfermacht sind auf exorzistischen Amuletten belegt. Das bereits erwähnte (s. oben S. 66) aramäisch-griechische Amulett im Ashmolean Museum (Kotansky/Naveh/Sha-ked 1992) bietet im griechischen Schlussteil zuerst Z. 31 ...φυλά-ξ⟨α⟩τε τὸν 'Ιωανην, ὃν ἔτεκεν μήτηρ Βενενάτα ἀπὸ πάντον δεμόνον ἀπαντήματος. Dann aber folgt die Beschwörung des ebenfalls nicht näher bezeichneten Daimons ἐξορκίζο σε (ZW); vgl. Z. 36 ...ἀπό-στηθι, ἐχσορκίζω σε κατὰ τοῦ ὀνόματος Αδωναι Ελουε Σαβαωθ...; dazu Kotansky (1995a) 146 mit. Anm. 8.

Auf einem Bronze-Amulett aus Xanthos (4./6. Jh.; D. R. Jordan/ R. D. Kotansky, «Two Phylacteries from Xanthos», *Revue Archéo-logique* 1966, 161-174; Amulett Nr. 2 S. 167ff.) findet sich eine ähnliche Verbindung von amulettartigem Gebet an Gott und Be-schwörung der Dämonen, die nicht genannt werden: (a Z. 1-12) κύριε, βοήθι τὸ φορõντι, ὃν ἔτεκεν 'Αναστασιαν, 'Επιφανιον. 'Ορκί-ζω ὑμᾶς, Σολομῶνα, τὸν μέγα ἄγγελον Μιχαηλ, Γαβριηλ, Ουριηλ, Ραφαηλ. ὁρκίζω ὑμᾶς Αβρασαξα. ὁρκίζω ὑμᾶς ἀβραιστὶ Φθαω-βαραω Σαβαωθ; vgl. Z. 22 ὁρκίζο σαι (= σε) μέγα θ(εὸ)ν Αβρααμ («Ich 'beschwöre' euch bei Salomon, beim grossen Engel Michael etc.; ich 'beschwöre' euch bei Abrasax etc.; (Z. 22f.) ich 'beschwöre' dich beim grossen Gott Abrahams»). Auch hier sind die Dämonen zwar angeredet (ὑμᾶς, σε), jedoch nicht explizit genannt.

Noch ähnlicher liegen die Dinge in der von R. Kotansky (1995a) publizierten Gemme. Der Text lautet folgendermassen: ἐξ-ορκίζω σε(!) τοὺς(!) ἑπτὰ οὐρανούς(!), καὶ τοὺς δύο ἀρχανγέλους καὶ τὸ μέγα ὄνομα ⟨καὶ τὰ⟩ Χερουβι· Ιαω σῶσον τὸν φοροῦντα(!). Auch hier handelt es sich wohl um eine gewissermassen komprimierte Zusammenfassung eines vollständigen Exorzismus (vgl. dazu oben Anm. 13 zu S. 7), in dem offenbar auch das auf der Gemme nicht näher bezeichnte πᾶν πνεῦμα πονηρὸν καὶ κακόν bei den sieben Himmeln, bei den Erzengeln, bei dem grossen Namen und bei den Cherubim beschworen wurde. Diese Zusammenfassung ist auf der Gemme mit einer amulettartigen Anrede an den jüdischen Gott ver-bunden. Dass Ιαω bei den Elementen seiner eigenen Schöpfung 'ver-eidigt' würde, ist unmöglich; s. dazu Kotansky (1995a) 144 und passim. Freilich, der Wechsel in LB/TMB wirkt noch abrupter, da auch die Helfermacht nicht explizit genannt wird. Das erklärt sich aber vermutlich dadurch, dass die Verfasser der von Kotansky pub-lizierten Gemme und des Abschnittes LB II resp. TMB I verschie-dene bereits vorgegebene Amulettformeln übernahmen. Es sei er-innert an das bereits erwähnte (s. oben S. 67) Amulett Bonner Nr. 324 σφραγὶς θεοῦ ζῶντος. φύλαξον ἀπὸ παντὸς κακοῦ τὸν φοροῦντα τὸ φυλακτήριον τοῦ⟨το⟩. Zur Ιαω-σῶσον-Formel s. Kotansky (1995a) 154ff., bes. Anm. 29. 30.

**6.** Wie es zu einer solchen Verbindung kommen konnte, lässt sich vermutlich erklären anhand der «πρᾶξις γενναία ἐκβάλλουσα δαί-μονας» PGM IV 1227-1264 (jetzt auch in Merkelbach, *Abrasax* 4, Nr. IV; s. dazu Kotansky 1995b, 261f.). Der Papyrus gibt zuerst einen exorzistischen λόγος, der rezitiert werden soll: 1239ff. ἐξορκί-ζω σε, δαῖμον, ὅστις ποτ' οὖν εἶ, κατὰ τούτου τοῦ θεοῦ Σαβαρβαρ-βαθιωθ ... ἔξελθε ... καὶ ἀπόστηθι, ἄρτι, ἄρτι, ἤδη, ἤδη... Darauf fol-gen weitere Anweisungen (1252ff.): nach dem vollzogenen Exor-zismus soll man dem Patienten ein Zinnplättchen mit folgendem Text als Amulett (φυλακτήριον) umbinden (1256-1262): «(eine Reihe von ZW) φύλαξον τὸν δεῖνα.» Würde man nun die Exorzis-mus-Formel, die hier nur gesprochen wird, zusammen mit der aufzu-schreibenden φυλακτήριον-Formel auf einer Gemme, einem Papy-rus, einer Lamella schriftlich festhalten, so ergäbe sich ein in seiner Grundstruktur ähnlicher Text wie der im Abschnitt I der TMB oder auf der von Kotansky (1995a) publizierten Gemme: eine Beschwö-

rung des Daimons käme neben die direkte Anrufung der Helfermacht zu stehen.

Interessant ist in diesem Zusammenhang ein aramäisches Fieberamulett (Naveh/Shaked 1993, A 19, engl. Übersetzung S. 62f.), auf
dem offenbar Exorzismus und 'amulettartiges' Gebet ineinander ver-
schmolzen sind: Z. 8ff. «In the name of these holy names and letters
which are written in this amulet, I adjure and write in the name of
Abrasax, who is appointed over you (i.e. the fever), that he may
uproot you, fever and sickness, from the body of Simon, the son of
Kattia»; Z. 28ff. «And in the name of 'bhy ..., your name, I adjure
and write: You, heal Simon son of Kattia, from the fever which is in
him.» (Das aramäische Verb שׁבע «to adjure, beschwören» entspricht
dem griechischen ὁρκίζειν der kaiserzeitlichen Zaubertexte; dazu
Kotansky 1995b, 251 mit Anm. 19. Bemerkenswert ist ferner, dass
das Verb hier ohne direktes Objekt verwendet ist, im Prinzip ähnlich
wie ὁρκίζω in LB 2; vgl. dazu unten).

Anderseits hat das Gebet an Gott auch in den byzantinischen
Exorzismen seinen festen Platz. S. z. B. L. Delatte (1957) 67,20-70,4,
wo nicht nur eine exorzistische κλῆσις am Anfang steht, sondern
auch auf die langen Reihen von «ἐξορκίζω σε»-Sätzen (67,26-68,25)
erneut ein Gebet an Gott folgt: (69, 2) φύλαξον τὸν δοῦλόν σου
ὁδεῖνα τοῦ μὴ ἀδικῆσαι αὐτὸν ἢ βλάψαι...

**7.** Der Abschnitt II der LB resp. I der TMB könnte also ursprünglich
tatsächlich ein in sich geschlossenes Amulett dargestellt haben, auf
dem die exorzistische Beschwörung des nicht näher bezeichneten
πᾶν ἀκάθαρτον πνεῦμα und die amulettartige Anrufung der Helfermacht nebeneinandergestellt waren und das der Verfasser der gemeinsamen Vorlage der LB und der TMB übernommen und an den
Anfang seines Textes gestellt hat. Es ist aber auch möglich, dass er
Teile eines vollständigeren und verständlicheren Amuletts herausgriff
und umstellte. S. dazu unten S. 156ff.

**8.** Es stellt sich nun die Frage, ob der 'Verfasser' der LB versucht hat,
den Text zu einem - allerdings sehr bescheidenen - Ausgleich zu
bringen, indem er das angesichts des folgenden διαφύλαξον so stö-
rende und leicht missverständliche σε bewusst weggelassen hat. Denn
in Z. 35 war das nicht nötig: der Ausdruck war - unmittelbar vor dem
Z. 38 einsetzenden Ausfahrbefehl - zumindest einleuchtend, wenn
auch inkongruent (Z. 35 sing. σε - Z. 38 pl. πάντατά...). Wie wollte
er dann ὁρκίζω τὸν ... Σαβαωθ in Z. 2ff. verstanden wissen? Vielleicht 'absolut' im Sinne «Ich beschwöre (ich bin dabei, eine Be-

schwörung zu vollziehen) bei ... Sabaoth»? Vgl. die Anweisungen
zum «Exorzismus des Pibechis» (s. dazu oben S. 74 und unten S.
100) PGM IV 3017ff. στήσας ἄντικρυς ὄρκιζε. ἔστιν δὲ ὁρκισμὸς
οὗτος. Es folgt der Text des Exorzismus: ὀρκίζω σε (!) κατὰ τοῦ θεοῦ
τῶν Ἑβραίων Ἰησοῦ... Ein ähnlich vager Gebrauch von ὀρκίζω
ohne Nennung des Beschworenen scheint ferner auch auf dem jüdischen Fieberamulett aus ῾Evron vorzuliegen (Kotansky, *GMA* I 56,
11f.): ὀρκίζω εἰς τὸν ποιήσοντα τοὺς οὐρανούς...


**LB 2/3 ὀρκίζω τὸν ἐπάνω τῶν οὐρανῶν Σαβαωθ**

**~ TMB 1/3 ὀρκίζω . . . Σαβαωθ**


Als zweite Abweichung gegenüber der sonst identischen Formulierung in TMB 1-3 gilt es den Plural **ἐπάνω τῶν οὐρανῶν** zu verzeichnen. Hier stellt sich die Frage, ob bereits derjenige, der die verschiedenartigen Elemente erstmals zu *einem* Amulett-Text zusam-
menarbeitete, zumindest auf ein mehr oder weniger einheitliches Bild
des Kosmos bedacht war. Dann nämlich wäre angesichts der sieben
Himmel in Abschn. III (~TMB Abschn. II) der Plural erforderlich,
und der Singular in der TMB erwiese sich als gedankenlose Abweichung. Wahrscheinlicher ist allerdings, dass das 'Urformular' noch
überhaupt keine Abstimmung der Teile aufeinander enthielt - dieser
Zustand wäre in TMB bewahrt - und dass der Plural erst nachträglich,
von LB, eingeführt wurde (vgl. unten zu LB 36f.). Vgl. Audollent,
DT 241, 24ff. ἐξορκίζω ὑμᾶς κατὰ τοῦ ἐπάνω τοῦ οὐρανοῦ θεοῦ, τοῦ
καθημένου ἐπὶ τῶν Χερουβι [vgl. LB 32f.], ὁ διορίσας τὴν γῆν καὶ
χωρίσας τὴν θάλασσαν, Ιαω αβριαω αβραθιαω Σαβαω Αδωναι; s.
dazu Wünsch (1907) 12 ad loc.; Kotansky, *GMA* I, S. 282f. zu TMB
1-6.

Ohne dass die Frage nach der Herkunft des Kosmos in der LB
hier entschieden werden soll, sei immerhin - zumal auch hinsichtlich
der Formulierung - auf Irenaeus' Beschreibung des valentinischen
Kosmos verwiesen (*Haer.* 1,5,2): ἑπτὰ γὰρ οὐρανοὺς κατεσκευακέ-
ναι, ὧν ἐπάνω τὸν δημιουργὸν εἶναι λέγουσιν ... τοὺς δὲ ἑπτὰ οὐρανοὺς [οὐκ del. Holl] εἶναι νοερούς φασιν, ἀγγέλους δὲ αὐτοὺς
ὑποτίθενται ... Sabaoth der LB nähme also genau den Platz ein, der
in der ptolemäischen Schule der Valentiner dem Demiurgen gebührt:
dieser ist seinerseits mit dem Gott des Alten Testaments identisch.
Auffällig auch, dass die erwähnten Valentiner die 'sieben Himmel' als

Engel verstehen: in LB und TMB 'sitzen' Engel über je einem Himmel.


Σαβαωθ begegnet in magischen Texten so häufig, dass sich Belege erübrigen. Hier seien nur drei Hinweise gegeben:

1. Es ist κύριος ὁ θεὸς ὁ ὕψιστος Σαβαωθ (vgl. 1 Es. 9,46), der dem Salomon den Siegelring, τὴν σφραγῖδα τοῦ θεοῦ, gewährt (Test. Sal. I,7); bei dem Namen Gottes kann Salomon die Dämonen beschwören (ὁρκίζειν): καὶ οὕτως ὥρκισα αὐτὸν [sc. den Daimon Ἀσμοδαῖον] τὸ ὄνομα κυρίου Σαβαωθ· φοβήθητι, Ἀσμοδαῖε, τὸν θεόν...(V,9). Eine wichtige Rolle spielt dann der Eid, den die Dämonen dem Salomon geschworen haben: Pradel (1907) 21,1ff.: ὁρκίζω ὑμᾶς...δαιμόνια ἅτινα ὠμόσατε τῷ Σολωμῶντι ὅτι ὅπου ἀκούσωμεν τὸ ὄνομα κυρίου Σαβαωθ, φευξόμεθα; vgl. das Amulett für Syntyche (Merkelbach, *Abrasax* 4, Nr. II, S. 44-45, s. seinen Kommentar S. 46); Suppl. Mag. 24 fr. B (5. Jh.); Reitzenstein (1904) 294f.; Pradel (1907) 6ff.; A. Delatte, *Anecd. Ath.*, 248,7ff.; s. dazu Preisendanz (1956) 671,50ff.

2. Üblich ist die Verbindung Ἰαω Σαβαωθ Ἀδωναι (vgl. PGM XXXV 20f.), dazu Bonner (1950) 30; vgl. D. E. Aune, «Iao», *RAC* 17 (1996) 1-12, bes. 5ff. Ἰαω nun fehlt sowohl in LB als auch in TMB.

3. Anderseits lässt LB Sabaoth im Zusammenhang des Anrufungs-Katalogs noch ein zweites Mal erscheinen, jetzt 'auf dem Sinai sitzend' und also deutlich als Gott der Juden gekennzeichnet (18f.); überdies tritt hier (neben Οὐαωθ) auch Ἀδωναι hinzu (Ἀδωναι, zwischen Zauberwörtern, auch LB 36). TMB bietet an der entsprechenden Stelle (60-62) nur Ἀδωνης, nicht nochmals Σαβαωθ: Ungenauigkeit oder ein Versuch, zu 'harmonisieren'?


**LB 3/4 τὸν Εδεωθ ... τὸν Χθοδαι**

> **~ TMB 3/6 τὸν ἐλθότα ... Χθοθαι**


Der Vergleich legt die Vermutung nahe, dass in LB und TMB ein ähnliches Formular abgewandelt, weiterentwickelt oder einfach ungenau wiedergegeben ist. Insgesamt erweckt hier TMB den Eindruck grösserer Treue. Wenig zu sagen gibt es über die Differenz Εχεωθ -

Ελαωθ und Χθοδαι - Χθοθαι: auf Schritt und Tritt wird sich erweisen, dass Namen und 'Zauberwörter' in den beiden Texten anklingen, aber selten identisch sind. Bedenklicher stimmt, dass in LB zweimal τὸν Εδεωθ vorkommt und dass die dreigliedrige Struktur, welche die erste Anrufung in TMB auszeichnet (dreimal ἐπάνω), verwischt zu sein scheint. τὸν ἐλθότα der TMB meint vielleicht wirklich 'den, der da kommt': zum Ausfall des ν vor Dental vgl. TMB 82f. βροτοῦτα (für βροντῶντα) und Gignac 1, 116f. (vgl. oben S. 21. 38); ist daraus in LB τὸν Εδεωθ geworden? Hinter dem zweiten Εδεωθ würde sich dann vielleicht das dritte ἐπάνω verbergen. - Zu beachten ist jedenfalls, dass auch Abschn. IV der LB mit einem dreigliedrigen Anruf eingeleitet wird. Im entsprechenden Abschn. III der TMB tritt die Dreigliedrigkeit dagegen nicht mehr so deutlich hervor.

**LB 4/8 διαφύλαττε ... τοῦ ἀντικειμένου**

**~TMB 6/13 διαφύλαξον ... καταδέσμων**

Auf die 'Beschwörung' folgt hier die erste formelhafte Nennung des Amulett-Trägers, dessen Schutz sichergestelllt werden soll. In der Folge kommt es zu vier Wiederholungen: 'amulettartig' Abschn. IV (33-35 διαφύλαττε...) und Abschn. VII (52f. βοηθεῖτε...); 'exorzismusartig' Abschn.V (40f. φεύγεται...) und Abschn. VI (49-51 φεῦγε...). Ähnlich liegen die Dinge in TMB; auch sie bringt die Formel - mit Variationen - fünfmal, freilich nicht in der genau gleichen Verteilung wie LB, da die Abschnitte sich nicht durchweg entsprechen: 'amulettartig' Abschn. I (6ff. διαφύλαξον... ~ LB Abschn. II); Abschn. III (73ff. διαφύλαξον ~ LB Abschn. IV); Abschn. V (110ff. διαφυλάξατε... ~ LB Abschn. VII βοηθεῖτε...) und nochmals Abschn. V (116ff. ἀπαλάξατε... - keine Entsprechung in LB); 'exorzismusartig' Abschn. IV (91ff. φύγετε ... ~ LB Abschn. V φεύγεται...). Nicht eigentlich 'formelhaft' ist Abschn. VI 120 βοήθι Ἀλεξάνδραν; dem ganzen Abschn. VI entspricht auch nichts in LB.

Was die Amulettformel der TMB anbelangt, so ist sie so vielfach bezeugt, dass keine einzelnen Nachweise gegeben werden müssen. In ihrer einfachsten Fassung lautet sie: φυλάξατε τὸν δεῖνα, ὃν δεῖνα, ἀπὸ ... (PGM VII 313). LB hingegen bietet eine andere Formel zur Nennung des Amulett-Trägers, die auch in ihrer Formular-Form belegt ist: Bonner (1950) 50 φύλαξον τὸν δεῖνα τὸν φοροῦντα τὸ φυλακτήριον τοῦτο. Vgl. Suppl. Mag. 23 (5. Jh.; christlich) 7ff. [φύγε...] ἀπὸ Καλῆς τῆς φορούσης τὸ φυλακτήριον τοῦτο; das Amulett für Syntyche (Merkelbach, *Abrasax* 4, Nr. II) Z. 10f. μὴ ἅψασθαι τῆς φ[ορού]σης τὸν ὁρκισμὸν τοῦτον Συντύχης; Suppl. Mag. 34 (6. Jh.; christlich) 9f. [θεραπεύει ... πᾶσαν νόσον τοῦ σώματος] Ἰωσῆφ, τοῦ φοροῦντος τὸ φυλακτήριον; Kotansky, *GMA* I 33 (Sizilien; 3./4. Jh.; Bronze; jüdisch) 20ff. ...Αβρασαξ φύλαξον ... τὸν φοροῦντα Ἰούδα τὸ⟨ν⟩ ἅγιον νόμο[ν] / σου (vielleicht ist hier doch einfach τὸ ἅγιον ⟨ὄ⟩νομα zu lesen; vgl. jedoch den Kommentar von Kotansky S. 164 zu Z. 20-23). Auf einen weiteren Beleg verweist Kotansky (1995a) 155 Anm. 28: ...κύριε ἐπ' ἀγαθῷ καὶ εὐτυχῶς Κτωρίῳ τῷ φοροῦντι. Diese Formel scheint sich aus der Formel φύλαξον τὸν φοροῦντα - ohne den Namen des Trägers - entwickelt zu haben, die auf nicht 'individuell' für bestimmte Personen, sondern 'anonym' in 'Massenproduktion' hergestellten Gemmen und Amuletten verwendet wurde (dazu F. Maltomini, *ZPE* 66, 1986, 160 Anm. 24; Kotansky, *GMA* I, S. 356 zu 60,5). Sie ergab sich wie von selbst aus der Anweisung der Amulett-Rezepte: φορούμενον σφραγιστικῶς ἐστιν (PGM VII 581f.) und καὶ τελέσας φόρει (PGM VII 590). Verweisen lässt sich mittlerweile auf eine Fülle von Belegen: Suppl. Mag. 15 (4./5. Jh.) 6f. φύλαξον τὸν φοροῦντα; vgl. Suppl. Mag. 29,6f. (5./6. Jh.; christlich); das Bronze-Amulett aus Beisan Bonner (1950) 215 (Nr. 316) φυλάξατε τὸν φοροῦνταν ἢ τὴν φοροῦσα{σ}ν; vgl. Kotansky, *GMA* I 48,14f. (Syrien; 1.Jh. v. Chr.; Silber); Suppl. Mag. 30,4 (5./6. Jh.; christlich); die bereits erwähnte Gemme Kotansky (1995a) [3. Jh.] 143, Z. 8ff. hat Ιαω σῶσον τὸν φοροῦντα; Delatte/Derchain 333 δὸς τὴν χάριν τῷ φοροῦντι; vgl. PGM VII, 924; Bonner (1950) 254 (Nr. 206); 299 (Nr. 277; christlich); Suppl. Mag. 64 (2./3. Jh.; Silber; jetzt = Kotansky, *GMA* I 60) 5ff. [δὼς χάριν...] τὸ φοροῦντι τὸ φυλακτήριον; vgl. P. Köln 339,2f. (inv. T 33; 3./4. Jh.; D. R. Jordan/R. D. Kotansky, «A Spell for Aching Feet», *Kölner Papyri* 8, 70-81); PGM 10,22f. μὴ ἀδικήσητε τὸν φοροῦντα τοὺς ὁρκισμοὺς τούτους; Suppl. Mag. 2 (3. Jh.; Silber; jetzt = Kotansky, *GMA* I 59) 8f. φύλαξον τὸν φοροῦντά σε; das Amulett in Baltimore Kotansky, *GMA* I 58 (4. Jh.; Gold) 44f. τῷ φοροῦντι σου τὴν δόξαν; Suppl. Mag. 31 (5./6. Jh.; christlich) [θεράπευσον...] τὴν φοροῦντα τὸ μέγα ὄνομά σου; PGM XII 258 ἐπάκουσόν μου καὶ τέλεσόν μοι τήνδε τὴν πρᾶξιν ἐπὶ τῷ φοροῦντί μοι τήνδε τὴν δύναμιν ἐν παντὶ τόπῳ; vgl. 260; s. auch oben S. 67. 77f.

Weswegen die viermal verwendete Formel in LB ausgerechnet Abschn. VI (50f.) mit der ὂν-δεῖνα-Formel kombiniert wird, ist nicht ohne weiteres einzusehen (s. dazu unten S. 121f. und Anm. 5 zu S.

134). Konsequenter wirkt da TMB, denn sie verweist bis auf eine Ausnahme jedesmal auf die Mutter der Trägerin. Die Unterlassung 110f. erklärt sich leicht damit, dass im gleichen Abschn. V unmittelbar danach (116ff.) wieder die volle Form erscheint. Dass die Mutter in Abschn. VI fehlt, darf als weiteres Indiz dafür gelten, dass βοήθι ᾿Αλεξάνδραν eine 'Formel' anderer Herkunft ist (Akklamation).

διαφύλαττε: LB 'befiehlt' überwiegend im Imperativ Präsens (Ausnahmen: 43f. μὴ βλάψητε μήτε μολύνητε; 52 βραβεύσεται statt βραβεύσατε), TBM im Imperativ Aorist (Ausnahmen: 95 μὴ βλάπτητε, wo LB 43 gerade den Aorist hat, und βοήθι, Z. 120). In der Tat brauchen die Zauberer auch sonst die beiden Imperative völlig promiscue. Zur 'attischen'Form (-ττ-) vgl. Gignac 1, 152f.

Λεόντιον: Leontios ist in der Spätantike ein häufig belegter Name, beliebt offenbar auch in den höhern Schichten; vgl. Jones/ Martindale/Morris, *PLRE* 1, 499-503 (23 Eintragungen); Martindale, *PLRE* 2, 667-675 (30 Eintragungen). Der Name erscheint auch in einem christlichen Brief aus Oxyrhynchus (5./6. Jh.?); sein Träger war vielleicht ein kirchlicher Würdenträger: vgl. J. G. Keenan, «A Christian Letter from the Michigan Collection», *ZPE* 75 (1988) 267ff. Dass die Namen Λεόντιος und Λεοντία auch unter Christen sehr verbreitet waren, mag mit dem Umstand zusammenhängen, dass einer der 40 heiligen Märtyrer von Sebaste den Namen Leontios trug; s. dazu D. Maltomini, *ZPE* 74 (1988) 250 mit. Anm. 1 (vgl. *Suppl. Mag.* I, S. 155 zu 43,7). - Zu den übrigen Namen s. unten S. 122.

ἀπὸ πάντων...: LB und TMB stimmen darin überein, dass sie Schutz bieten wollen vor δαιμόνια, φάρμακα und κατάδεσμοι. TMB hebt die Dämonen als primäres Wirkungsziel mit zwei weiteren Umschreibungen hervor (ἀπὸ παντὸς δέμονος καὶ πάσης ἀνάγκης δενόμων: dazu vgl. Bonner 1950, 101); LB hat einen - aufschlussreichen - Überschuss in den κίνδυνοι und ἐπιβουλαὶ τοῦ ἀντικειμένου.

Schutz gegen alle möglichen Formen dämonischer Einwirkungen verspricht etwa ein Amulett aus Amphipolis (2./3. Jh.; Gold; R. W. Daniel, *ZPE* 41, 1981, 275f.; jetzt in: Kotansky, *GMA* I 38) Z. 6ff.: διαφύλαξον ἀπὸ παντὸς δαιμονείου ἀρσενικοῦ καὶ θηλυκοῦ τὸν Φαεινὸν ὃν ἔτεκεν ἡ Παραμονά. Daniel verweist dazu auf PGM IV 2516ff. διαφύλαξόν με ἀπὸ πονηροῦ παντὸς δαίμονος, ἤτοι ἀρσενικοῦ πονηροῦ ἢ θηλυκοῦ. Vgl. auch PGM, P 21,35ff. (christlich). An ein ähnliches Formular scheint TMB anzuschliessen, wenn sie am Anfang den Singular ἀπὸ παντὸς δέμονος bietet. LB beginnt gleich mit dem Plural ἀπὸ πάντων δαιμονίων; zu ihm gelangt TMB erst an dritter Stelle. Dann folgt die dreifache Übereinstimmung, dann die Zugabe in LB. Es sieht so aus, als sei ein gemeinsamer 'Kern' in TMB vorne, in LB hinten erweitert.

Schutz gegen **φάρμακα** (A. D. Nock, «Paul and the Magus», urspr. 1933, jetzt in: ders., *Essays* I, Oxford 1972, 308-330, hier: 314: 'drug, poison, magical material') verheissen etwa PGM VIII 32ff. διάσωσόν με πάντοτε...ἀπὸ φαρμάκων καὶ δολίων...); XIII 253; XXXVI 259. Mit φάρμακα können nach späterer Auffassung zumal Dämonen die Menschen bedrohen, und darum werden sie auch in christl. Exorzismen erwähnt. In einem Exorzismusgebet des 'Basil.' (PG 31,1681 B) heisst ein δαιμόνιον etwa φαρμακόφιλον; man erbittet Hilfe gegen πᾶσαν ἐνέργειαν διαβόλου, πᾶσαν μαγείαν, πᾶσαν φαρμακείαν: 'Basil.' PG 31, 1684 C; vgl. A. Delatte, *Anecd. Ath.*, 230,34; 244,31; Strittmatter (1932) 141,12. Vgl. auch im folgenden zu κατάδεσμοι.

Angesichts der Fülle von **κατάδεσμοι** - *defixiones*, die wir aus der Antike kennen (eine - mittlerweile überholte - Bestandesaufnahme bei A. Audollent, *Defixionum Tabellae*, Paris 1904; wichtig ist nach wie vor R. Wünsch, *Antike Fluchtafeln*, ausgwählt u. erkl. v. R. W., Bonn [1]1907,[2]1912; s. ferner D. R. Jordan, «A Survey of Greek Defixiones Not Included in the Special Corpora», *GRBS* 26, 1985, 151-197; Textauswahl in engl. Übersetzung mit Einl. und Komm. bei J. G. Gager, *Curse Tablets and Binding Spells from the Ancient World*, Oxford 1992; s. dazu K. Preisendanz, «Fluchtafel», *RAC* 8, 1972, 1-29; A.-M. Tupet, «Rites magiques dans l'Antiquité romaine», in: *ANRW* II 16,3, 1986, 2591ff., bes. 2601ff.; neuere Literatur bei H. S. Versnel, «Defixio», *Der Neue Pauly* 3, 1997, 363ff.), erwartet man den Begriff **κατάδεσμος** an und für sich häufig auf Amuletten. Der Befund entspricht der Vermutung nicht; Bonner erwähnt (1950, 101) den 'Schutz gegen κατάδεσμοι' nur gerade im Zusammenhang mit TMB (auf dem Amulett, das er S. 117 behandelt und als «protection against enchantment by means of curse tablets [κατάδεσμοι, *defixiones*]» deutet, fehlt jedenfalls der Begriff). Umso bemerkenswerter ist es, dass das von F. Heintz kürzlich publizierte, vermutlich aus dem nächsten Umkreis der TMB stammende Silber-Amulett für Thomas (F. Heintz, *ZPE* 112, 1996, 295-300; vgl. auch oben Anm. 41. 42 zu S. 14f.) in der Amulett-Formel Z. 41ff. (διαφυλάξατε ἀπὸ) neben φαρμακία und γοητεία (vgl. LB 45!) auch κατάδεσμοι (ἀπὸ ... καταθεσίμων; s. dazu den Kommentar von Heintz S. 299 zu Z. 45-46) nennt. Verweisen kann man ferner auf das 'Amulett von Acre' (Sizilien; 2./3. Jh.; Kupfer; jetzt in: Kotansky, *GMA* I 32; vgl. dazu unten S. 100f. zu Σινα) Z. 10ff. = 25ff.: αὐτὸ [sc. φυλακτήριον] φορῶν οὐ φοβήσῃ μάγον οὐδὲ κατάδεσμον οὐδὲ πνεῦμα πονηρὸν οὐδὲ δήποτε; sowie auf PGM IV 2154 τούτους τοὺς στίχους [Il. K 564. 521. 572] ἐάν τις ἀποδράσας φορῇ ἐν σιδηρᾷ λάμνῃ, οὐδέποτε εὑρεθήσεται ... ἐπειδάν τις καταδεδέσθαι νομίζῃ, ἐπιλεγέτω ὕδατι θαλασσίῳ ῥαίνων ... [2176] φάρμακα νικήσεις, καταδέσμους ἀναλύσεις... Wie in LB und TMB stehen hier also φάρμακα und κατάδεσμοι nebeneinander, offenbar als die beiden hauptsächlichen Formen zauberischer Einwirkung, denen man sich ausgesetzt sah. Die Verbindung blieb auch in den Exorzismusgebeten erhalten, vgl. Strittmatter (1932) 141,15f. εἰ κατέδησέν τις ἢ ἐφαρμάκευσεν. Schermann (1903) 303ff., bes. 308 verweist auf eine (unpublizierte) εὐχὴ τοῦ ἁγίου Γρηγορίου εἰς ἀσθενοῦντας· ἐξορκισμὸς καὶ φυλακτήριον [zu beachten die Verbindung] καὶ ἀνάλυσις φαρμάκων καὶ δεσμῶν. Vgl. auch die Kyprianosgebete selbst, Schermann (1903) 314,21 καὶ ἐὰν ἔσται δεδεμένον εὐδαιμόνιον [?] ἢ γοητεία ἢ φαρμακία ..., νὰ λύεται ἡ κακία αὕτη ... Generell sollen die Kyprianosgebete 'Lösungen' von 'Bindungen' bewirken, so Schermann (1903) 313,15 οἱ ἄνθρωποι ἀπὸ παντὸς δεσμοῦ λυθήσονται; 317,13f. λυθῶσιν τὰ τῆς μαγίας ἔργα; ferner die mehrfach wiederholte Formel ἔλυσα καὶ λύω (318,16.19; 319,8; 320,3).

Was nun den 'Überschuss' der LB gegenüber TMB anbelangt, so wirken die **κίνδυνοι** einigermassen unspezifisch. Vgl. immerhin PGM XIII 1047ff. ἐπικαλοῦμαί σε τὸν ἐν τῷ οὐρανῷ μέγαν θεόν, κύριον ⟨ἰσχυρόν⟩, μεγασθενῆ ..., ὁ ὤν· διαφύλαξόν με ἀπὸ παντὸς φόβου, ἀπὸ παντὸς κινδύνου τοῦ ἐνεστῶτός μοι ἐν τῇ σήμερον ἡμέρᾳ, ἐν τῇ ἄρτι ὥρᾳ. Ferner liest man auf einem grossen Bronze-Anhänger aus Beisan (in der ergänzten Fassung bei Bonner (1950) 215): ἅγια ὀνόματα καὶ σύμβολα καὶ φοβεροὶ χαρακτῆρες· φυλάξατε τὸν φοροῦντα ἢ τὴν φοροῦσαν τὰς ... θίας ὑμῶν δυνάμις ἀπὸ πάντων κινδύνων. Aufschlussreicher sind dagegen die **ἐπιβουλαὶ τοῦ ἀντικειμένου**: sie geben eines der deutlichsten Indizien dafür ab, dass LB im Zusammenhang nicht nur der antiken Zauberei und Magie, sondern auch bereits des byzantinischen Exorzismus-Wesens zu sehen ist. Vgl. A. Delatte, *Anecd. Ath.*, 242,21-24 αὐτὸς ἐξαπόστειλον τοὺς ἁγίους σου ἀρχαγγέλους [sie werden auch in LB gleich im folgenden zum Einsatz kommen] καὶ φυγάδευσον ἀπὸ τοῦ δούλου σου ὁδεῖνα πάντα τὰ πονηρὰ καὶ ἀκάθαρτα πνεύματα καὶ πάντα ζῆλον καὶ πᾶσαν ἐπιβουλὴν τοῦ ἀντικειμένου. 256,9-13 ὁ τῷ σῷ βαπτίσματι περιτετειχισμένος [Taufe als Schutz gegen die Dämonen, s. o. S. 68f.] ... καθάρισον αὐτὸν ἀπὸ πάσης ῥᾳδιουργίας καὶ ἐπιβουλίας τοῦ ἀντικειμένου διαβόλου. L. Delatte (1957) 97,4 ῥυόμενον αὐτὸν ἀπὸ πάσης ἐπιβουλῆς τοῦ ἀντικειμένου. Strittmatter (1932) 128,5 ἐλευθέρωσον αὐτὸ [sc. τὸ πλάσμα σου] ἐκ πάσης ἐνεργείας τοῦ ἀντικειμένου; vgl. A. Delatte, *Anecd. Ath.*, 243,11 ἐνέργεια τοῦ ἀντικειμένου. Ähnlich auch etwa L. Delatte (1957) 39,10 καθαρισθεὶς ἀπὸ πάσης διαβολικῆς ἐπιβουλῆς. In die Richtung byzantinischer Exorzismen weist übrigens nicht nur der ἀντικείμενος, sondern auch das Wort **ἐπιβουλή**, das der antiken Zauberei nicht geläufig gewesen zu sein scheint (PGM XII 384 ist jedenfalls vereinzelt und vom Zauberer aus gesagt; vgl. immerhin PGM XXXVI 221ff.: μὴ ἐπιβουλευθῆναι μὴ δηλητήριον φάρμακον λαβεῖν). Später dann etwa: PGM, P 20,20ff. (6./7. Jh.); Suppl. Mag. 59,6 ('Fluch des Christen Sabinus', 6. Jh.); Pradel (1907) 8,26; 'Basil.' PG 31,1685 A; 1681 D (ἐπιβουλεύοντας); P. Köln 340, a fr. B,7 (inv. 649+689; 5./6. Jh.; christlich; ed. pr.: F. Maltomini, «Amuleto con NT EV.JO. 1,1-11», *Kölner Papyri* 8, 82-95, Nr. 340 mit Tafel VII a, b; s. den Kommentar von Maltomini S. 92 mit weiteren Belegen).

## LB Abschn. III (Z. 8-30)
## ~ TMB Abschn. II (Z. 13-66)
## ~ PGM XXXV Abschn. I (Z. 1-11)

**LB 8/10** ἐπικαλοῦμαι ... τὰ πάντα

> **~ TMB 13/15** ἐπικαλοῦμαι ... τὰ πάντα
>
> **~ PGM XXXV 1** ἐπικαλοῦμε ... Βυθαθ

Anrufungen von 'Helfermächten' mit ἐπικαλεῖσθαι sind in den antiken Zaubertexten fast unabsehbar oft bezeugt; Einzelbelege erübrigen sich. Dass als 'Helfermächte' Erzengel und Engel wirken sollen, ist ebenfalls ein bekanntes Phänomen. Ein instruktives Beispiel bietet wiederum das Testamentum Salomonis, wo etwa der Daimon Enepsigos zu Salomon sagt (XV,6-7) «καταργοῦμαι δὲ ὑπὸ ἀγγέλου Ῥαθαναήλ τοῦ καθεζομένου εἰς τρίτον οὐρανόν...». κἀγὼ Σολομῶν εὐξάμενος τῷ θεῷ μου καὶ <u>ἐπικαλεσάμενος τὸν ἄγγελον</u> ὃν εἶπέ μοι [sc. der Daimon], Ῥαθαναήλ, <u>ἐποίησα</u> τὴν σφραγῖδα ... <u>σφραγῖδα τοῦ θεοῦ</u>. Verwiesen sei - aus einer Fülle von Belegen - auf ein jüdisches auf aramäisch geschriebenes Silber-Amulett aus Syrien (R. Kotansky, «Two Inscribed Jewish Aramaic Amulets from Syria», *Israel Exploration Journal* 41, 1991, 267-281 Amulett B: S. 274ff.), auf das jüdisch-griechische Bronze-Amulett aus Mazzarino (3.-4. Jh.; Kotansky, *GMA* I 33), auf das Amulett aus Amphipolis (2./3. Jh., *GMA* I 38), auf PGM XLIII (Anf. 5. Jh.), auf ein Hausamulett aus der Phthiotis (Thessalien; 4./5. Jh.; Gold; *GMA* I 41,27ff.), auf ein Silber-Amulett aus Emesa (Syrien; 1. Jh. v. Chr.; Kotansky, *GMA* I 48), in denen allen eine Reihe von (Engel-) Namen zur Amulett-Formel hinführt (vgl. PGM, P 21,33ff.); ferner auf PGM XXXVI 171ff. (vgl. dazu den wichtigen Kommentar des Erstherausgebers, S. Eitrem, in: *Papyri Osloenses*, fasc. 1, 1925, 77ff.), und auf die von Reitzenstein (1904) 292ff. publizierten Amulette aus dem Cod. Paris. 2316 (bes. 294 und 296); schliesslich auf ein weiteres Gold-Amulett aus Syrien (4./5. Jh.; Kotansky, *GMA* I 57).

Hinsichtlich des 'Anrufungs-Katalogs', der in LB den Abschn. III bildet, in TMB den Abschn. II (und mit dem PGM XXXV einsetzt), seien vier grundsätzliche Bemerkungen vorausgeschickt:

1. Der 'Katalog' gibt - im Gegensatz zu den voranstehenden Beschwörungen - auf den ersten Blick eine klare Ordnung zu erkennen:

Von den 'Himmeln' ausgehend (oder gar dem, was zuvor war) wird in absteigender Linie ein eigentlicher 'Kosmos' durchmessen.

2. Innerhalb dieser Ordnung gebühren den einzelnen Engeln offenbar keine fest zugewiesenen Plätze; ja, nicht einmal auf irgendeinen sicheren Platz scheinen sie Anspruch zu haben: Michael etwa kommt in PGM XXXV und TMB überhaupt nicht vor, in LB 'sitzt' er 'über den Bergen'. In PGM XXXV fehlt auch Gabriel, während er in LB 'über der ἄβυσσος', in TMB 'über dem 4. Himmel sitzt'. Raphael dagegen ist in TMB abwesend; in LB 'sitzt' er 'über dem 3. Himmel', in PGM XXXV 'über dem 2. Himmel'.

3. LB und TMB bekunden insofern eine gewisse Nähe zueinander, als die Engelnamen, auch wenn sie kaum je identisch sind, zuweilen immerhin ähnlich klingen: LB Ῥιεφα - TMB Ῥιοφα 'über den Blitzen'; LB Ζουχαλ - TMB Ζουχαρ 'über den Donnern'.

4. Ein Blick auf die von Gignoux (1987) publizierten «Incantations magiques syriaques» lehrt erneut und besonders eindrücklich, mit welcher Freiheit fast unabsehbare Scharen von Engeln zu Hilfe gerufen werden können: bekannte und unbekannte (d.h. mit Namen, die wohl im Augenblick per analogiam gebildet werden).


ἄβυσσος: Mit an Sicherheit grenzender Wahrscheinlichkeit ist τη αβυσσο zu lesen; hingegen lässt sich weder beim Artikel noch beim Substantiv der über den Kasus entscheidende letzte Buchstabe ausmachen. Der Vergleich mit PGM XXXV 1 legt indes den Genitiv nahe: τῆς ἀβύσσου. Die substantivierte ἄβυσσος weist auf jüdischen Einfluss. Mit ihr muss hier, vor den Himmeln genannt, der leere Raum gemeint sein (der 'Abgrund'), der schon vor dem Kosmos bestand und in dem dieser sich befindet, oder die «in Finsternis gehüllte Urmasse» des Schöpfungsberichts (K. Schneider, «Abyssos», *RAC* 1, 1950, 61): Gen. 1,2 καὶ σκότος ἐπάνω τῆς ἀβύσσου. Vgl. auch unten S. 90f. Zur Übernahme in die Zauberei vgl. etwa PGM VII 260f. ἐξορκίζω σε μήτραν ⟨κατὰ τοῦ⟩ κατασταθέντος ἐπὶ τῆς ἀβύσσου πρὶν γενέσθαι οὐρανὸν ἢ γῆν ... - Wegen der Verbindung mit den πηγαί wird man auch die zweite Erwähnung der ἄβυσσος (Z. 42) aus der LXX herleiten, obgleich dort wohl eine etwas andere Vorstellung ins Spiel kommt (s. unten S. 112f.).


Γαβριηλ steht am Anfang, wohl entsprechend seiner Bedeutung (vgl. Michl 1962, 239ff.). In TMB hat er seinen Platz über dem 4.

Himmel, bei Pradel (1907) (s. unten S. 91 zu LB 10/18) vielleicht ebenfalls.


**τοῦ κτίσαντος τὰ πάντα**: Eine häufige Umschreibung des 'biblischen' Gottes, sowohl im Neuen Testament (Ephes. 3,9 ἐν τῷ θεῷ τῷ τὰ πάντα κτίσαντι) als auch ausserhalb (Past. Herm., *Sim.* 7,4 ὁ τὰ πάντα κτίσας; *Corp. Herm.* 13,17 ὑμνεῖν τὸν κτίσαντα τὰ πάντα, in 'bibl.' Kontext), die auch in die Sprache der Zauberer eingedrungen ist: PGM III 554 ὁ τὰ πάντα κτίσας· ἄβυσσον, γαῖαν...; XIII 62f. ἐπικαλοῦμαί σε τὸν πάντων μείζονα, τὸν πάντα κτίσαντα...; vgl. 571f. Auch in den Exorzismen wird sie verwendet (A. Delatte, *Anecd. Ath.*, 250,34), hier allerdings gern hier um λόγῳ erweitert.: 'Basil.' PG 31,1680; L. Delatte (1957) 37,3f. Zur dieser 'Erweiterung' vgl. das bereits erwähnte (oben S. 66. 77) aram.-gr. Silber-Amulett in Ashmolean Museum (Kotansky/Naveh/Shaked 1992) Z. 16 (engl. Übersetzung S. 11) «in the name of 'He who spoke and the world came into being by his command'» (vgl. Ps. 32,9; s. dazu den Kommentar der Herausgeber S. 17); ὁ ἐν τῷ αὐτοῦ λόγῳ κτίσας τὰ πάντα findet sich auch auf dem von R. Kotansky publizierten Bronze-Amulett aus 'Evron (jetzt in: ders., *GMA* I 56,1f.; vgl. dazu den Kommentar von Kotansky S. 316f.; Kotansky 1995b, 268 Anm. 55 datiert das Amulett wieder - wie in der ed.pr. - ins 4./5. Jh.) - Nicht nur die Umschreibung ὁ κτίσας τὰ πάντα weist auf den jüdischen Schöpfergott, sondern auch der Umstand, dass die Anrufung 'in seinem Namen' erfolgt. Zu dieser - aus der LXX stammenden, im NT übernommenen - Wendung vgl. Bauer/Aland s.v. ὄνομα I.4.b.γ.


Der Beginn des Katalogs bietet der Analyse zwei Ansätze:

1. PGM XXXV hebt - unvermittelt und sinnvoll - mit der ἄβυσσος an und ordnet ihr einen Engel zu; TMB dagegen spannt - ebenso sinnvoll - dem Katalog einen allgemeinen, 'objektlosen' Anruf 'im Namen des Schöpfergottes' vor und geht dann gleich, ohne die ἄβυσσος zu berücksichtigen, zur Schöpfung über, beginnend mit den sieben Himmeln. LB indes hätte die beiden Formulare ineinandergearbeitet und dabei gewisse Unverträglichkeiten in Kauf genommen. Denn in ihr unterbricht der 'objektlose' Anruf 'im Namen des Schöpfergottes' formal den mit der ἄβυσσος und ihrem Engel bereits eingeleiteten Katalog. Überdies bleibt inhaltlich das Verhältnis zwischen dem, der über der ἄβυσσος sitzt, und dem erst

danach erwähnten Schöpfergott ungeklärt. In PGM VII 260f. (zit. oben zu ἄβυσσος) dürften die beiden miteinander identisch sein.

2. LB bietet gleichsam die vollständige Fassung der Katalogeinleitung, während TMB und PGM XXXV je gekürzt hätten. Unter dieser Annahme wäre das, was vor dem Kosmos schon bestand (die ἄβυσσος), mit Bedacht von der eigentlichen Schöpfung getrennt durch die Anrufung 'im Namen dessen, der alles gegründet hat'.

Der Entscheid zwischen den beiden Möglichkeiten wird nicht zuletzt davon abhängen, welches Mass an theologischer Durchdringung des Textes man dem Verfasser der LB (oder ihrer Vorlage) zutraut.

**LB 10/18 ἐπικαλοῦμαι ... Χαφοι**

> **~ TMB 15/33 ἐπικαλοῦμαι ... Χαχθ**
>
> **~ PGM XXXV 1/7 ἐπικαλοῦμε ... Μουριαθα**

Abgesehen von LB und TMB spielen **die 'sieben Himmel'** in der Zauberei auch sonst ihre Rolle (PGM XXXV sind es nur sechs Himmel). Mit den dazugehörigen Engeln zählt sie auf ein Exorzismusgebet (εὐχὴ ἀρχαγγελικὴ εἰς ὀχλούμενον ὑπὸ πνευμάτων ἀκαθάρτων...) bei Pradel (1907) 21,21ff.: ὁρκίζω σε πᾶν πονηρὸν καὶ ἀκάθαρτον πνεῦμα κατὰ τοῦ πρώτου οὐρανοῦ τὸν πρῶτον ἄγγελον Μηερ, ὁρκίζω σε κατὰ τοῦ δευτέρου οὐρανοῦ τὸν πρῶτον ἄγγελον Σισθιλη, ὁρκίζω σε κατὰ τοῦ τρίτου οὐρανοῦ τὸν πρῶτον ἄγγελον Βιθεεμ, ⟨ὁρκίζω σε κατὰ τοῦ τετάρτου οὐρανοῦ τὸν πρῶτον ἄγγελον Γαβριηλ suppl. Pradel; vgl. auch seinen Komm. S. 56⟩, ὁρκίζω σε κατὰ τοῦ πέμπτου οὐρανοῦ τὸν πρῶτον ἄγγελον Οὐριηλ, ὁρκίζω σε κατὰ τοῦ ἕκτου οὐρανοῦ τὸν πρῶτον ἄγγελον Ῥαφαηλ, ὁρκίζω σε κατὰ τοῦ ἑβδόμου οὐρανοῦ τὸν πρῶτον ἄγγελον Μιχαηλ...; vgl. Kotansky (1995a) 143 Z. 1ff.: ἐξορκίζω σε τοὺς ἑπτὰ οὐρανούς... (vgl. dazu seinen Kommentar S. 149f. mit vielen Belegen). L. Delatte (1957) 58,2f. wird ein Exorzismus vollzogen unter anderem διὰ ... τῶν ἑπτὰ οὐρανῶν; Ferner werden 89,6ff. σφραγῖδες τῶν ἁγίων ἀγγέλων eingeführt gegen die ἀέρια πνεύματα: 89,15ff. diejenige Michaels; sie richtet sich auch an die ἄρχοντες der Winde im 4. Himmel; 90,13ff. diejenige Gabriels (ἄρχοντες der Winde im 1. Himmel); 91,11 diejenige Samaels (ἄρχοντες der Winde im 5. Himmel); 92,7ff. diejenige Raphaels (ἄρχοντες der Winde im

2. Himmel). Die Liste ist insofern sicher unvollständig, als der 3. Himmel fehlt, und so fragt man sich, ob nicht eigentlich auch noch ein 6. und 7. Himmel dazugehören. A. Delatte, *Anecd. Ath.*, 246,5 beruft sich der Exorzist auf die ἑπτὰ στερεώματα τοῦ οὐρανοῦ ὅπου εἰσὶν μύριαι μυριάδες ἁγίων ἀγγέλων καὶ ἀρχαγγέλων. - Im wichtigsten jüdischen Werk über Magie, dem 'Buch der Geheimnisse' (Sefer Ha-Razim), sind die eigentlichen Zauberanweisungen mit einem kosmologischen Gerüst verbunden, das aus sieben Himmeln gebildet wird. Auf jedem von ihnen stehen mehrere Engel. Das Buch mag in die gleiche Zeit gehören wie LB und TMB. Ausgabe: M. Margalioth, *Sepher Ha-Razim* (Jerusalem 1966); engl. Übersetzung: M. A. Morgan, *Sepher Ha-Razim: The Book of Mysteries* (Chico 1983); Charakterisierung und Literatur bei Alexander (1986) 347-350; vgl. jetzt auch P. Schäfer, «Jewish Magic Literature in Late Antiquity and Early Middle Ages», *JJSt* 41 (1990) 75-91, bes. 81ff.; ders., «Magic and Religion in Ancient Judaism», in: P. Schäfer/H. G. Kippenberg (ed.), *Envisioning Magic* (Leiden/NY/ Köln 1997) 19-43, bes. 37f. Zu den 'sieben Himmeln' im allg. vgl. A. Lumpe/H. Bietenhard: «Himmel», *RAC* 15 (1991) 173-212, bes. 190f. (Judentum), 202f. (Patristische Zeit). Generell zur Siebenzahl in der Zauberei s. Brashear (1991) 69f. und W. Fauth, *ZPE* 98 (1993) 73.

Hinsichtlich der Verteilung der Engel, die je 'über den Himmeln' (und über den weitern Herrschaftsgebieten) 'sitzen', besteht - wie gesagt - keine Einigkeit. Das braucht freilich nicht wunderzunehmen, denn ausserhalb der Zauberei, in den möglichen 'Quellgebieten', verhält es sich keineswegs anders. So lehren die Ophiten gemäss Origenes, *C. Cels.* 6,30 folgende Reihe (vom ersten bis zum siebenten Himmel): Michael, Suriel, Raphael, Gabriel, Thautabaoth, Erathaoth, Thaphabaoth (oder Onoel oder Thartharaoth); vgl. Th. Hopfner, *Griech.-ägyptischer Offenbarungszauber* 1 (Leipzig 1921) 34 § 148; Michl (1962) 103. - 3 Henoch 17,3 dagegen zählt vom siebenten bis zum ersten Himmel: Michael, Gabriel, Shatqi'el, Shahaqi'el, Baradi'el, Baraqi'el, Sidri'el: so im Anschluss an Hs. A die Wiedergabe bei P. S. Alexander, «3 (Hebrew Apocalypse of) Enoch. A new Translation and Introduction», in: J. H. Charlesworth (ed.), *The Old Testament Pseudepigrapha* I (Garden City, N.-Y. 1983) 223-315, der überdies (S. 239) darauf hinweist, die Tradition der sieben Himmel sei «almost universal in classic rabbinic literature» (reiche Belege); vgl. ferner Michl (1962) 91ff., bes. 95.

Zu beachten ist, dass LB nur beim Engel des 1. und des 6. Himmels ἐπικαλοῦμαι voranstellt, dann freilich bei den Engeln über den verschiedenen Teilen der Schöpfung jedesmal (immerhin wären die Probleme des Buchstabenbestands in der zweiten Hälfte von Z. 25 gelöst, wenn die Hinwendung zum Engel über den ὁδοί in 'Kurzfassung' erfolgte; s. unten S. 97f.) In TMB und PGM XXXV fehlt ἐπικαλοῦμαι bei keinem der angerufenen Engel (TMB 45/46 Dittographie). Für eine Begründung zur Auslassung von ἐπικαλοῦμαι in der LB s. oben S. 7.

**1. Himmel**: Keiner der vergleichbaren Texte legt eine sichere Ergänzung der Lücke von 7/8 Buchstaben nach ἐπὶ τῷ πρώτῳ οὐρανῷ nahe. Man könnte an δεσπότην denken, sonst - angesichts des unsicheren -α am Ende der Zeile und im Gedanken an die Ophiten bei Origenes, *C. Cels.* 6,30 - an ἄρχοντα. Über dem 1. Himmel sitzt in LB **Μαρμαωθ**, **Μαρμαριωθ** in TMB, in PGM XXXV **Μαρμαρ**; er ist wohl identisch mit dem häufig genannten Μαρμαραωθ, der auf der Bleitafel Audollent, DT 242,16f. als der Gott des zweiten Himmels fungiert: ὁρκίζω σε [sc. νεκυδαίμων], τὸν θεὸν τὸν τοῦ δευτέρου στερεώματος ἐν ἑαυτῷ τὴν δύναμιν ἔχοντα Μαρμαραωθ. Kotansky (*GMA* I, S. 273f.) verweist auf die Angelologie des Bartholomäus-Evangeliums, wo ὁ ἄγγελος ἐπὶ χαλάζης (IV.45) den Namen Μερμεωθ trägt. Der Name ist auch in vielen andern Schreibweisen belegt; vgl. Test. Sal. VIII,7; XVIII,28. 33 Mc Cown; L. Delatte (1957) 93,9f. ἐξορκίζω σε ... κατὰ τοῦ ἀρχαγγέλου Μαρμαρωθ; A. Delatte, *Anecd. Ath.*, 234,16f. ὑπὸ τοῦ ἀγγέλου Μαρμαριωθ; Delatte/Derchain (1964) 316, Nr. 460: Μαρμαραυωθ. S. dazu K. Preisendanz, «Marmaraoth», *RE* 14,2 (1930) 1881; Kotansky/Naveh/Shaked (1992) 14; Brashear (1995) 3591 mit weit. Lit.; zum Namenstypus vgl. Fauth (1993) 67f. Zu MARMAR im *Carmen Arvale* s. R. Piva, «Neue Wege zur Interpretation des Carmen Arvale», in: G. Vogt-Spira (Hrsg.), *Beiträge zur mündlichen Kultur der Römer* (Tübingen 1993) 59-85, bes. 79ff.

**2. Himmel**: LB **Θουριηλ** (vgl. Kotansky, *GMA* I 41,34b. Kotansky verweist auch auf PGM IV,1815; s. ferner PGM XLIII 6, wo Preisendanz den zweiten Ουριηλ zu ⟨Θ⟩ουριηλ ergänzte); bei den Ophiten Suriel - TMB Ουριηλ (zu beachten der Anklang; Ουριηλ bei Pradel 1907, 21,26 über dem 5. Himmel; vgl. Michl 1962, 254ff.) - PGM XXXV **Ραφαηλ** (in LB über dem 3. Himmel, bei Pradel 1907, 21,27 über dem 6. Himmel; vgl. Michl (1962) 252ff.).

**3. Himmel**: LB **Ραφαηλ** (in PGM XXXV über dem 2. Himmel, bei Pradel über dem 6. Himmel), gleich wie bei den Ophiten - TMB **Αηλ** (E. Peterson, «Engel- und Dämonennamen. Nomina barbara»,

*RhM* 75, 1926, 395 Nr. 7; Merkelbach, *Abrasax* 4, S. 86, zu Nr. VII,23 verweist auf PGM IV 315; s. aber auch unten zum 5. Himmel) - PGM XXXV Σουριηλ (in TMB über dem Meer; vgl. Michl 1962, 235f. Nr. 231).

**4. Himmel**: LB ʽΡαγαηλ (zu Raguel als einem der sieben Engelfürsten s. Peterson 1926b, 410f. Nr. 90; Michl 1962, 227f. Nr. 177; vgl. Kotansky, *GMA* I 48,9; vgl. seinen Kommentar S. 253ff.) - TMB Γαβριηλ (in LB über der Abyssos, bei Pradel 1907, 21,25 vielleicht ebenfalls über dem 4. Himmel), gleich wie bei den Ophiten - PGM XXXV Ιφιαφ (die Engel über dem 4. und dem 5. Himmel in Preisendanz' Übersetzung vertauscht; vgl. im übrigen Jacobys Erklärung des Namens im Apparat).

**5. Himmel**: LB ʽΡαχαηλ - TMB Χαηλ (vgl. Peterson 1926b, 421 Nr. 127). Hat LB, in Analogie zu ʽΡαφαηλ und ʽΡαγαηλ, Χαηλ zu ʽΡαχαηλ weitergebildet? Anderseits fällt auf, dass LB hier bereits zum zweiten Mal einen Namen bietet, der gegenüber TMB um ʽΡα- erweitert ist: über dem 3. Himmel steht dem so gut bekannten ʽΡα-φαηλ der LB der vergleichsweise schwach bezeugte Αηλ der TMB gegenüber. Denkbar wäre also grundsätzlich auch der umgekehrte Vorgang, dass nämlich TMB 'vollständige' Namensformen gekürzt hat; doch s. zum 6. Himmel. PGM XXXV gibt hier Πιτιηλ (vgl. Jacobys Erklärung im Apparat), Pradel (1907) 21, 26 Ουριηλ (in TMB über dem 2. Himmel).

**6. Himmel**: LB Ωμαριωθ - TMB Μοριαθ - PGM XXXV Μου-ριαθα. Vgl. Peterson (1926b) 407f. Nr. 75; Preisendanz, «Moriath», *RE* 16,1 (1933) 303 (Jacoby erklärt 'Muriatha' als «mein Lichtbringer bist du», vgl. aber J. Naveh/S. Shaked, *Amulets and Magic Bowls*, Jerusalem/Leiden 1985, 81 und Kotansky, *GMA* I, S. 286, die jeweils andere Erklärungen in Erwägung ziehen). LB böte dann also wieder eine vorn 'ausgebaute' Namensform (Erweiterung um einen Buchstaben wie Ουριηλ-Θουριηλ über dem 2. Himmel), und man ist allmählich geneigt, an eine gewisse 'Methode' des Erweiterns zu glauben (s. zum 5. Himmel). - Bei Pradel (1907) 21,27 wird die Reihe der 'anerkannten' Erzengel über dem 6. Himmel mit ʽΡαφαηλ fortgesetzt (in LB über dem 3. Himmel, in PGM XXXV über dem 2. Himmel).

**7. Himmel**: LB Χαφοι - TMB Χαχθ (? Anklang) - Pradel (1907) 21,28: Μιχαηλ (in LB über den Bergen).

Insgesamt wird man festhalten dürfen, dass LB, TMB und PGM XXXV hinsichtlich der Engel über dem 1. und dem 6. Himmel übereinstimmen. Was die übrigen Engel anbelangt, so scheinen LB und TMB zumindest vom gleichen Formular auszugehen. Möglicherweise ist TMB treuer, während LB Namensformen weiterbildet, allenfalls 'normalisiert' (s. auch unten S. 98 zu Z. 27 'Michael über den Bergen'). Die grösste Differenz besteht im 4. Himmel, wo Ragael (LB) und Gabriel (TMB) einander gegenüberstehen. Hier musste LB wohl etwas Eigenes bieten, weil Gabriel bereits prominent über die ἄβυσσος gesetzt worden war, und behalf sich mit einer 'Analogiebildung', beginnend mit ῾Ρα- (zwischen ῾Ραφαηλ und ῾Ραχαηλ).


**LB 19/21 ἐπικαλοῦμαι ... Μαιω**

           **~ TMB 34/41 ἐπικαλοῦμαι ... Τοβριηλ**

           **~ PGM XXXV 7/8 ἐπικαλοῦμε ... Τελζη**


Nach jüdischer Auffassung sind die Engel mit vielen Aufgaben in der Schöpfung betraut. Es gibt Engel über Naturvorgängen wie Blitz, Donner, Regen, Hagel, Schnee, Winden, Erdbeben; ferner über bestimmten Bereichen der Natur wie Quellen, Flüssen, dem Meer und dem Festland; vgl. Michl (1962) 71f. 86f. (Rabbinen), 94 (3. Henoch); zur Angelologie im Evangelium des Bartholomäus s. Kotansky, *GMA* I, S. 272f. Eine solche Sicht der Dinge scheint sich zuweilen auch in der Zauberei geltend zu machen; ausser LB, TMB und PGM XXXV kommen noch in Betracht PGM XXII b (hier 'sitzen' freilich nicht Engel 'über', sondern Gott selbst) und Texte (Amulette und ein Gebet), die Reitzenstein (1904) 296f. publiziert hat. Am reichsten ausgestaltet ist der Katalog in TMB. Eine eigenartige Weiterentwicklung bietet A. Delatte, *Anecd. Ath.* 247,25ff. ὁρκίζω ὑμᾶς, πάντα τὰ πνεύματα τὰ πονηρά, κατὰ τοῦ παντοκράτορος θεοῦ, οὗ τὸ ὄνομα ἐκπορεύεται καὶ ἀστραπαὶ καὶ βρονταὶ ἐγείρονται, οὗ τὸ ὄνομα ἐκπορεύεται καὶ οἱ οὐρανοὶ κλονίζονται, ..., οὗ τὸ ὄνομα ἐκπορεύεται καὶ ἡ γῆ σείεται, ..., οὗ τὸ ὄνομα ἐκπορεύεται καὶ ἡ θάλασσα ἡσυχάζει, οὗ τὸ ὄνομα ἐκπορεύεται καὶ οἱ δράκοντες ξηραίνονται (Anklang an Apoc. 4,5f.? Vgl. u. S. 102).

Zur Analyse des Katalogs nach formalen und inhaltlichen Gesichtspunkten s. unten S. 146ff. Der Wechsel zwischen Genetiv und Dativ nach ἐπί scheint einigermassen willkürlich zu erfolgen.

Am Anfang stehen Vorgänge in der Atmosphäre. LB und TMB stimmen überein hinsichtlich der Engel über den ἀστραπαί und den βρονταί, und auch die Namen klingen an: Ῥιεφα - Ῥιοφα resp. Ζονχαλ - Ζονχαρ; auch Reitzenstein (1904) 297 kennt Engel über den ἀστραπαί und den βρονταί, doch tragen sie ganz andere Namen; vgl. auch A. Delatte, *Anecd. Ath.*, 246,13ff. ὁρκίζω σε εἰς τὸν ἄγγελον τὸν ἐπὶ τῆς ἀστραπῆς. ὁρκίζω σε εἰς τοὺς τριακοσίους ἀγγέλους τοὺς ἐπὶ τῆς βροντῆς. - TMB fährt fort mit den βροχαί (zu Τουριηλ vgl. Peterson 1926b, 420 Nr. 119; Michl (1962) 238 Nr. 250) und der χιών; mit der χιών als einzigem atmosphärischen Phänomen setzt PGM XXXV ein (die betreffenden Engel, Τοβριηλ und Τελζη, den Jacoby im Apparat zu PGM XXXV als 'Schnee' erklärt, haben wohl nichts miteinander zu tun).

Isoliert steht Μαιω in der LB 'über den κρύσταλλοι'. Unklar ist nur schon, ob mit den κρύσταλλοι ein atmosphärisches Phänomen gemeint ist ('Eis' - s. Bauer/Aland s. v. - und allenfalls 'Hagel'? Vgl. Ps. 148,7f. αἰνεῖτε τὸν κύριον ἐκ τῆς γῆς, δράκοντες καὶ πᾶσαι ἄβυσσοι· πῦρ, χάλαζα, χιών, κρύσταλλος ... Reitzenstein 1904, 297 nennt einmal einen Engel ἐπὶ τῆς βροντῆς καὶ χαλάζης, einmal einen ἐπὶ ὑετοῦ καὶ χαλάζης) oder ein Aspekt der irdischen Natur. Ein ἀφορκισμὸς ἀρχαγγελικός bei Pradel (1907) 20,10f. nennt Μιχαηλ τὸν ἐπὶ τοῦ φωτός, <u>Γαβριηλ τὸν ἐπὶ τῶν κρυστάλλων</u>. In seinem Kommentar (S. 57) fasst Pradel die κρύσταλλοι offenbar als Schnee auf, indem er darauf hinweist, dass im Talmud Michael als Engel des Schnees, Gabriel als Engel des Feuers begegneten (vgl. auch Reitzenstein 1904, 280 Anm. 4); Michl (1962) 242 hingegen übersetzt «Bergkristalle». Der gesamte Kontext und das Vokabular lassen freilich insbesondere an die Schilderung von Gottes Thron und der Throne der 24 πρεσβύτεροι Apoc. 4,5f. denken: καὶ ἐκ τοῦ θρόνου ἐκπορεύονται ἀστραπαὶ καὶ φωναὶ καὶ βρονταί, καὶ ἑπτὰ λαμπάδες πυρὸς καιόμεναι ἐνώπιον τοῦ θρόνου, ἅ εἰσιν τὰ ἑπτὰ πνεύματα τοῦ θεοῦ, καὶ ἐνώπιον τοῦ θρόνου ὡς θάλασσα ὑαλίνη ὁμοία κρυστάλλῳ ['Eis'?]. Vgl. A. Delatte, *Anecd. Ath.*, 243,17 ἐξ οὗ [sc. τοῦ ὑποποδίου τοῦ Θεοῦ] ἐκπορεύονται χιόνες καὶ κρύσταλλοι. Hat sich etwa - wegen der ἀστραπαί und der βρονταί - ein Stück einer 'Himmelsschilderung' in die Aufzählung der atmosphärischen Vorgänge verirrt? - Über eine allfällige Beziehung der LB zur Apoc. s. oben S. 68ff. (zu σφραγὶς θεοῦ ζῶντος).

**LB 22/27** ἐπικαλοῦμαι ... Μιχαηλ

    **~ TMB 41/58** ἐπικαλοῦμαι ... Νουχαηλ

    **~ PGM XXXV 8/11** ἐπικαλοῦμε ... Χαδραουν


TMB eröffnet die Aufzählung der irdischen Herrschaftsbereiche von Engeln mit den ὗλαι: ihnen steht in LB und PGM XXXV nichts Entsprechendes gegenüber. Zwei Amulette bei Reitzenstein (1904) 296.297 kennen je einen Engel ἐπὶ ξύλου οἰκίας und ἐπὶ τῆς ὕλης ξύλων [Reitzenstein: τοῖς ὕλοις ξυλοῖς cod.]. - Wären die gleich anschliessenden σισμοί in TMB nicht durch die ὗλαι vom Vorangehenden getrennt, könnte man sich überlegen, ob sie nicht - als 'gewaltsame Naturereignisse' - mit den Blitzen und Donnern zusammmengehören (vgl. Apoc. 11, 19; s. auch unten zu πλατίης).

**LB 25**: Es folgt ein Abschnitt weitgehender Übereinstimmungen. Probleme gibt lediglich die in ihrer zweiten Hälfte unlesbare Z. 25 der LB auf. Wollte man sie in Analogie zu TMB 50-52 ergänzen, so wäre zu schreiben: - μαι τὸν ἐπὶ τοῖς [ποταμοῖς καθήμενον Name ἐπικαλοῦμαι τὸν ἐπὶ]. Das ergibt ohne Engelnamen bereits 47 Buchstaben; setzt man e. g. Βηλλια aus TMB ein, so müsste die Zeile nicht weniger als 53 Buchstaben enthalten haben. Anderseits weisen die längsten vollständigen Zeilen (2 und 22; Zeile 1 beginnt eingerückt) 40 bzw. 41 Buchstaben auf. Auch die Annahme eines sehr kurzen Namens würde die Schwierigkeit also nicht beheben. Folgende Möglichkeiten kommen in Betracht:

1. Es ist nicht ποταμοῖς, sondern ein kürzeres Wort zu ergänzen. Dagegen spricht, dass a) die Zeile dann immer noch viel zuviele Buchstaben fassen müsste und dass b) LB einen anscheinend festen Zusammenhang verliesse.

2. Es fehlt καθήμενον (wie bei den βρονταί, κρύσταλλοι etc.). Obwohl die Zeile auch so überlang wäre (ca. 44 Buchstaben) und das Auftreten oder Fehlen von καθήμενον im Katalog nicht ganz zufällig zu erfolgen scheint (s. unten S. 147ff.), hat diese Annahme zumindest einiges für sich. Vollkommen beseitigt wäre das Problem der Zeilenlänge, wenn man auch ἐπικαλοῦμαι wegdächte (33 Buchstaben) wie beim 2. - 5. und beim 7. Himmel. Im 'sublunaren Raum' freilich lässt LB sonst ἐπικαλοῦμαι nie aus (s. oben S. 93).

3. Der Schreiber der LB hat in der zweiten Hälfte von Z. 25 vollkommen den Faden verloren - eine Verzweiflungslösung!

Geht man davon aus, dass in LB 25 tatsächlich die Flüsse erwähnt waren, so erstreckt sich die Übereinstimmung zwischen LB und TMB von den σισμοί bis zu den ὄρη - mit einer Ausmahme: TMB schiebt zwischen die ὁδοί und die ὄρη noch die πόλεις ein (s. u.). Insbesondere wird man beachten, dass über den σισμοί (zur identischen Schreibweise vgl. oben S. 12. 21) der gleiche Engel sitzt (LB Σιωρωχα -TMB Σιοροχα) und dass die beiden Amulette (überdies PGM XXXV 9) bei θάλασα auf die Gemination verzichten und die ὁδοί mit einem maskulinen Artikel versehen (s. oben S. 12f. 21f. 38). Offenbar haben wir es hier gewissermassen mit einem 'Kern' der Aufzählung zu tun; das ergibt sich auch daraus, dass PGM XXXV in der gleichen Reihenfolge Meer, Schlangen und Flüsse nennt, PGM XXII b 11f. zumindest ὁ καθήμενος ἐπὶ τῆς θαλάσσης ... ὁ καθήμενος ἐπὶ τῶν δρακοντείων θεῶν (s. aber unten zu Z. 28 ἐπὶ τοῦ Σινα). Bei Reitzenstein (1904) 296 liest man u. a.: Μελχοιδὸν τὸν ἐπὶ τοῦ ὕδατος καὶ τῶν πηγῶν, ʽΡαφαὴλ τὸν ἐπὶ τῶν ποταμῶν, Σαραζαὴλ τὸν ἐπὶ τῶν ὄρεων ...; 297 Νασαὴλ ὁ ἐπὶ τῶν ὄρεων, Σαμαὴλ ὁ ἐπὶ τοῦ ποταμοῦ ... Auf dem aramäischen Bronze-Amulett Naveh/Shaked (1993) Nr. 19 erfolgt die Beschwörung u.a. Z. 37f. «in the name of <u>Yequmi'el, who sits on the roads</u>» (engl. Übesetzung der Herausgeber S. 63).

Zu den Namen: In LB liesse sich 'über den Wegen' - analog zu TMB - etwas Ähnliches wie ʽΡα[σουσουηλ] ergänzen. Eigenartig mutet an, dass in LB der so wichtige Michael erst so spät und über einem so wenig ausgezeichneten Herrschaftsbereich erscheint (über den Bergen). Soll er wohl die Reihe beschliessen, so wie Gabriel über der ἄβυσσος sie eröffnet? Oder stellt Michael gar eine 'lectio facilior' für Nuchiel dar, der in TMB den entsprechenden Platz einnimmt? Zu Νουχαηλ vgl. Peterson (1926b) 408f. Nr. 80. Zum Problem, wie LB Engelnamen gegenüber TMB allenfalls weiter- und umbildet, s. oben S. 94f. (zum 5. und 6. Himmel). - Die Lesung des ersten Lambda in Βηλλια ist unsicher (vgl. den krit. App.).

Hinsichtlich des Engels **'über den Schlangen'** kann man an 1. Henoch 20 erinnern, wo die Herrschaftsbereiche der 7 Erzengel aufgezählt werden; Gabriel steht ἐπὶ τοῦ παραδείσου καὶ τῶν δρακόντων καὶ τῶν Χερουβιν [sie erscheinen in LB Abschn IV].

TMB erweitert diesen Abschnitt am Ende um den Engel ἐπὶ ταῖς πλατίης = πλατείαις (ει ⟩ ι: vgl. die Sprachbeschreibung oben S. 20). Wenn die 'breiten Strassen' hier einen Sinn haben sollten, dann wohl am ehesten im Zusammenhang mit den zuvor genannten (ebenfalls überschiessenden) πόλεις. Es sieht fast so aus, als habe TMB an die eher 'wilde' Natur noch 'zivilisierte' Bereiche anfügen wollen, das Zusammengehörige aber auseinandergerissen (ὄρη zwischen πόλεις und πλατεῖαι). Angesichts dessen wird man sich erneut fragen, ob nicht auch zu Beginn des Abschnitts die ὕλαι an die falsche Stelle geraten sind: ob sie nicht <u>nach</u> den σισμοί und unmittelbar <u>vor</u> der θάλασσα stehen sollten (s. oben S. 97).


**LB 27/30 ἐπικαλοῦμαι ... Τεθεμνουτα**

**~ TMB 58/66 ἐπικαλοῦμαι ... Ιαθ**


LB und TMB treffen sich hinsichtlich des Gottes, der auf dem Sinai sitzt, und der Schlange(n), gehen also letztlich wohl auf eine gemeinsame Vorlage zurück. Welches der beiden Amulette sie freilich treuer wiedergibt, ist schwer zu entscheiden. Hat LB Sabaoth anstelle des θεός hereingebracht, oder hat TMB ihn hier entfernt (s. oben S. 81 zu Z. 3)? Hat TMB den Artikel (τὸν) vor Δεχοχθα entfernt, um dem Gott auf dem Sinai drei Namen geben zu können, oder hat LB ihn eingefügt, um den ganzen Anruf dreigliedrig zu gestalten (τὸν καθήμενον - τὸν Σι... - τὸν καθήμενον). Und schliesslich: sitzt Sabaoth/Gott 'über der Schlange' (LB) oder 'den Schlangen' (TMB)?


**ἐπὶ τοῦ Σινα**

[zum Text der TMB 62 vgl. den krit. App.]

Hier scheint TMB in der Tat 'treuer' zu sein, denn der Sinai heisst in der LXX meistens τὸ ὄρος (τὸ) Σινα; vgl. insbesondere Ex. 19, den Text, der dem fraglichen Ausdruck überhaupt zugrundeliegt (z. B. 11 τῇ γὰρ ἡμέρᾳ τῇ τρίτῃ καταβήσεται κύριος ἐπὶ τὸ ὄρος τὸ Σινα). Noch näher kommt die Formulierung der TMB freilich Lev. 7,38 ὃν τρόπον ἐνετείλατο κύριος τῷ Μωυσῇ ἐν τῷ ὄρει Σινα (vgl. 25,1; 26,46). Vgl. das von Brashear publizierte magische Formular P. Carlsberg 52 (inv. 31; 7. Jh.; Brashear 1991, 16-52; Text S. 38f.) Z.6f. ὁ ⟨κα⟩θήμενος ἐν τῷ Σινᾷ ὄρει.

Zaubertexte geben häufig ganze Aretalogien von Gott, erinnern an seine 'Taten' und versichern sich so seiner Macht auch gegenüber Dämonen. An erster Stelle wäre hier der jüdische 'liturgische' «Exorzismus des Pibechis» zu nennen (PGM IV 3018-3077; jetzt auch in: Merkelbach, *Abrasax* 4, Nr. I; s. dazu A. Deissmann, *Licht vom Osten* ([4]1923) 216-225; Kotansky 1995b, 262ff. mit weit. Lit.). Die die Beschreibung des sechsten Himmels abschliessende Beschwörung im Sepher Ha-Razim (s. oben S. 92 zu den 'sieben Himmeln'), die nach der Herstellung einer goldenen *lamella* mit den Namen der Engelfürsten rezitiert werden soll, beginnt folgendermassen: «I adjure you, O angels of strength and might, by the strong and the mighty right hand (of the Lord), by the force of his might and by the power of his rule, by the God revealed at Mt. Sinai, ... by the Lord who saved Israel ... from Egypt, ... who spoke to Moses face to face, ... by its name and by its letters» (Morgan 1983, 80); es folgt eine 'Machtzauber'-Formel. Ähnlich ist es um byzantinische Exorzismen bestellt. So erstaunt es nicht, wenn in der Προσευχὴ Γρηγορίου τοῦ Θαυματουργοῦ bei Strittmatter (1932) 142, 18ff. die ἀδικήματα beschworen werden εἰς τὸν Θεὸν τὸν ἐξαγαγόντα τὸν Ἰσραὴλ ἐξ Αἰγύπτου τῇ κραταιᾷ αὐτοῦ χειρὶ ... καὶ λαλήσαντα τῷ Μωυσῇ ἐν τῷ ὄρει Σινα. Ähnlich beurteilen wird man demnach PGM XXII b, die Προσευχὴ Ιακώβ; sie beginnt folgendermassen: πάτερ πατριάρχων, πατὴρ ὅλων, πατὴρ δυνάμεως τοῦ κόσμου, κτίστα παντὸς ... καλῶ σε, πατέρα τῶν ὅλων δυνάμεων, πατέρα τοῦ ἄπαντος κόσμου καὶ τῆς ὅλης γενέσεως καὶ οἰκουμένης καὶ ἀοικήτου, ᾧ ὑπεσταλμένοι οἱ χερουβίν [sie werden in LB und TMB im nächsten Abschnitt begegnen], ὃς ἐχαρίσατο Ἀβραὰμ ἐν τῷ δοῦναι τὴν βασιλείαν αὐτῷ· ἐπάκουσόν μοι ... Die Προσευχή fährt fort mit (Z. 10) ὁ καθήμενος ἐπὶ ὄρους... Hier hatte Preisendanz ἐπὶ ὄρους ἱ[εροῦ Σ]ιναΐου ergänzt; s. aber jetzt Robert (1990) 478, der ἐπὶ ὄρους π[αλαμ]ναίου vorschlug; danach Merkelbach, *Abrasax* 4, Nr. X,10: Π[αλα]μναίου; vgl. Brashear (1991) 45, der nach Autopsie die Lesung von Robert bestätigte («there is a whole, undamaged pi»). Im bereits erwähnten (oben S. 71. 77) Karneol Delatte/Derchain (1964) Nr. 460 'sitzt' der Gott Sabaoth nicht nur wie im 'Gebet Jakobs' ἐπάνω ὄρους παλαμναίου, sondern auch ἐπάνω τοῦ βάτου. Das weist auf den Berg Horeb (Ex. 3) hin; dazu Robert (1990) 474ff. Der aretalogische Zusammenhang ist in allen diesen Texten unverkennbar: aus einem solchen mag die vorliegende Passage in LB und TMB ursprünglich stammen.

Zur Tradition, wonach Moses auf dem Berg Sinai - oder Horeb! - von Gott ein Amulett bekommen hat, s. das bereits erwähnte (s.

oben S. 86 zu κατάδεσμοι) 'Amulett von Acre' (jetzt in Kotansky, *GMA* I 32, S. 126-154 mit weit. Lit. S. 126) Z. 8ff.: φυλακτήριον Μωσεως ὅτε ἀνέβαινεν / τῷ ὄρει Σειλαμωναι λα[β]εῖν κάστυ./ [αὐ]τὸ φορῶν οὐ φοβήσῃ μάγον... (vgl. Z. 23-27, bes. Z. 24f., wo derselbe Text anders wiedergegeben wird: τῷ ὄρει Σει [λ]αβεῖν Σεισε/ι λαβεῖν κάστυ...; hier ist wohl eindeutig Σει⟨να⟩ zu lesen; für ει statt ι vgl. Gignac 1, 190f.; s. Kotansky, *GMA* I, S. 131ff. und seinen Kommentar S. 140f. zu Z. 8-9; 145 zu Z. 24-25); vgl. das aramäisch-griechische Amulett in Ashmolean Museum Kotansky/Naveh/Shaked (1992) 9, Z. 27 (engl. Übers. S. 12): «I adjure you by ... and by the signet ring that the king of angels gave to Moses on (Mount) Horeb...in ancient times...» (s. dazu den Kommentar der Herausgeber S. 19). In dieser Tradition steht auch das Amulett bei Reitzenstein (1904) 292: φυλακτήριον τοῦ δούλου τοῦ θεοῦ ὁ δεῖνα· εἰς σκέπασιν καὶ φρούρησιν τοῦ δούλου σου ὁ δεῖνα, ὕμνος ἀρχαγγελικός, ὃν ἔδωκεν ὁ θεὸς τῷ Μωυσῇ ἐν τῷ ὄρει Σινα καὶ εἶπεν αὐτῷ· λαβὲ φόρεσον τὸν ὕμνον τοῦτον καὶ ἔσει ἄφοβος ἀπὸ πάντων τῶν δαιμονίων φαντασμῶν. Hier hat also Gott dem Moses auf dem Sinai nicht das Gesetz, sondern einen gegen Dämonen wirksamen apotropäischen Hymnus übergeben!

Bedeutsam erscheint ferner, dass die Προσευχή PGM XXIIb fortfährt: ὁ καθήμενος ἐπὶ τῆς θαλάσσης ... ὁ καθήμενος ἐπὶ τῶν δρακοντείων θεῶν: das erinnert einerseits zwar an den in LB und TMB voranstehenden 'Katalog' (s. oben S. 98f.); anderseits aber stimmt mit der uns hier beschäftigenden Stelle überein, dass der Gott, der auf dem Berg sitzt, seinen Platz hat auch 'über den Schlangengöttern'. Ferner scheinen 'Meer' und 'Schlangen' zusammenzugehören: so im 'Katalog' (LB 23f.; TMB 46-48; PGM XXXV 9), so in der Προσευχή. Stellt nun der Anruf Gottes 'auf dem Sinai' ein eigenes Element dar, so könnte man sich immerhin fragen, ob die Vorlage von LB und TMB das Meer zwischen dem Sinai und der (den) Schlange(n) beseitigt bzw. durch etwas anderes ersetzt hat, um eine allzu offensichtliche Kollision mit dem entsprechenden Teil des 'Katalogs' zu vermeiden, die Schlange(n) hingegen - aus welchen Gründen auch immer - beibehalten wollte (vgl. dazu unten S. 153. 155f.). Erneut entsteht der Eindruck, dass in LB und TMB verschiedene Formulare nur notdürftig aufeinander abgestimmt sind: in diesem Fall ein Katalog, in dem Engel 'sitzen', und ein Anruf, in dem Gott selbst 'sitzt'.

Im folgenden sind zwischen LB und TMB deutliche Anklänge fest-stellbar ('Αδωναι - 'Αδωνης; Σι..χωχωθι - Δεχοχθα; Τεθε-μνουτα - Ιαθ Εννου Ιαθ), doch wie so häufig keine genauen Übereinstimmungen.

**Σαβαωθ Ουαωθ Αδωναι**: s. oben S. 77. 81 zu Z. 3 (Σαβαωθ); ferner fühlt man sich erinnert an PGM XLVII 14 Ειαοθ Σαβαωθ; PGM VI 33 Σιαωθ Σαβαωθ; Kotansky, *GMA* I 41,39 Ιαωθ Σαβαω (vgl. PGM V 479); PGM XXIIb 15 Αβαωθ Αβραθιαωθ Σαβαωθ Αδωναι.

**ἐπὶ τὸν δράκοντα**: Ungewöhnlich und isoliert (zumindest in LB; vgl. aber TMB 29f. ἐπὶ τὸν ἕκτον οὐρανόν) ist der Akkusativ nach ἐπί (Z. 9 ist wohl doch τῆς ἀβύσσου zu lesen, obwohl nach o ein ν möglich wäre; s. oben zur Stelle). - Bringt man die Stelle mit der Προσευχὴ Ἰακώβ zusammen (s. o.), so ist man geneigt, der TMB mit ihrem Plural rechtzugeben. Freilich ist Gott im Alten Testament der Überwinder sowohl der Schlangen als auch der Schlange; vgl. Ps. 73,13f. σὺ ἐκραταίωσας ἐν τῇ δυνάμει σου τὴν θάλασσαν, σὺ συνέτριψας τὰς κεφαλὰς τῶν δρακόντων ἐπὶ τοῦ ὕδατος, σὺ συνέθλασας τὰς κεφαλὰς τοῦ δράκοντος. Doch will LB mit ihrer 'theologischen' Neigung vielleicht auf 'die' Schlange schlechthin, den δράκων ἀποστάτης (Iob 26,13), anspielen. In diesem Fall wäre auch wieder die Apokalypse ins Auge zu fassen: der 'Drachenkampf' in cap. 12 und die Besiegung des Drachen in cap. 20,2f. durch einen Engel: καὶ ἐκράτησεν τὸν δράκοντα ... καὶ ἔβαλεν αὐτὸν εἰς τὴν ἄβυσσον καὶ ἔκλεισεν καὶ ἐσφράγισεν ἐπάνω αὐτοῦ. Zum weitver-breiteten Mythos des 'Drachenkampfs' vgl. R. Merkelbach, «Drache», *RAC* 4 (1959) 226ff., zur Apoc. 238. Auf den 'Drachenkampf' der Apokalypse scheint anzuspielen der von Th. Homolle publizierte Exorzismus auf einer Bleitafel aus Amorgos (*BCH* 25, 1901, 430-456; dort S. 430f.) A, 3ff.: [ὁρκίζω σέ, φῦμα ἄγριον, κατὰ τὸν ... φωτίζ]οντα τὴν Ἰερουσαλὴμ μετὰ λύχνου κὲ ἀποκτήναντα τὸν δωδεκακέφαλον δράκοντα διὰ Μιχαειλ κὲ Γαβριειλ τῶν ἁγίων αὐτοῦ ἀρχαγγέλων, ἔξελθε κὲ μὴ ἀδικί(σ)ις μηδὲ τὸν ὡρκίζοντα μηδὲ τὸν ὡρκιζόμενον (s. dazu den Kommentar von Homolle S. 444ff.; vgl. auch Kotansky 1995b, 269 mit Anm. 59); ferner wohl auch L. Delatte (1957) 81,5f. ὁρκίζω σε τοίνυν τὸν δράκοντα καὶ ὑπερήφα-νον ὄφιν ἐν τῷ ὀνόματι τοῦ καθαρωτάτου ἀρνίου (vgl. Apoc. 12,11).

## LB Abschn. IV (Z. 30-38)
## ~ TMB Abschn III (Z. 66-89)

**LB 30/35** ὁ καθήμενος ... τοῦτο

**~ TMB 66/79** ὁ καθέμενος ... μανίας

Der Anrufungskatalog in Abschn. III der LB (Abschn. II der TMB) endet 'alttestamentlich' mit dem Gott auf dem Sinai. 'Alttestamentlich' wirkt auch der anschliessende Amulett-Text, der Abschn. IV in LB (Abschn. III in TMB) bildet. Er zerfällt in drei Teile: einen Anruf (1), der zur eigentlichen Amulett-Formel (2) hinführt, und (3) eine Beschwörung (s. oben zu LB Abschn. II S. 73ff.). LB und TMB stimmen hinsichtlich der Grundstruktur und verschiedener Einzelheiten miteinander überein; daneben treten auch mehrere auffallende Divergenzen hervor.

ἐπὶ τοῦ στερεώματος: Erneut, wie bei der ἄβυσσος am Anfang des Anrufungskatalogs LB 9, dürfte hier letztlich wohl der Schöpfungsbericht nachwirken; Gen. 1,6-8 καὶ εἶπεν ὁ θεὸς Γενηθήτω στερέωμα ἐν μέσῳ τοῦ ὕδατος ... καὶ ἐποίησεν ὁ θεὸς τὸ στερέωμα ... καὶ ἐκάλεσεν ὁ θεὸς τὸ στερέωμα οὐρανόν. Allerdings blieb der Platz über dem στερέωμα dem alttestamentlichen Gott nicht allein vorbehalten; auch dem zaubermächtigen Typhon wurde er zugewiesen, vgl. PGM IV 260-265 σὲ καλῶ, τὸν πρῶτα θεῶν ὅπλα διέποντα ..., σὲ τὸν ἄνω μέσον τῶν ἄστρων Τυφῶνα δυνάστην, σὲ τὸν ἐπὶ τῷ στερεώματι δεινὸν ἄνακτα ... - **Σχραδα** (LB) und **Χραβα** (TMB), überdies **Χαδραουν** bzw. **Χαδραλλου** (PGM XXXV 11f.), scheinen die gleiche Vorlage zu variieren.

ἐπὶ τῆς θ ... τοῦ Μαθουσαλημ: Es bleibt unklar, welches Substantiv zu ergänzen ist (Gen. 4,18 und 5,21-27 geben keinen Hinweis). Die in der nächsten Zeile genannten Cherubim lassen natürlich an den Thron Gottes denken (zum Thron Gottes in den magischen Texten s. Kotansky/Naveh/Shaked 1992, 22f. zu Z. 36; zur dessen Verbindung mit Cherubim s. unten S. 104f. zu Χερουβιν). So vermutete Kotansky, *GMA* I, S. 290f. zu TMB 68ff. hinter ἐπὶ τῷ θαλουμθουσιν «something like» τῷ θρόνῳ δόξης (vgl. auch ders.,

1995a, 150 Anm. 19). Angesichts der Fluktuation der genera Z. 26 τοῖς ὁδοῖς und PGM XXXV 8 τοῦ χιόνος ist die Ergänzung τῆς θ[ρόνου] in LB 32 nicht von vornherein auszuschliessen (zur Fluktuation der genera s. Gignac 2, 38-43). Dass aber ein solcher Fehler dem Schreiber der LB selber unterlaufen wäre, ist unwahrscheinlich (s. dazu die Beschreibung der LB S. 11ff.): τοῖς ὁδοῖς stand ja bereits in der Vorlage. Hinzu kommt, dass bei der Ergänzung τῆς θ[ρόνου] der Zusammenhang mit Mathusalem trotzdem völlig schleierhaft bliebe. Man müsste dann wahrscheinlich annehmen, dass der Text bereits in der Vorlage durcheinandergeraten war und dass der Schreiber der LB, aber auch der TMB hier den Faden völlig verlor.

Μαθουσαλημ mag seine Berücksichtigung seinem Alter verdanken. Er ist der Inbegriff des Alten. Er lebte nach Gen. 5,27 969 Jahre. Er könnte stehen für einen der Ältesten, die in Apoc. 11,6 vor dem Angesicht Gottes auf ihren Thronen sitzen (οἱ εἴκοσι τέτταρες πρεσβύτεροι ἐνώπιον τοῦ θεοῦ καθήμενοι ἐπὶ τοὺς θρόνους αὐτῶν). In LB 31f. ist aber Gott angesprochen, der vielleicht auf einem Thron sitzt, nicht die Ältesten. Es ist erneut zu fragen, ob hier in der Vorlage etwas durcheinandergeraten ist. Für eine Verwirrung in der Vorlage spricht auch das Θαλουμθουσιν in TMB 68f., das eine Weiterbildung des unverstandenen Μαθουσαλημ sein könnte.

Zu bedenken ist wohl auch, dass Mathusalem der Sohn Henochs ist, der in der jüdischen Apokalyptik zu so grosser Bedeutung gelangte. So ist daran zu erinnern, dass das erste (das 'äthiopische') Henochbuch Mathusalam gewidmet ist und sich an ihn wendet (cap. 76,14; 81,5 etc. Flemming/Radermacher). Trotzdem ginge es wohl zu weit, wollte man hinter **Εὐχωδω** den üblicherweise als Mathusalems Vater geltenden Ἐνωχ suchen (Gen. 5,21-27), hinter **Μιηηλ** (über den Cherubim) seinen Vater nach der andern Genealogie (Gen. 4,18), Μαιηλ (s. unten S. 106). Enoch ist übrigens in einem der von Gignoux (1987) publizierten syrischen Amulette (s. oben S. 69f. 89) namentlich genannt (III 70 p. 53).


**ἐπὶ τῶν δύο Χερουβιν**: Die Cherubim stellen wahrscheinlich das Bindeglied zwischen den Abschnitten III und IV der LB (II und III der TMB) dar. In PGM XXXV schliessen sie an die Reihe 'Schnee-Meer-Schlangen-Flüsse' an, die ihre Parallele in LB und TMB hat. Demgegenüber läuft der Katalog in LB und TMB in die Anrufung des Gottes auf dem Sinai aus. Die Προσευχή Ἰακωβ (PGM XXII b, s. oben S. 100f. zu Σινα) nennt die Cherubim einerseits vor dem Gott

auf dem Berg (5 ᾧ ὑπεσταλμένοι οἱ χερουβίν), anderseits nach den
'Schlangengöttern' (14 τὸν κοιτῶνα χερουβίν). Auffallend ist ferner,
dass nach der zweiten Erwähnung der Cherubim und einer kurzen
Lücke zu lesen ist (15) εἰς τοὺς αἰῶνας τῶν αἰώνων; das könnte
wiederum erklären, weswegen TMB nach den Cherubim bietet: τοῦ
αἰῶνος τῶν αἰόνων. - TMB verzichtet vor den Cherubim auf ὁ
καθήμενος und durchbricht so eigentlich den klaren dreigliedrigen
Anruf, wie ihn LB aufweist. Denkbar wäre allerdings, dass damit
einfach eine andere Dreigliedrigkeit erzielt werden soll: wenn μέσον
τῶν δύ⟨ο⟩... zum zweiten ὁ καθήμενος gezogen wird, hat vielleicht
'der Gott Abraams, Isaaks und Jakobs' als neues drittes Glied zu
gelten. Dreimal καθήμενος enthält auch die Beschwörung auf dem
schon erwähnten (oben S. 71. 77. 100) Karneol bei Delatte/Derchain
(1964) 316f. Nr. 460: ἐξορκίζω σε θεὸν τὸν μέγαν Βαρβαθιηαωθ
τὸν Σαβαωθ θεὸν τὸν καθήμενον ἐπάνω τοῦ ὄρους παλαμναίου θεὸν
τὸν καθήμενον ἐπάνω τοῦ βάτου θεὸν τὸν καθήμενον ἐπάνω τοῦ
Χερουβι (s. dazu L. Robert 1990, 470ff.; vgl. auch Kotansky 1995b,
272f. mit Anm. 67).

Wie auch immer der Anruf insgesamt ursprünglich gelautet hat:
LB und TMB passen die Cherubim mit bemerkenswertem Geschick
ein, beide mit Wendungen, die aus der LXX stammen. Für ὁ καθήμενος ἐπὶ τῶν δύο Χερουβιν kann man verweisen auf 2. Reg. 6,2
ἐπεκλήθη τὸ ὄνομα κυρίου τῶν δυνάμεων καθημένου ἐπὶ τῶν Χερουβιν; 4. Reg. 19,15 κύριε ὁ θεὸς Ἰσραηλ ὁ καθήμενος ἐπὶ τῶν
Χερουβιν; 1. Par. 13,6; Ps. 79,2; 98,1; Is. 37,16. Da in TMB ὁ
καθήμενος vor den Cherubim fehlt, die Cherubim also zu ἐπὶ τῷ Θαλουμθουσιν in Beziehung gesetzt werden, erweist sich ein weiteres ἐπί
als überflüssig. Die statt dessen gewählte Formulierung, μέσον τῶν
δύ⟨ο⟩ Χερουβιν, geht zurück auf Ex. 25,22 λαλήσω σοι ἄνωθεν τοῦ
ἱλαστηρίου ἀνὰ μέσον τῶν δύο Χερουβιμ; Num. 7,89. Aus dieser
Fassung hat LB ihrerseits die Zahlangabe übernommen, die bei ὁ
καθήμενος ἐπί stets unterbleibt. Beide Ausdrucksweisen sind übrigens
in die Sprache der Zauberer eingegangen; vgl. PGM VII 260ff.
ἐξορκίζω σε, ... τὸν κτίσαντα ἀγγέλους... καὶ ἐπὶ χερουβιν καθήμενον, βαστάζοντα τὸν θρόνον τὸν ἴδιον (zu dieser Beschwörung
zuletzt H. D. Betz, «Jewish Magic in the Greek Magical Papyri», in:
Schäfer/Kippenberg 1997, 45-63, zu der Cherubim-Formel bes. 49
Anm. 23); PGM VII 634f.; Audollent, DT 241, 24ff. (zitiert oben S.
80 zu LB 2f.); XIII 334 ἐγώ εἰμι ἐπὶ τῶν δύο Χερουβειν, ἀνὰ μέσον
τοῦ κόσμου...; Suppl. Mag. 19,21f. ὁ καθήμενος ἐπὶ Χερουβιν καὶ
Σεραπειν; PGM XXXV 11f. ὁ καθήμενος ... μέσον τῶν δύο Χερουβιν
καὶ Σαραφιν. Bemerkenswert ist ferner A. Delatte, *Anecd. Ath.*,

232,1f. ὁρκίζω σε, πνεῦμα πονηρόν, εἰς τὸν ἀόρατον θεὸν Σαβαωθ τὸν καθήμενον ἐπὶ τῶν Χερουβιμ καὶ ἐπιβλέποντα ἀβύσσους, weil hier ausgerechnet der ἀόρατος θεός über die Cherubim gesetzt wird: bei ihm wird LB gleich im folgenden, nach der Amulett-Formel, beschwören. Ferner L. Delatte (1957) 48,2f.; Strittmatter (1932) 141, 8 ὁ καθήμενος ἐπὶ θρόνου Χερουβιμ. Weitere Belege bei Kotansky (1995a) 151-154.


**Μιηηλ**: s. oben S. 104 zu Mathusalem. C. D. G. Müller, *Die Engellehre der koptischen Kirche* (1959) 268.299.313 nennt einen Miel.


**TMB 71ff.**: Gewissermassen in einem 'dritten Glied', wie gesagt, wendet sich TMB noch an den **'Gott Abrahams, Isaaks und Jakobs'**; s. z. B. Ex. 3,6. S. ferner Origenes, *C. Cels.* 4,33: Σαφὲς δὴ ὅτι καὶ γενεαλογοῦνται Ἰουδαῖοι ἀπὸ τῶν τριῶν πατέρων τοῦ Ἀβραὰμ καὶ τοῦ Ἰσαὰκ καὶ τοῦ Ἰακώβ· ὧν τοσοῦτον δύναται τὰ ὀνόματα συναπτόμενα τῇ τοῦ θεοῦ προσηγορίᾳ, ὡς οὐ μόνον τοὺς ἀπὸ τοῦ ἔθνους χρῆσθαι ἐν ταῖς πρὸς θεὸν εὐχαῖς καὶ ἐν τῷ κατεπάδειν δαίμονας τῷ ὁ θεὸς Ἀβραὰμ καὶ ὁ θεὸς Ἰσαὰκ καὶ ὁ θεὸς Ἰακὼβ ἀλλὰ γὰρ σχεδὸν καὶ πάντας τοὺς τὰ τῶν ἐπῳδῶν καὶ μαγειῶν πραγματευομένους. Εὑρίσκεται γὰρ ἐν τοῖς μαγικοῖς συγγράμμασι πολλαχοῦ ἡ τοιαύτη τοῦ θεοῦ ἐπίκλησις καὶ παράληψις τοῦ τοῦ θεοῦ ὀνόματος ὡς οἰκείου τοῖς ἀνδράσι τούτοις εἰς τὰ κατὰ τῶν δαιμόνων; vgl. 1,22; 5,45. Vgl. Deissmann (1895) 36 mit Anm. 5.6; Belege und neuere Lit. bei Kotansky (1980) 182; ders., *GMA* I ad loc. (S. 291); s. ferner Suppl. Mag. 29,18 (christlich) und PGM IV 1231f. (christlich; jetzt auch in Merkelbach, *Abrasax* 4, Nr. IV, S. 58-61). Wie TMB beruft sich auf 'den Gott Abraams...' PGM XXXV 14: unmittelbar nach den Cherubim, auch darin mit der TMB übereinstimmend, aber im Unterschied zu ihr in einem neuen Abschnitt. ὁ θεὸς Ἀβρααμ, ὁ θεὸς Ἰσααк, ὁ θεὸς Ἰακωβ hat seinen festen Platz in den byzantinischen Exorzismen: L. Delatte (1957) 68,29; 69,28; 75,25; Strittmatter (1932) 142,26f.


Zur Amulett-Formel s. oben S. 83 (zu 4 διαφύλαττε). LB gibt - nach der Aufzählung in Abschn. II - nicht eigens nochmals an, gegen welche Bedrohungen das Amulett den Träger schützen soll. In TMB dagegen werden die Gefahren erneut genannt, teils die gleichen wie in Abschn. I (δεμόνια, φάρμακα; es fehlen die κατάδεσμοι), teils kommen neue in den Blick. Der 'Zusatz' ist wesentlich 'medizinisch' ausgerichtet; er erwähnt - eigenartig - das sehr spezielle Leiden der σκοτοδινία (von Bonner 1950, 101 Anm. 27 bereits konjiziert, jetzt auch gelesen), ferner allgemein sämtliche körperlichen und geistigen Erkrankungen (πᾶν πάθος, πᾶσα μανία). Über die verschiedenen Verwendungsweisen von «medical magic» vgl. Bonner (1950) 51ff.; ähnlich wie TMB wirkt PGM VII 579f. φυλακτήριον σωματοφύλαξ πρὸς δαίμονας, πρὸς φαντάσματα, πρὸς πᾶσαν νόσον καὶ πάθος. Vgl. Kotansky, *GMA* I 46 (Syrien; 2./3. Jh.) 8ff.: λύσατε τὴν Ἰουλιανὴν ἀπὸ πάσης φαρμακίας καὶ παντὸς πάθους καὶ πάσης ἐνεργείας καὶ φαντασίας δαιμώδους...; *GMA* I 66 (Krim; 2./3. Jh.) 1: φυλακτήριον πρὸς πᾶν πνεῦμα καὶ νόσους... (Z. 7:) σύ, Ὑγῖα, θεράπευσον... (zu den beiden Amuletten s. den Kommentar von Kotansky S. 240ff. resp. 380f. mit weiteren Belegen); ein christliches Amulett (4./5. Jh.; Suppl. Mag. 22) verheisst Heilung (Z. 3ff.) ἀπὸ πάσης νόσου καὶ πόνου κεφαλῆς καὶ κροτάφων καὶ πυρετοῦ καὶ ῥιγοπυρέτου (vgl. Suppl. Mag. 19; 6. Jh.; Z. 18f. = 25f.: ἀπὸ πάθους, ῥίγγος, περετοῦ); vgl.. ferner ein weiteres (ebenfalls christliches) Amulett (5./6. Jh.; Suppl. Mag. 31,3): Ἰ(ησο)ῦ, θεράπευσον καὶ νῦν τὴν δούλην σου τὴν φοροῦντα [statt φοροῦσαν: das 'maskuline Formular' wurde nicht umgestellt] τὸ ἅγιον ὄνομά σου ἀπὸ πάσης νόσου καὶ ... ἀπὸ πάσης βασκοσύνης καὶ ἀπὸ παντὸς πν(εύμ)α(τος) πονηροῦ ... Auch hier sind also Krankheiten und böse Geister miteinander verbunden. In einem anderen, ebenfalls christlichen Amulett des 7. Jh. wird Christus (mit einem 'Zitat' aus Matth. 8,26f.) angerufen, durch die Vermittlung des hl. Georg und Marias allgemein u.a. εἰς ὑγίειαν (ιγιαν) der Trägerin zu wirken und sie von den sie bedrohenden πόνοι zu erleichtern (W. Brashear, «A Christian Amulet», *Journ. of Ancient Civilizations* 3, 1988, 35ff.; jetzt in: ders., 1991, 63ff.); vgl. auch die christliche Amulett-Formel in P. Köln 340 (5./6. Jh.), a fr. A,31-46; fr. B,5ff. (Maltomini 1997, 84f.).


Ungewöhnlich ist die von TMB am Ende aufgeführte μανία. Vgl. immerhin L. Delatte (1957) 78,10 ὁρκίζω σε, πᾶσαν μανίαν. Man könnte hier vielleicht auch an die Abwehr von Liebeszauber denken (generell zur «love magic» zuletzt D. Martinez in: Meyer/Mirecki 1995, 335-59; H. S. Versnel, «An Essay on Anatomical Curses», in: F. Graf [Hrsg.], *Ansichten Griechischer Rituale*, Stuttgart/ Leipzig 1998, 217-267, hier: 247-264); vgl. PGM IV 256ff. μαινομένη ἡ δ(εῖνα) ἥκοι ἐπ' ἐμαῖσι θύραισι τάχιστα, ληθομένη τέκνων...; Audollent, DT 271,4ff. ἄξον αὐτὸν πρὸς Δομιτιανὴν ... ἐρῶντα

<u>μαινόμενον</u> ἀγρυπνοῦντα ἐπὶ τῆ φιλία αὐτῆς...; Suppl. Mag. 41 (Liebeszauberbleitafel; Ägypten; 2/3. Jh.),10ff. ἄξον Τερμοῦτιν, τὴν ἔτεκεν Σοφία, Ζοήλ, τῷ ἔτεκεν Δροσερ, ἔρωτι <u>μανικῷ</u> καὶ ἀκαταπαύστῳ...; Suppl. Mag. 45 (Liebeszauber; Assiut; 5. Jh.),48f. ἕως ἔλθῃ πρὸς ἐμέ, Θέωνα, φιλοῦσάν με, ἐρῶσάν με θῖον ἔρωτα ἀκατάπαυστον καὶ φιλίαν <u>μανικήν</u>; vgl. Z. 7.31.43 ἔρως <u>μανιώδης</u>. Vgl. jetzt Kotansky, *GMA* I, S. 292 ad loc., der auf einen von R. Roesch publizierten Liebeszauber mit μανία verweist. Jedoch ist πᾶσα μανία (zusammen mit πᾶν πάθος) in TMB wohl breiter zu fassen; dem Sinn und der Zauberabsicht nach scheint die Verbindung dieser zwei Begriffe dem zweiten Teil der Amulett-Formel auf der bereits erwähnten (s. oben S. 85 zu κατάδεσμοι) Silber-Lamella für Thomas zu entsprechen (Heintz 1996, 297) Z. 48ff.: (διαφυλάξατε ἀπό...) <u>παντὸς κακοῦ πράγματος τὸ σῶμα</u> καὶ <u>τὴ⟨ν⟩ ψυχὴν</u> καὶ πᾶν μέλος τοῦ σώματος Θωμᾶ, ὃν ἔτεκεν Μάξιμα.

## LB 35/38 ὀρκίζω σε ... ΕΩΘ ~ TMB 79/89 ἐπορκίζω ... ΤΟΝ

Die Beschwörung, die den dritten Teil des Amulett-Textes ausmacht, weist in LB und TMB die gleiche Struktur auf: jüdisch inspirierte Umschreibungen Gottes, inmitten von 'Zauberwörtern'. Zur Konstruktion von ὀρκίζω + acc. dupl. s. oben S. 73ff.

LB beschwört beim **ἀόρατος θεός**: Mit ἀόρατος werden häufig der Gott der Juden und seine Eigenschaften gekennzeichnet (vgl. Bauer/Aland s. v. ἀόρατος); gleichsam als festes Epitheton erscheint der Begriff Col. 1,15: ὅς ἐστιν εἰκὼν τοῦ θεοῦ τοῦ ἀοράτου. Die Verbindung wurde von den Zauberern übernommen (PGM V 121ff. ἐπικαλοῦμαί σε τὸν ... ἀόρατον θεόν; vgl. XII 367f. 455f.) und gelangte auch in den Formelschatz der byzantinischen Exorzisten: A. Delatte, *Anecd. Ath.*, 232,1 ὀρκίζω σε, πνεῦμα πονηρόν, εἰς τὸν ἀόρατον θεὸν Σαβαωθ (vgl. oben S. 105f.); 244,14f. ὀρκίζω σε κατὰ τοῦ ἀοράτου θεοῦ; Pradel (1907) 18,23; Strittmatter (1932) 141,4. - Anstelle des ἀόρατος θεός wendet sich die TMB an den **ζῶν θεός**: zu ihm s. oben S. 67f. (zu σφραγὶς θεοῦ ζῶντος); vgl. ferner z.B. Pradel (1907) 24,5f. ὀρκίζω σε εἰς τὸν θεὸν τὸν ζῶντα. - Gegen die Ergänzung von Jordan (1991) **ἐπ⟨ι⟩ορκίζω** (danach Kotansky, *GMA* I 52 ad loc.) s. Merkelbach, *Abrasax* 4, 86 ad loc. und oben S. 20 (fehlende Aspiration).

'Αδωναι ... τὸν 'Ραβω: Zu 'Αδωναι s. oben S. 39 zu Σαβαωθ. Was 'Ραβω anbelangt, so weist G. Bowersock (mündlich) darauf hin, dass es sich um einen Namen handeln könnte: er sei in der Form 'Ραβος und 'Ραββος im Gebiet des Hawran-Gebirges (Süd-Syrien/ Nord-Jordanien) wohl bezeugt. Eine besondere Beziehung scheint zwischen einem gewissen 'Ραββος und dem Gott Theandrios bestanden zu haben; dieser wird mehrfach auf Inschriften als θεὸς 'Ραββου bezeichnet. Vgl. G. Bowersock, «An Arabian Trinity», *HThR* 79 (1986) 17-21 (mit Nachtrag 465); G. Fiaccadori, «ΝΟΥΑΕΜΙΘ», *La parola del passato* 235 (1987) 290-292. Eine andere Frage ist, ob 'Ραβω ~ 'Ραβ(β)ος , - trifft die Vermutung zu, - einen Schluss auf den Entstehungsort des Zauberformulars (oder gar der LB) erlaubt. Vgl. jedoch unten zu TMB 84 PABΔON.

τὸν πλάσαντα τοὺς οὐρανούς: Die Wendung geht letztlich zurück auf Gen. 1,1 (ἐν ἀρχῇ ἐποίησεν ὁ θεὸς τὸν οὐρανὸν [hebr. pl. ha šāmayim] καὶ τὴν γῆν καὶ πάντα τὰ ἐν αὐτοῖς; Ex. 20,11; Ps. 145,6; vgl. Ps. 135,5 κυρίῳ ... τῷ ποιήσαντι τοὺς οὐρανούς [hebr. pl. ha šāmayim]; Is. 42,5 ὁ θεὸς ὁ ποιήσας τὸν οὐρανόν [hebr. pl. ha šāmayim]); vgl. PGM VII 269ff. ἐξορκίζω σε τὸν ἀρχῇ ποιήσαντα τὸν οὐρανὸν καὶ τὴν γῆν...; PGM XXXV 45ff.; vgl. P. Köln 338,3ff. (Jordan/Kotansky 1997a, 55 mit Kommentar S. 58f.) Bemerkenswert ist ferner die Reminiszenz aus Is. 51,13 auf dem bereits erwähnten (s. oben S. 80. 90) Amulett aus 'Evron (Kotansky, *GMA* I 56,13ff.) ὁρκίζω εἰς <u>τὸν ποιήσοντα τοὺς οὐρανοὺς</u> καὶ θεμελιώσαντα γῆν καὶ ἐδράσαντα θάλασσαν, τὸν ποιήσαντα πάντα, da die LXX an dieser Stelle - wie auch sonst meistens - den hebräischen Plural «ha šāmayim» mit dem Singular τὸν οὐρανὸν wiedergibt (vgl. den Kommentar von Kotansky, *GMA* I, S. 324f.). - Zu πλάσσειν s. Gen. 2,7 (vgl. Ps. 118,73 αἱ χεῖρές σου ἐποίησάν με καὶ ἔπλασάν με; vgl. Is. 43,1); Audollent, DT 242,25: ὁρκίζω σε τὸν θεὸν τὸν πλάσαντα πᾶν γένος ἀνθρώπων. - LB bietet nun eine Umschreibung, wie sie leicht zustandekommen mochte, wenn man etwa Ps. 101,26 (καὶ ἔργα τῶν χειρῶν σού εἰσιν οἱ οὐρανοί) mit Ier. 10,16 oder 28,19 (ὁ πλάσας τὰ πάντα) kombinierte. Angesichts der 'sieben Himmel' im Anrufungskatalog hat die Wendung hier durchaus ihren Sinn; so war ja schon einmal zu erwägen (oben S. 80 zu LB 2f. ἐπάνω τῶν οὐρανῶν), ob LB wohl eine bescheidene Harmonie zwischen ihren disparaten Teilen herbeizuführen suchte. - **TMB 82f.** bietet an der entsprechenden Stelle τὸν ἀστράπτοντα καὶ βροτοῦντα. Für diese Charakterisierung Gottes wird man als Vorbild letztlich eine Stelle wie 2. Reg. 22,14f. in Betracht ziehen: ἐβρόντησεν ἐξ οὐρανοῦ κύριος ..., καὶ ἀπέστειλεν βέλη καὶ ἐσκόρπισεν αὐτούς, ἀστραπὴν καὶ ἐξέστησεν αὐτούς. Doch ist die Formulierung der TMB bereits in der Sprache der Zauberei vorgeprägt: PGM V 145-151 ἐγώ εἰμι ὁ ἀκέφαλος δαίμων ... ἐγώ εἰμι ἡ ἀλήθεια ... ἐγώ εἰμι ὁ ἀστράπτων καὶ βροντῶν ... (vgl. die Gemme aus Leontopolis Bonner 1950, S. 184, Nr. 283; jetzt auch in Merkelbach, *Abrasax* 4, Nr. XII, S. 123ff.; PGM VII 234f.; VIII 92f.; IV 1160; XII 60; Suppl. Mag. 90,5f.); dazu Deissmann (1923) 113; H. Thyen, «Ich-Bin-Worte», *RAC* 17 (1996) 147-213, bes. 205-209 (Zauberpapyri). Worauf Gott ferner in der **TMB 85f.** 'tritt' (τὸν **πατήσαντα**), bleibt unklar. Man fühlt sich erinnert an L. Delatte (1957) 81,5ff. ὁρκίζω σε τοίνυν τὸν δράκοντα καὶ ὑπερήφανον ὄφιν ἐν τῷ ὀνόματι τοῦ καθαρωτάτου ἀρνίου τοῦ πατήσαντος ἐπάνω ὄφεων καὶ σκορπίων ... [Luc. 10,19], τοῦ καταπατήσαντος λέοντα καὶ δράκοντα [Ps. 90,13]. Vgl. aber Jordan (1991) 68 zu Z. 84f., der im Hinblick auf das als Moses' Stab verstandene PABΔON (Z.84, s. unten) hinter τὸν πατήσαντα τὸν ΘΕΣΤΑ «a corruption of» τὸν πατάξαντα τὴν πέτραν vermutete; danach Kotansky, *GMA* I, S. 294: «one expects something like πατάξαντα τὴν θάλασσαν».

**LB 37:** soll man **TΩNNOYN** mit PGM V 250f. ὁ Φνουν, ὁ χθόνιος (ἢ οἱ Νουν, ο⟨ἱ⟩ χθόνιοι) zusammenbringen?

**TMB 84**: Ist **PABΔON** eine zufällige Wortbildung? Besteht ein Zusammenhang mit LB 36 τὸν ῾Ραβω? Wird auf Moses' vielberufenen 'Stab' angespielt (s. z. B. Audollent, DT 271,12 ὁ διαστήσας τὴν ῥάβδον ἐν τῇ θαλάσσῃ; dazu Kotansky, *GMA* I, S. 294f. ad loc. mit vielen Belegen; vgl. Merkelbach, *Abrasax* 4, S. 86 ad. loc.) oder auf die ῥάβδος σιδηρᾶ (Ps. 2,9), mit welcher der Exorzist bei L. Delatte (1957) 36,13 (vgl. 'Basil.' PG 31, 1681 C) den Dämonen droht? Den Gedanken an den Hunde-Dämon ῾Ράβδος (Test. Sal. X,4 Mc Cown) wird man an dieser Stelle fernhalten.

**TMB 88:** zu ᾿Αθαριαθ vgl. Peterson (1926b) 395 Nr. 8.

### LB Abschn. V (Z. 38-45) und VI (Z. 46-51)
### ~ TMB Abschn. IV (Z. 89-109)

**LB 38/41** πάντα τὰ ἀρρενικὰ ... τοῦτο

**~ TMB 89/93** πάντα τὰ ἀρενικὰ ... Ζοή

An dieser Stelle gehen sowohl LB als auch TMB in einen «Ausfahr-befehl» über (φεύγεται; zu diesem Wort s. auch unten S. 113f. zu μήτε μολύνητε); vgl. Thraede (1969) 52. Der «Ausfahrbefehl» ist unentbehrlich nicht nur für den Vollzug eines förmlichen Exor-zismus, nachdem in akuter Notlage eine bestimmte «Schadensmacht» identifiziert worden ist, sondern auch im Zusammenhang «abergläubischer Abwehrmassnahmen 'für alle Fälle'» (zu dieser Un-terscheidung Thraede 1969, 45).

**πάντα τὰ ἀρρενικά**: Mehrere Vokative leiten hin zum ersten «Ausfahrbefehl», und zwar befiehlt LB genau den Bedrohungen, die den 'Kern' der ersten Amulett-Formel in Abschn. II ausmachen (s. oben S. 84f.). Vielleicht kommt also auch hier wieder eine gewisse 'Harmonisierungstendenz' zur Geltung (s. oben S. 79f. zu ἐπάνω τῶν οὐρανῶν und S. 109 zu τὸν πλάσαντα τοὺς οὐρανούς), während TMB in sich weniger 'abgestimmt' erscheint. - Dass der Zauberer oder Exorzist sowohl die 'männlichen' als auch die 'weiblichen' δαιμόνια aufruft - offenkundig im Bestreben, unbedingt aller Herr zu werden -, ist vielfach bezeugt (zur 'Ellipse' von δαιμόνια s. oben S. 37f. zu πάντα ἀκάθαρτον; das Fehlen von καὶ θηλυκὰ in TMB beruht sicher auf einem Versehen des Schreibers). Dafür nur ein Be-leg: Test. Sal. I,8 Mc Cown übergibt Michael dem König die σφραγίς und sagt dazu u. a.: συγκλείσεις πάντα τὰ δαιμόνια τά τε θηλυκὰ καὶ ἀρσενικά. Vgl. auch oben S. 84f. und unten S. 116 zu LB 46.

TMB unterlässt es hier, die φάρμακα zu nennen (gegen Abschn. I und III, vgl. unten Z. 96), verleiht dafür aber den καταδέσματα das Attribut **φοβερά**. Beachtung verdient, dass weder LB noch TMB die gängige Form κατάδεσμοι bieten, LB vielmehr den (unverständli-chen) Akk. Sing. **κατάδεσμον** (oder ist ein Neutrum gemeint?), TMB den seltenen Plural **καταδέσματα** (vgl. PGM VII 299).

**φεύγεται** = φεύγετε (zur Verschiebung von ε zu αι, die in LB inkonsequent erfolgt vgl. oben S. 12) - Zur formelhaften Namensnennung, jetzt aber 'exorzismusartig', s. oben S. 82f.


**LB 42/44 ἀλλὰ ... μολύνητε**

> **~ TMB 93/96 ὑποκάτω ... μολύνητε**


Dem 'Ausfahrbefehl' wird mit einem weiteren Imperativ Nachdruck verliehen (ἀπέρχεσθαι); überdies verbietet der Exorzismus den Dämonen, ihrem Wesen entsprechend auf den Träger des Amuletts einzuwirken (βλάπτειν, μολύνειν).


**ἀλλά**: In diesem Wort und in οὖν LB 51 geben sich die beiden einzigen Ansätze zu einer gewissen 'höheren' syntaktischen Strukturierung des Textes zu erkennen. TMB bietet es nicht, und in der Tat ist es unlogisch verwendet, denn sinnvoll wäre der Anschluss nur, wenn eine Negation vorausginge. Wahrscheinlich hat LB ein volleres Fomular verkürzt; vgl. den Exorzismus des 'Basil.' PG 31,1681 D: φύγε, μὴ ἀποστρέψῃς, μὴ ὑποκρυβῇς μεθ' ἑτέρας πονηρίας πνευμάτων ἀκαθάρτων· ἀλλὰ ἄπελθε ...; vgl. L. Delatte (1957) 36,15ff.


**ὑποκάτω τῶν πηγῶν καὶ τῆς ἀβύσσου**: Die ἄβυσσος ist der Ort, wo der Teufel und die Dämonen sich aufhalten; vgl. Lampe s. v. B. So bitten etwa Luc. 8,31 die δαιμόνια Christus, ἵνα μὴ ἐπιτάξῃ αὐτοῖς εἰς τὴν ἄβυσσον ἀπελθεῖν. Und dementsprechend droht der Exorzist bei L. Delatte (1957) 60,6f. πέμψω ὑμᾶς εἰς τὴν ἄβυσσον (vgl. 62,25f.). Allerdings dachte man sich die bösen Geister anscheinend nicht nur *in*, sondern auch *unter* der ἄβυσσος: A. Delatte, *Anecd. Ath.*, 238,28ff. τὰ ἀντικείμενα τῷ πλάσματι τοῦ θεοῦ, τὰ πετόμενα ⟨ἐν⟩ τῷ ἀέρι, τὰ ἐπὶ τῆς γῆς καὶ τὰ ὑποκάτω τῆς ἀβύσσου; Strittmatter (1932) 129,7-10 τὰ δαιμόνια τὰ πονηρὰ ... τὰ πετόμενα ἐν τῷ ἀέρι, τὰ περιπατοῦντα ἐν τῷ αἰθέρι, τὰ ἐπὶ τῆς γῆς, τὰ ὑποκάτω τῆς ἀβύσσου. Bei Platon, *Phaed.* 113b mündet der Pyriphlegethon ὑπὸ γῆς ... κατωτέρω τοῦ Ταρτάρου. - Die Verbindung der ἄβυσσος mit den πηγαί geht auf das Alte Testament zurück; vgl. Gen. 7,11 ἐρράγησαν πᾶσαι αἱ πηγαὶ τῆς ἀβύσσου; Deut. 8,7 πηγαὶ ἀβύσσων ἐκπορευόμεναι. Sie kehrt auch in der Sprache der Exorzismen wieder: A. Delatte, *Anecd. Ath.*, 239,23 ὁ πηγὰς ποιήσας καὶ ἄβυσσον τάξας (~ Strittmatter (1932) 131,16f., wo das unverständliche τέξας wohl ebenfalls als τάξας zu lesen ist); 242,16 ὁ ἰδὼν τὸν βυθὸν τῆς ἀβύσσου καὶ πηγῶν.

**ἀπέρχεσθαι καὶ μὴ βλάψητε**: Nach dem sinnlosen **ΑΠΟ |** ..] **ΕΣΑΘ** der TMB, hinter dem man natürlich gerne ἀπέρχεσθαι vermuten möchte, geht der Satz in TMB in eine finale Konstruktion über. - Für die Zusammenstellung der beiden Verben lässt sich verweisen auf PGM I 345f. ὁρκίζω τὸν φθείροντα μέχρις ῎Αϊδος εἴσω, ἵνα ἀπέλθῃς ... καὶ μή με βλάψῃς ... A. Delatte, *Anecd. Ath.*, 245,14f. werden gewissermassen in umgekehrter Blickrichtung beschworen τὰ πεντήκοντα δαιμόνια ... τὰ εἰσερχόμενα καὶ βλάπτοντα τοὺς ἀνθρώπους. Vgl. auch Reitzenstein (1904) 294 τοῦ μὴ ἀδικῆσαι ἢ βλάψαι ἢ προσεγγίσαι. Auf einem «frammento esorcistico», das M. Naldini publiziert hat (*Studia Florentina A. Ronconi sexagenario oblata*, Rom 1970, 281ff., jetzt = Suppl. Mag. 24), kann man u. a. lesen (fr. B,5): μήτε βλάψῃς τὴν δού[λην...; Naldini (1970) 287 verweist dazu auf Test. Sal. X,3 ἐγὼ οὖν [sc. ein Dämon] βλάπτω ἀνθρώπους τοὺς τῷ ἐμῷ ἄστρῳ παρακολουθοῦντας.

**μήτε μολύνητε**: Das Wort kommt in den PGM nie vor und liess sich bisher auch in den byzantinischen Exorzismen in solcher Verwendung nicht belegen. Theocr. 20,10 ἀπ᾽ ἐμεῦ φύγε μή με μολύνῃς ist nicht zu einem bösen Geist, sondern zu einem schmutzigen, übelriechenden Rinderhirten gesagt. Immerhin: gleich danach (v. 11) vollzieht das Mädchen, das die Worte spricht, eine apotropäische Zauberhandlung: τρὶς εἰς ἑὸν ἔπτυσε κόλπον. Spielt Theokrit allenfalls mit dem Zaubervokabular? L. Robert hatte seinerzeit (*Hellenica* 13, Paris 1965, 267ff.; vgl. *L'épigramme grecque, Entretiens Fond. Hardt* 14, 1968, 409) den Anfang (φεύγετε) des 'Mäuseepigramms' des Leonidas von Tarent (*AP* 6,302) zusammengebracht mit dem «emploi de cet impératif dans les textes magiques, recettes et amulettes, de l'époque impériale et chrétienne». φεύγειν, in kaiserzeitlichen und späteren Exorzismen terminologisch gebraucht und allgegenwärtig, stammte in solcher Verwendung also bereits aus hellenistischer Zeit.

**LB 44/45 μήτε φαρμάκοις ... ἐπηρείας**

**~ TMB 96/97 ἦ φαρμάκῳ**

An dieser Stelle trennen sich LB und TMB hinsichtlich des exakten Wortlauts; was freilich die Funktion des Rests von Abschn. V und des ganzen Abschn. VI in LB und des Rests von Abschn. IV in TMB anbelangt, so stimmen sie weiterhin miteinander überein: sie 'erinnern' daran, mit welchen Mitteln die Dämonen auf die Menschen einzuwirken, an welchen Orten, bei welchen Gelegenheiten, zu welchen Zeiten und in welchen Formen sie ihnen zu erscheinen pflegen. Derartige Aufzählungen kennen wir aus christlichen Exorzismen in grosser Zahl (s. unten). Unsere beiden Amulette unterscheiden sich insbesondere darin voneinander, dass LB nur wenige Wirkungsweisen der Dämonen syntaktisch von μὴ βλάψητε μήτε μολύνητε abhängen lässt und dann in Abschn. VI neu mit dem Vok. Sing. einsetzt (auf den Imperativ φεῦγε zusteuernd), während TMB den ganzen Katalog auf die beiden negierten Imperative bezieht und keinen zusätzlichen Befehl mehr anfügt. Beide beginnen freilich ganz gleich mit den schon zweimal als 'Schadenmittel' genannten φάρμακα (LB 6. 39f.; TMB 12. 76) - LB behält aus dem Vorangehenden auch die κατάδεσμοι bei (LB 6f.40) -, und beide wechseln vom instrumentalen Dativ (LB φαρμάκοις; TMB φαρμάκῳ, λόγῳ) zu der Konstruktion mit ἀπὸ + Gen. (LB ἀπὸ πτύσματος etc.; TMB ἀπὸ φιλήματος etc.), die sich übrigens mit den Imperativen μὴ βλάψητε μήτε μολύνητε kaum vereinbaren lässt (vgl. auch unten zu TMB 96/109).


ἀπὸ πτύσματος: Eigenartig, dass Spucken als Bedrohung empfunden wird, denn dem πτύειν wird üblicherweise eine ausgesprochen apotropäische Wirkung zugeschrieben (vgl. L. Deubner, «Spucken», *Hdwb. d. Deutschen Aberglaubens* 8, 1936/37, 325ff., der auf Plin. *N. h.* 28,35-39 als «Hauptstelle» verweist; ferner A. S. F. Gow in seinem Kommentar [1952] zu Theocr. 6,39); dem πτύσμα soll heilende, das Böse abwehrende Kraft eignen (die von L. Deubner, «Speichel», *Hdwb. d. Deutschen Aberglaubens* 8, 1936/37, 149ff., bes. 153f. angeführten vereinzelten Belege für schädliche Wirkung des Speichels stammen jedenfalls nicht aus der Antike), was aufgrund der Heilung des Taubstummen (Marc. 7,32ff.) auch den Christen einleuchten musste; vgl. Dölger (1909) 130ff.

**ἢ γοητείας ἢ τινος ἐπηρείας**: Im Umkreis der Zaubersprache eher ungewöhnlich wirkt das Indefinitpronomen. Es ist hier natürlich mit den Negationen (μή - μήτε) zu verbinden und entspricht πάσης in positiver Formulierung; vgl. PGM VII 313ff. φυλάξατε τὸν δεῖνα, ὃν δεῖνα, ἀπὸ πάσης ἐπηρείας ὀνείρου τε φρικτοῦ καὶ πάντων ἀερίων, διὰ τὸ μέγα, ἔνδοξον ὄνομα· Ἀβρααμ ...

In den PGM begegnet **γοητεία** überhaupt nie, **ἐπήρεια** nur an dieser einen Stelle. Eine Parallele bietet hingegen wiederum (vgl. oben S. 85f. zu κατάδεσμοι) das von F. Heintz publizierte Silber-Amulett für Thomas (Heintz 1996, 297, Z. 42f.): διαφυλάξατε ἀπὸ πάσης γοετίας. Auch in den byzantinischen Exorzismen ist γοητεία ungewöhnlich; vgl. immerhin die Kyprianosgebete (Schermann 314, 21) ἐὰν ἔσται δεδεμένον εὐδαιμόνιον [ ] ἢ γοητεία ἢ φαρμακία (zur Begriffsunterscheidung vgl. Ammon. *Adfin. voc. diff.* 493 [p.128, 5ff. Nickau]: φαρμακεία γοητείας διαφέρει, φαρμακεία μὲν γάρ ἐστι κυρίως ἡ βλάβη ἡ διὰ δηλητηρίου τινὸς γινομένη φαρμάκου, γοητεία δὲ ἡ ὑπὸ ἐπικλήσεώς τε καὶ ἐπαοιδῆς). Statt dessen sprechen die Exorzisten zuweilen in analogen Verbindungen von μαγεία, so 'Basil.' PG 31,1634 C ναί, ὁ θεός, ἀπέλασον ἀπὸ τοῦ δούλου σου ... πᾶσαν ἐνέργειαν τοῦ διαβόλου, πᾶσαν μαγείαν, πᾶσαν φαρμακείαν; Strittmatter (1932) 141,12 πᾶσαν φαρμακίαν, πᾶσαν μαγείαν; A. Delatte, *Anecd. Ath.*, 230,33f. ἀνάλυσον τὸν δοῦλόν σου ... ἀπὸ μαγείας καὶ φαρμακείας. Zur spätantiken Unterscheidung zwischen γοητεία als niederer (plumper, betrügerischer, bösartiger) und μαγεία als höherer Zauberei vgl. W. Burkert, «ΓΟΗΣ. Zum griech. Schamanismus», *RhM* 105 (1962) 36ff., bes. 38. - Dagegen erweist sich **ἐπήρεια** in den byzantinischen Exorzismen geradezu als 'terminus technicus' für die Nachstellungen, denen die Menschen von seiten des Teufels und der Dämonen ausgesetzt sind; vgl. 'Ioh. Chrys.' PG 64,1061 C καθαρισθεὶς ἀπὸ πάσης ἐπηρείας διαβολικῆς; 'Basil.' PG 31,1685 A ἐξ ἐπιβουλῆς καὶ ἐπηρείας τοῦ φιλαπεχθήμονος δαίμονος; A. Delatte, *Anecd. Ath.*, 232,28f. πᾶσαν ἐπήρειαν τοῦ διαβόλου; 251,24f. τὸν ὑφ' ὑμῶν τῶν ἀκαθάρτων πνευμάτων ἐπηρεαζόμενον (vgl. 259,30f.); ἐπηρεάζειν überdies häufig bei L. Delatte (1957), s. den Index S. 155 s. v.

**LB 46/49** ἧτε ἐπίπεμπτον ... νυκτερινόν

**~ TMB 97/109** ἧτε λόγῳ ... βαλανίῳ

Hier also beginnt in LB der zweite 'Ausfahrbefehl'. Im Gegensatz zum ersten (πάντα τὰ ἀρρενικὰ ... φεύγεται) erfolgt er im Singular, d. h. mehrere Umschreibungen, zu denen der Vok. Sing. δαιμόνιον hinzuzudenken ist, führen zum Imp. Sing. (ἧτε ἐπίπεμπτον ... φεῦγε).

Entsprechende 'Kataloge', die sehr detailliert aufzählen, an welchen Orten, zu welchen Zeiten, in welchen Formen Dämonen zu erscheinen und zu wirken pflegen, finden sich etwa bei 'Basil.' PG 31,1681 C/D; 'Ioh. Chrys.' PG 64,1065 D/1068 A; Strittmatter (1932) 130,4ff.; 134,15-135,9; 141,14ff.; 143,2ff.; L. Delatte (1957) 35,6-36,10; 69,2ff; A. Delatte, *Anecd. Ath.*, 238,24ff.; 241,12ff.; 243, 22ff.; 245,23ff.; Pradel (1907) 20,12ff. Unmittelbar verständlich werden solche Aufzählungen, wenn man sich die Lage der frühen Christen vergegenwärtigt, die auf Schritt und Tritt auf Zeugnisse 'heidnischer' Religiosität stiessen; vgl. Tert. *Spect.* 8,9 *ceterum et plateae et forum et balnea et stabula et ipsae domus sine idolis omnino non sunt: totum saeculum Satanas et angeli eius repleverunt.* Dazu verweist M. Turcan (Tertullien, *Les spectacles* ed. M. T. , Paris 1986, 167f.) auf Prud. *C. Symm.* 2,445ff.

Da die Aufzählungen in LB und TMB nicht miteinander übereinstimmen, sollen sie im folgenden getrennt behandelt werden, zuerst **LB 46/49**.

**LB 46** ἧτε ἐπίπεμπτον ἢ αὐτόμολον: Um die Dämonen in ihrer Vielfalt gesamthaft zu erfassen, scheint sich LB wesentlich 'polarer' Ausdrucksweise zu bedienen. Vgl. dazu - etwa aus der gleichen Zeit wie LB und TMB stammend - den Text auf einem 'Zaubergefäss' aus Mesopotamien, Nr. 5 bei J. Naveh/S. Shaked (1985) 159: «I rope, tie and suppress all demons and harmful spirits, all those which are in the world, whether masculine or feminine [LB 39; TMB 89.113f.], from their big ones to their young ones, from their childern to their old ones, whether I know his name or I do not know it.»

Die PGM kennen das Substantiv ἐπιπομπή für die Dämonen-'Schickung'; vgl. R. W. Daniel, *ZPE* 25 (1977) 145ff., bes. 149 (jetzt in: *Suppl. Mag.* II 84, S. 170ff., bes. S. 176), im Rahmen der Behandlung eines christlichen Amuletts, das ebenfalls verschiedene

Formen der 'Heimsuchung' durch Dämonen auflistet. Das Amulett für Syntyche (Merkelbach, *Abrasax* 4, Nr. II) nennt unter anderen πνεύματα und ihren Wirkungsformen auch (Z. 8f.) πᾶσαν ἐπαποστο-λὴν βιαίαν πνευματικήν; dazu Bonner (1950) 100f. In den byzanti-nischen Exorzismen begegnet das Verbaladjektiv **ἐπίπεμπτος** mehrmals; vgl. Strittmatter (1932) 143,4; Pradel (1907) 20,14; 21,30 (vgl. dazu den Kommentar von Pradel S. 335); A. Delatte, *Anecd. Ath.*, 243,29 (ἐπιπεμπτικόν); beachtenswert ist die mit dem Gegen-begriff verbundene Umschreibung bei 'Basil.' PG 31,1681 C ἢ αὐτο-μάτως συνήντησας ἢ ἐπέμφθης ὑπό τινος (~ L. Delatte, 1957, 36,3f.).

**LB 46/7 καὶ ἀνίδεον εἴτε σχήματι πολυπροσώπῳ**: Stimmt die Annahme, dass LB die Dämonen in 'polaren' Ausdrücken kenn-zeichnet, so wird man der 'Vielgestaltigkeit' wohl 'Gestaltlosigkeit' gegenüberstellen und ἀνίδεον als ἀνείδεον verstehen (ει 〉 ι vgl. Gignac 1,189f.). Die Exorzisten sagen dafür üblicherweise ἄμορφον (zur Nähe der beiden Adjektive vgl. Clem. Alex. Exc. Theod. GCS 3, p. 109,17 = PG 9,660 B οὐδὲ τὰ πνευματικὰ καὶ νοερά, οὐδὲ οἱ ἀρχάγγελοι ... οὐδὲ μὴν οὐδ᾽ αὐτὸς [sc. Χριστὸς] ἄμορφος καὶ ἀνείδεος); vgl. A. Delatte, *Anecd. Ath.*, 236,14ff. ὁρκίζω ὑμᾶς τὰ τριάκοντα καὶ ἓξ στοιχεῖα, ... τὰ ἄμορφα, τὰ ἀνθρωπόμορφα καὶ ταυρόμορφα καὶ θηριοπρόσωπα καὶ πτερωτὰ ἀετοπρόσωπα, τὰ ὀνο-πρόσωπα καὶ δρακοντόμορφα ... Hier kommt auch bereits der 'Gegenpol', das σχῆμα πολυπρόσωπον, in den Blick! Zu ἄμορφον vgl. ferner 'Basil.' PG 31,1681 B; A. Delatte, *Anecd. Ath.*, 248,1; L. Delatte (1957) 35,9. - Es gehört zum Wesen der Dämonen, dass sie in ganz verschiedenerlei Gestalten auftreten: das gilt für die eben ge-nannten τριάκοντα ἓξ στοιχεῖα (zu den 36 Dekanen vgl. Test. Sal. XVIII), das gilt aber auch sonst; vgl. etwa 'Basil.' PG 31,1681 B ἢ δρακοντοειδὴς [vgl. ἀνείδεον!] ἢ θηριοπρόσωπος (~ L. Delatte 1957, 35,17f.); A. Delatte, *Anecd. Ath.*, 235,30f. τὸ ἔχον ἑτέραν καὶ ἑτέραν καὶ ἑτέραν μορφήν; 245,25 τὸ ἔχον σχῆμα γυναικός; 248,2 ἀσύμ-μορφον; 249,10 πολύμορφε. Im Test. Sal. eignet fast allen Dämonen, die vor den König gebracht werden, eine besondere (meist furcht-erregende) Gestalt: Die στοιχεῖα κοσμοκράτορες τοῦ σκότους (VIII) freilich sind εὔμορφα τῷ εἴδει καὶ εὔσχημα; Phonos dagegen (IX) ist menschengestaltig ohne Kopf; Rhabdos (X) ein gewaltiger Hund; der Herr der λεγεῶνες (XI) ein λέων ὀρθός; der nächste (XII) ein dreiköpfiger Drache etc.

**LB 47/48 ἢ 'Εφ...πω τρόπον εἴτ' ἔχεις...νανεκ..κας:** Es gibt in der ganzen LB keine Stelle, die dem Verständnis so viel Mühe bereitet, wie das Ende von Z. 47 und der Beginn von Z. 48. Wo Schriftzeichen überhaupt zu erkennen sind, lassen sie sich insgesamt nur schwer identifizieren; teils bleibt unentschieden, was Schriftzeichen, was Unebenheiten im Goldblech sind, so dass nicht einmal die Anzahl der Buchstaben mit Sicherheit feststeht. - Nach wessen 'Art' (τρόπον) denkt der Exorzist sich den Dämon? εφ- lädt dazu ein, eine Form (der Funktion nach einen Genetiv) von Ephialtes herzustellen (auf diesen Gedanken war unabhängig von den Herausgebern auch W. Burkert gekommen); zum 'Dämon des Albtraums' vgl. W. Roscher, *Ephialtes. Eine pathologisch-mythologische Abhandlung über die Alpträume und Alpdämonen des klassischen Altertums*, Abh. Königl. Sächs. Ges. d. Wiss. 20,2 (1900). Allerdings widerstrebte dieser Annahme das (unsicher gelesene) π (-πω); überdies wäre der 'Grieche' Ephialtes in solcher Umgebung doch ein ungewöhnlich isolierter Fremdling; er tritt denn auch in keinem der vergleichbaren Texte auf. Zumindest dem Vorstellungsbereich, aus dem sich die Exorzismen nähren, entspräche dagegen Ephippas, ein besonders mächtiger Dämon aus Arabien, der im Test. Sal. eine bedeutsame Rolle spielt (VI,5; XII,4; XXII,18; XXIV,1; XXV,7 Mc Cown). - Fast noch verzweifelter ist die Lage am Anfang von Z.48. Abtrennen liesse sich zuerst einmal ἀνεκ-; aber dann müsste man unweigerlich ἀνεκ[τι]κάς ergänzen, was kaum einen Sinn ergibt ('ausdauernd', 'geduldig') - abgesehen davon, dass das voranstehende -ν auf einen Akk. Sing. führt. Besser in den Kontext passte νεκ[ρι]κάς, doch erneut stellt sich das Problem der Kongruenz, diesmal mit -να, was sicher nicht zu einem femininen Akk. Pl. gehört. Und die fehlende Kongruenz verhindert auch eine Lösung wie -ναν ἐκ[τι]κάς. Ein 'dorischer' Gen. Sing., z. B. ἐκ [δί]κας, kommt im vornherein nicht in Betracht, obwohl er zumindest grössere Freiheiten hinsichtlich des vorausgehenden Substantivs (-ναν) gewährte. - Schwerlich weiter gelangt, wer fragt, was denn sinngemäss zu erwarten sei. Gilt die 'polare Ausdrucksweise' auch hier, so wäre dem Ephialtes - versucht man es trotz allem mit ihm - vielleicht eine andere 'dämonische Macht' der Griechen zur Seite zu stellen. Daniel (1977) 145ff., bes. 147 (jetzt = *Suppl. Mag.* II 84, S. 170ff, bes. S. 174) hat in dem bereits erwähnten Amulett Z. 3f. [καὶ παντὸς φάσματο]ς Ἐκ⟨α⟩τησίου ergänzt und auf die Ἑκατικὰ φάσματα (Marin. *Procl.* 28) verwiesen (dazu auf E. Rohde, *Psyche, Seelencult und Unsterblichkeitsglaube der Griechen*, Freiburg i. Br. ²1898, 407ff.). Ἐκ[τι]κάς im Sinne von Ἑκατικάς wäre gewiss auch in LB möglich,

und Hekate gäbe auf jeden Fall eine gute Gegenspielerin zu Ephialtes ab, doch die Schwierigkeiten des Buchstabenbefunds und der
syntaktischen Zuordnung bleiben natürlich bestehen. Gibt man hingegen Ephippas den Vorzug, so müsste wohl von einem andern
jüdischen Dämon und seinem Wirken die Rede sein (zuerst in Betracht käme wohl Ornias, ein weiterer 'Hauptdämon' des Test. Sal.).

ἢ ἡμερινὸν ἢ νυκτερινόν: Das letzte 'polare' Paar ist zugleich das
geläufigste; vgl. 'Ioh. Chrys.' PG 64,1065 D; Strittmatter (1932)
143,3 etc. TMB trägt es in Abschn. V (Z. 115f.) nach.


## TMB 96/109:

[zum Text vgl. den kritischen Apparat]

LB nennt die aufgezählten Gesichtspunkte nur in zwei Konstruktionen (dat. instr. und ἀπό+gen.), bricht dann die Aufzählung ab und
hebt im Abschnitt V mit dem Vokativ neu an (s. oben zu LB 45/46 S.
116). TMB dagegen bietet eine viel längere Aufzählung in vier verschiedenen Konstruktionen, die sich nicht alle mit den Verben, von
denen TMB sie abhängen lässt, vereinbaren lassen: a) dat. instr.: 96f.
φαρμάκῳ [cf. app.cr.], 97 λόγῳ [cf. app.cr.], 99 ἀπάτῃ [cf.
app.cr.], 104 τῷ ἱματίῳ; b) ἀπό + gen.: 97f. ἀπὸ φιλήματος,
98f. ἀπὸ ἀσπασμοῦ, 103 ἀπὸ ὀφθλαμοῦ; c) ἐν + dat.: 100 ἐν
βρόσι, 100f. ἐν πόσι, 102 ἐν συνουσιασμῷ, 106 ἐν ὁδῷ; 107
ἐν ποταμοῦ ἐμβάσι, 108f. ἐν βαλανίῳ; d) ἐπί + gen.: 101 ἐπὶ
κύτης, 106f. ἐπὶ ξένης. Vgl. unten S. 120 zu προσευχόμενα.

Was den Inhalt der Aufzählung in TMB nach φαρμάκῳ (LB
φαρμάκοις) anbelangt, so dürfte es sich empfehlen, die Exorzisten
gleich selbst sprechen zu lassen: 'Ioh. Chrys.' PG 64,1068 A ... καὶ ἐν
ποταμοῖς ... καὶ ἐν βαλανείοις ...; Strittmatter (1932) 130,4ff. τὰ
ἀπαντῶντα ἀπὸ τῶν ὁδῶν ... τὰ περιπλέοντα ποταμοὺς ... τὰ ἐν βαλανείοις οἰκοῦντα ...; 135,5ff. μήτε ἐν βρώμασιν μήτε ἐν πόμασιν ...
μὴ ἐν ἐνδύσει ἱματίου ἢ ἐν ἐκδύσει ...; 141,19 ἢ ἐν βαλανείῳ; L.
Delatte (1957) 69,5ff. ... ἐν ὁδῷ, ... πίνοντα, τρώγοντα ...; A. Delatte,
*Anecd. Ath.*, 239,2ff. ... τὰ περιπατοῦντα ἐπὶ τῶν ὁδῶν ... τὰ περιπλέοντα ἐν τοῖς ποταμοῖς ... τὰ ἐν βαλανείοις οἰκοῦντα ...; 241,13f.
μὴ ἐν βρώσει ἢ ἐν πόσει ...; 243,26 μὴ ἐν βρώσει, μή ἐν πόσει, ... μὴ
ἐν ποταμῷ. Einer der vor Salomon gebrachten Dämonen sagt von
sich (Test. Sal. XVIII,21 Mc Cown): ποιῶ ἀσπασμοὺς ἐν βαλανείῳ
(vgl. A. Delatte, *Anecd. Ath.*, 238,3f.). Die 'Bindung' durch den bösen Blick (ὀφθαλμός) zu lösen, machen sich insbesondere die

Kyprianosgebete anheischig (Schermann 1903, 313,6f.;): ἵνα λυθῇ ἀπὸ πάσης μαγίας καὶ φθόνου καὶ ἔριδος καὶ ὀφθαλμοῦ κακοῦ (vgl. 314,22; 316,14; 318,19f.; 320,3. vgl. P. Köln 340, a fr. B 6f. bei Maltomini 1997, 85 mit Kommentar S. 92; generell dazu B. Kötting, «Böser Blick», *RAC* 2, 1955, 473-82).

Zu den übrigen Erscheinungs- und Wirkungsweisen:

**TMB 97:** λόγος wird hier in der Bedeutung 'Zauber-λόγος', 'Zauberformel' gebraucht sein; das Wort begegnet so unzählige Male (z.B. PGM I 25.132.148; IV 2470f.; Suppl. Mag. 88,6; 94,44; 97,→4; Kotansky, *GMA* I 32,6.20).

**TMB 99:** Zur ἀπάτη vgl. Test. Sal. VIII, wo das erste der ἑπτὰ στοιχεῖα κοσμοκράτορες τοῦ σκότους (2) den Namen Ἀπάτη trägt (die anderen sechs heissen Ἔρις, Κλωθώ, Ζάλη, Πλάνη, Δύναμις, Κακίστη). Seine ἐργασία beschreibt dieser Daimon folgendermassen (5): ἀπάτην πλέκω καὶ κακίστας αἱρέσεις ἐνθυμίζω. Vgl. L. Delatte (1957) 93,8.11.12.13.14; A. Delatte, *Anecd. Ath.*, 234,13; Strittmatter (1932) ... τὰς ἀπάτας, τὰς πλάνας αὐτοῦ [sc. διαβόλου] ἀπράκτους ποίησον. Die ἀπάτη par excellence war dabei die Verführung von Eva durch die Schlange: (Gen. 3,13) ὁ ὄφις ἠπάτησέν με, καὶ ἔφαγον. Vgl. ferner Ath., *De inc.*, PG 25,108 A διὰ τὴν τῶν δαιμόνων ἀπάτην. Zum christlichen Gebrauch s. ferner Lampe und Bauer/Aland s.v.

**TMB 101:** zu κύτης = κοίτης s. Gignac 1, 197f.; vgl. oben S. 21. κοίτη fügt sich einwandfrei in den Zusammenhang (nach Essen und Trinken und vor dem συνουσιασμός). In der Nähe von 'Essen und Trinken' findet zuweilen auch der ὕπνος seinen Platz: A. Delatte, *Anecd. Ath.*, 241,13f. μὴ ἐν βρώσει ἢ ἐν πόσει ἢ ὕπνῳ (~ 243,26). κοίτη wird in einem Liebeszauber Audollent, DT 68 mehrfach erwähnt (a 11, b 8. 9).

**TMB 102:** Der συνουσιασμός ist wohl sexuell gemeint (vgl. Liddell/Scott s. v.); die PGM sagen dafür συνουσία, so der 'Liebeszauber' PGM XIX a 52ff. μὴ ἐάσῃς αὐτὴν τὴν Κάρωσα ... μὴ ἰδίῳ ἀνδρὶ μνημονεύειν, μὴ τέκνου, μὴ ποτοῦ, μὴ βρωτοῦ, ἀλλὰ ἔλθῃ τηκομένη τῷ ἔρωτι καὶ τῇ φιλίᾳ καὶ συνουσίᾳ, πλείστως ποθουμένη πρὸς τὴν συνουσίαν τοῦ Ἀπαλῶς...

**TMB 105:** Nicht recht in den Zusammenhang passt προσευχόμενα; denn die Dämonen richten ihren Schaden kaum 'unter Gebeten' an. Verständlich wäre προσερχόμενα (vgl. jetzt auch Jordan 1991, 69, der hinter dem von ihm gelesenen προσευχομενη<ν>,

das er auf die Amulett-Trägerin bezog, προσερχομένη<ν> vermutete),
was man dann wohl mit allem, was folgt, verbinden müsste: 'und nicht
hinzukommend, sei es auf dem Weg, sei es ... sei es ...'. Vgl. 'Ioh.
Chrys.' PG 64,1068 A ἐν βαλανείοις παρατρέχον; Strittmatter
(1932) 130,7 ὁθενδήποτε ἐρχόμενα (auch 143,1.5); A. Delatte,
*Anecd. Ath.*, 239,4f. ἀνερχόμενα ἀπὸ τῶν πηγῶν; 249,10 ἐπερχομένη.

**TMB 106/107:** ξε[ .]ης ist sicher als ξένης (sc. γῆς) zu verstehen
(vgl. Liddell/Scott s. v. ξένη 2.), mehr oder weniger einleuchtend zwischen 'Weg' und 'Fluss'; so übrigens schon Villefosse.


Eine vergleichbare Aufzählung von Orten und Umständen dämonischer Bedrohung findet sich in einem der von Gignoux (1987)
publizierten Amulette in syrischer Sprache (I 40-44 p. 15): «tu es
scellée et bien scellée dans ta nourriture et ta boisson, tu es scellée
dans tes allées et venues, tu es scellée dans ton sommeil et ta veille;
que soit scellée la maison où tu habites, scellé le lit qui est au-dessous
de toi, que soient scellés les quatre pieds de ton lit, et les quatre
[directions?] sur lesquelles il se tient.» Umgekehrt soll ein 'Sieges-
zauber' dem Träger des betreffenden Amuletts unter allen Umständen zum Erfolg verhelfen; vgl. die von R. Kotansky, *ZPE* 88
(1991) 41ff. veröffentlichte Gold-Lamella aus Baltimore (4. Jh. n.
Chr.; jetzt in: Kotansky, *GMA* I 58), Z. 37ff.: καὶ δὸς δύναμιν, νίκην,
χάριν, θράσος, τόλμαν, φόβον κατὰ πάντων, ἐπὶ πάσης τύχης καὶ
ψυχῆς, ἐν παντὶ τόπωι, κατὰ πᾶσαν ὥραν καὶ ἡμέραν καὶ νύκτα.


**LB 49/51 φεῦγε ... Νόννα**


Nur gerade hier in LB erfolgt die Nennung der Mutter des Amulett-
Trägers (vgl. oben S. 82ff. zu διαφύλαττε). Personen, auf die sich
ein Zauber richtet - sei es in positivem, sei es in negativem Sinn -,
werden anscheinend seit dem 2. Jh. n. Chr. üblicherweise von der
Mutter her bestimmt; dazu Eitrem (1925) 44f. (zu Z. 45); D. R. Jordan, *Philologus* 120 (1976) 127ff. Abgesehen davon ist die Ausdrucksweise in LB in höchstem Masse ungewöhnlich.

Die Verbindung der «ὁ-φορῶν»-Formel mit der «ὃν-ἔτεκεν-ἡ-
δεῖνα»-Formel ist spärlich belegt. Wo sie doch einmal auftaucht,
scheinen verschiedene Formulare/Vorlagen kombiniert worden zu

sein: s. das bereits erwähnte νικητικόν aus Baltimore bei Kotansky, *GMA* I 58,12f. δὸς χάριν, δόξαν, νίκην Πρόκλῳ ὃν ἔτεκεν Σαλαουῖνα (ὃν-ἡ-δεῖνα-Formel), vgl. 35f. ...Πρόκλον ὃν ἔτεκεν Σαλαουῖνα, τὸν φοροῦντα τὴν ἁγίαν καὶ ἀνίκητον δύναμιν (Kombination), vgl. 44f. νίκην, χάριν, δόξαν, δύναμιν τῷ φοροῦντι σοῦ τὴν δόξαν (ὁ-φορῶν - Formel).

Zum Namen **Νόννα** vgl. L. C. Youtie, *ZPE* 27 (1977) 139: «Also of interest is the fact that of 52 instances of the feminine name Νόννα, not one of them antedates the 4th cent.» Und überdies in Anm. 3: «The breakdown is 13 instances in the 4th cent., 9 in the 5th, 24 in the 6th, and 6 in the 7th. It was of course a Christian name.» Dieser Befund stützt einerseits die Datierung ins 5. Jh. und erhebt anderseits die Vermutung, dass LB zumindest als christliches Amulett gemeint war, zur Gewissheit. Wohl weder Alexandra noch Zoe (dazu vgl. immerhin Peterson, 1926a, 26 Anm. 1) in TMB lassen derartige Schlüsse zu. Zu Leontios vgl. oben S. 84; zu Thomas oben Anm. 41 zu S. 14; zu Paulos Iulianos oben Anm. 71 zu S. 24.

Unüblich ist das Demonstrativpronomen, auffallend die Beifügung von **μήτηρ** mit einem qualifizierenden Attribut. Auch ein Artikel hätte als «exceptional» zu gelten; wo er doch vorkommt (s. das Amulett aus Amphipolis, jetzt Kotansky, *GMA* I 38,8; Suppl. Mag. 57,31. 33. 35. 41), wird er von Daniel 1981, 275f. überzeugend als Relikt aus dem Formular - ἡ δεῖνα - erklärt. Für einfaches μήτηρ neben dem Namen der Mutter sei verwiesen auf den Liebeszauber Suppl. Mag. 48,7. 10. 21. 24, s. dazu den Kommentar von D. G. Martinez, *P.Michigan XVI. A Greek Love Charm from Egypt* [P.Mich. 757], (Atlanta 1991) 56 zu Z. 7 mit weit. Lit.; Suppl. Mag. 45,30; Kotansky/Naveh/Shaked (1992) 9, Z. 31f.; generell dazu Jordan (1976) 130. Was das Demonstrativpronomen anbelangt, so lässt es sich wohl nur 'deiktisch' verstehen, d. h.: Nonna war anwesend, als der Amulett-Text verlesen, als das Amulett dem Leontios übergeben bzw. umgehängt wurde. Oder hat sie sich gar selbst als Rezitatorin betätigt? War Leontios, da die Mutter so sehr in den Vordergrund tritt, zu der Zeit noch ein Kind? Und geschah die Übergabe im Zusammenhang mit irgendeinem Zeremoniell - etwa nach der Taufe? S. oben S. 68ff. zu σφραγὶς θεοῦ ζῶντος, besonders den Hinweis auf eines der von Gignoux publizierten Amulette in syrischer Sprache, das in der Tat eine rituelle Handlung - die Taufe? - im Zusammenhang mit der 'Siegelung' der Trägerin zu erwähnen scheint. Bonner (1950) 101 dagegen lässt Alexandra nicht nur «owner», sondern auch «supposed reciter» der TMB sein: diese gibt ja auch keinen Hinweis auf die 'Szenerie' (vgl. oben S. 22 mit Anm. 61).

Seit alters dient ἱερός «der Charakterisierung von Gegenständen, Lokalitäten, Handlungen oder Personen, die mit numinoser Macht in Berührung stehen, sei es als ihr Träger, ihr Eigentum oder Objekt ihrer Wirkung in Segen oder Fluch. ... Ἱεροί sind alle Kultpersonen, ob Priester ..., Tempelsklaven ... oder Mysten ...» Dementsprechend kann ἱέρωμα ein Amulett heissen, «durch das sich der Träger der steten Anwesenheit göttlicher Macht versichert (L. Robert, «Le serpent Glycon d'Abônouteichos à Athènes et Artémis d'Ephèse à Rome», *Comptes rendus de l'Ac. des Inscr. et Belles-Lettres* 1981, 517f.). Vgl. A. Dihle, «Heilig», *RAC* 14 (1987) 7f. Die Christen nehmen 'Heiligkeit' für biblische Personen in Anspruch, aber auch für Märtyrer, Kleriker und mönchische Asketen (Dihle 1988, 55ff.). Ob im Fall der Nonna irgendeine 'Gruppenzugehörigkeit' angedeutet werden soll, ist nicht auszumachen, und auf jeden Fall kann das Attribut ἱερός auch (besonders frommen, 'heiligenmässigen') «individual Christians» verliehen werden; vgl. Lampe s. v. 1.

# LB Abschn. VII (Z. 51-54)

## LB 51/52 ὑμεῖς ... νίκην

Der Exorzismus ist vollzogen; beide Amulette wenden sich abschliessend wieder den Helfermächten zu: geradezu hymnisch die LB, mit einer doppelten Amulettformel TMB. In Anbetracht der doch sehr weitgehenden Unterschiede sollen die beiden Texte im folgenden gesondert betrachtet werden.

οὖν: Allein schon diese Partikel gibt eine gewisse Anhebung des Stils zu erkennen; vgl. PGM XXXV 24f. καὶ διὰ τοῦτο οὖν παρακαλῶ καὶ ἐξορκίζω ... ; A. Delatte, *Anec. Ath.* 243,22 φοβήθητε οὖν καὶ ὑμεῖς ...; Strittmatter (1932) 133,7f. ταῦτα οὖν τῇ δυνάμει τοῦ θεοῦ ἐπιτάσσω ὑμῖν ...; 135,19 μὴ οὖν ἀνθίστασθε ...

αἱ μέγισται δυνάμεις: Die 'oberen Mächte' (im *Corp. Herm.* 1,26 befinden sie sich über den sieben ζῶναι in der ὀγδοατικὴ φύσις; vgl. überdies Bauer/Aland s. v. δύναμις 6.) scheinen erst relativ spät in der Zauberei heimisch geworden zu sein (PGM IV 1275ff. ἐπικαλοῦμαί σε τὴν μεγίστην δύναμιν ... gibt eben nur den Singular). Bonner (1950) 95 erwähnt einen Stein in der Bibliothek von Sainte Geneviève mit der Inschrift: Ἰαω Ἀβρασας Ἀδωναι, <u>ἅγιον ὄνομα, δεξιαὶ δύναμις</u>, φυλάξατε ... ἀπὸ παντὸς κακοῦ δαίμονος (vgl. dazu jetzt auch A. Mastrocinque, «Studi sulle gemme gnostiche», *ZPE* 122, 1998, 105-109). Vgl. den bereits erwähnten (s. oben S. 108) Liebeszauber aus Assiut Suppl. Mag. 45,52: <u>τὰ ἅγια ὀνόματα ταῦτα καὶ ἑ δύναμις αὗται</u> ἐπισχυρήσατε... Interessant ist hier insbesondere auch die Nachbarschaft zum ἅγιον ὄνομα, weil TMB 109f. an der entsprechenden Stelle die ἅγια ... ὀνόματα anruft; vgl. dazu auch PGM XXII b 3f. κτίστα τῶν ἀγγέλων καὶ ἀρχαγγέλων, ὁ κτίστης ὀνομάτων σωτηρικῶν, καλῶ σε, πατέρα τῶν ὅλων δυνάμεων ...; ferner den Bronze-Anhänger aus Beisan, oben S. 86 (zu κινδύνοι); Kotansky, *GMA* I 41,47f. ('Haus-Amulett' mit einer Engel-Liste) δύναμις (hier ist wohl δυνάμις zu lesen; vgl. Bonner 1950, 215 Anm. 32) τὸν ἀγγέλον κὲ χαρακτήρον δότε νίκην. Die Exorzisten freilich nennen die δυνάμεις Gottes vielfach; vgl. Pradel (1907) 24,9 (der Eid der Dämonen unter Salomon; s. dazu oben S. 81 zu Σαβαωθ) ὅπου ἐὰν ἐπικληθῇ «Αδωναι Ελοι Σαβαωθ δυνάμεις θεοῦ» ἐκεῖ νὰ μὴ φανῆσαι; A. Delatte, *Anecd. Ath.*, 231,16f. κατ᾽ ἐκείνων τῶν ἀχράντων δυνάμεων ὁρκίζω ὑμᾶς; 239,20 ὁ τῶν δυνάμεων πασῶν βασιλεύς.

**βραβεύσεται νίκην**: Wahrscheinlich ist der Imp. Aor. gemeint (βραβεύσατε; α ⟩ ε vgl. Gignac 1, 278ff.; zur Endung des Imperativs s. oben S. 12. 112 zu φεύγεται). Die höhere Stillage dieses Anrufs gibt sich auch darin zu erkennen, dass das allbekannte δὸς (δότε) νίκην offenbar nicht genügte, dass vielmehr ein erleseneres Verbum eintreten musste. Vergleichbar ist etwa Sap. 10,12 διεφύλαξεν [sc. σοφία] αὐτὸν ἀπὸ ἐχθρῶν καὶ ἀπὸ ἐνεδρευόντων ἠσφαλίσατο· καὶ ἀγῶνα ἰσχυρὸν ἐβράβευσεν αὐτῷ. Für δὸς (δότε) νίκην vgl. z. B. PGM XXXV 16. 22. 25; das νικητικόν in Baltimore Kotansky, *GMA* I 58 (vgl. oben S. 121 zu TMB 96-109; S. 121f. zu LB 49/51), s. den Kommentar von Kotansky S. 335f. zu Z. 12-13 mit weiteren Belegen. Vgl. ferner Reitzenstein (1904) 296; L. Delatte (1957) 58,17.


## LB 52/54 βοηθεῖτε ... ἀμήν


**βοήθει** ist ebenso selten auf ältern wie geläufig auf christlichen Amuletten (Bonner (1950) 46. 180). Als 'Adressaten' erscheinen εἷς θεός (Bonner Nr. 276) oder Christus (Bonner Nr. 277. 278. 316; PGM, P 6a) - oder die beiden miteinander verbunden wie im letzten Abschn. der TMB (Z. 119f.); vgl. auch E. Peterson (1926a) passim, bes. 2ff. (zu Nr. 2). Im Hinblick einerseits auf die Anrufung der himmlischen Mächte, anderseits auf die Nachbarschaft zur Bitte um 'Sieg' verdient Beachtung eines der Amulette bei Reitzenstein (1904) 296: οἱ πάντες τοῦ θεοῦ πανάγιοι ἄγγελοι καὶ ὑπουργοὶ τῆς αὐτοῦ μεγαλειότητος βοηθήσατε τὸν δοῦλον τοῦ θεοῦ ὁ δεῖνα τὸν βαστάζοντα τὸ φυλακτήριον τοῦτο· ἀποδιώξατε πᾶν κακὸν ἀπ' αὐτοῦ καὶ τὸν οἶκον αὐτοῦ καὶ ἀπὸ τὰ τέκνα αὐτοῦ, καὶ δότε αὐτῷ νίκην κατ' ἐχθρῶν ὁρατῶν καὶ ἀοράτων· ναὶ κύριε Ἰησοῦ Χριστέ...

**σωματοφύλαξ**: Vgl. PGM VII 579 φυλακτήριον σωματοφύλαξ πρὸς δαίμονας ...und Bonner (1950) 180.

**εἰς τοὺς αἰῶνας τῶν αἰώνων, ἀμήν**: Mit dieser Formel enden häufig christliche Amulette (z. B. das von Maltomini 1997 publizierte, ausdrücklich als ὁρκισμός bezeichnete [a, fr. A, 42] Amulett aus dem 5./6. Jh. P. Köln 340, a, fr. B 10ff.; vgl. Brashear 1991, 64 Z. 18) und fast ausnahmslos die byzantinischen Exorzismen, die zum Vergleich heranzuziehen waren.

# TMB Abschn. V (Z. 109-119)

## TMB 109/119 ἄγια ... Ζοή

Über die Bedeutung des Namens/der Namen in der Zauberei vgl. Hopfner (1921) 173ff. (§§ 680ff.), bes. 177 (§ 693): «Diese 'echtesten' Namen aber bilden so sehr das Wesen des Trägers selbst, dass man ihn nicht mehr 'bei seinen Namen' beschwört, sondern diese selbst; denn jetzt ist der wesenhafte Name zur Hypostase des Trägers selbst geworden.» Vgl. das Amulett für Thomas (vgl. oben S. 115) Heintz (1996) 296 Z. 37ff. ἄγια καὶ ἰσχυρὰ καὶ δυνατὰ ὀνόματα τὰ τῆς μεγάλης Ἀνάγκης, διατιρήσατε καὶ διαφυλάξατε...; PGM IV 1189ff. ὁ μόνος τὸ ῥίζωμα ἔχων, σὺ εἶ τὸ ὄνομα τὸ ἄγιον καὶ τὸ ἰσχυρόν, τὸ καθηγιασμένον ὑπὸ τῶν ἀγγέλων πάντων, διαφύλαξόν με ...; die Gold-Lamella in Baltimore (vgl. oben 121f. 125) Kotansky, *GMA* I 58,11ff.: ἄγιον καὶ ἰσχυρόν, κραταιὸν καὶ μεγαλοδύναμον ὄνομα, δὸς χάριν, δόξαν, νίκην; PGM VII 387 ἐξορκίζω ὑμᾶς, ἄγια ὀνόματα τῆς Κύπριδος; 500ff. διαφυλάξατέ με, τὰ μεγάλα καὶ θαυμαστὰ ὀνόματα τοῦ μεγάλου θεοῦ; PGM XII 134 τὰ ἄγια τοῦ θεοῦ ὀνόματα, ἐπακούσατέ μου. Für die Verbindung der drei Adjektive in einer Amulettformel vgl. ferner das von Jordan/Kotansky (1996) 162ff. publizierte Amulett aus Xanthos Z. 14 ff. ἄγιοι χαρακτῆρες δυνατοὶ κὲ ἰσχυροί, ἀπελάσατε...

Die von Hopfner erwähnte 'Hypostasierung' kann aber noch weitergehen, indem die ὀνόματα gewissermassen als eigenständige Mächte angerufen werden, ohne dass der Genetiv des 'Trägers' sie näher bestimmt: dann treten sie gleichberechtigt neben die δυνάμεις oder können deren Aufgabe übernehmen (s. oben S. 72 zu αἱ μέγισται δυνάμεις).

διαφυλάξατε ... : Im Gegensatz zu LB, deren abschliessendes 'Amulett' mit βοηθεῖτε eine eher 'christliche' Prägung aufweist, bleibt TMB hier noch beim herkömmlichen Typus. Zum Fehlen des Namens der Mutter s. oben S. 83f. (zu διαφύλαττε). Zur Nennung sowohl männlicher als auch weiblicher Dämonen s. oben S. 111 (zu πάντα τὰ ἀρρενικά); TMB wiederholt sich (Z. 89).

(ἐν)όχλησις/ἐνοχλεῖν bezeichnen in den Exorzismen zuweilen fast 'terminologisch' die Belästigungen durch Dämonen; vgl. A.

Delatte, *Anecd. Ath.*, 232, 32f. ἵνα μὴ ἀδικήσητε μηδὲ ἐνοχλήσητε τὸν δοῦλον τοῦ θεοῦ ὁδεῖνα; 251,12f. μηδεπωσοῦν ἐάσητε ἐν αὐτῷ ἐνόχλησίν τινα; 252,16 ὅτε ἤρξασθε ἐνοχλεῖν αὐτόν; 256,20; 257,23; 259,3.30; 261,12.24.33.37 καθαρισάτω αὐτὴν ἀπὸ τῶν ἐνοχλήσεων τῶν πονηρῶν. Vgl. dazu auch Kotansky (1995b) 259 Anm. 37.

δεμόν⟨ων⟩ oder δεμον⟨ίων⟩ νυκτηρινῶν καὶ ἡμερινῶν: Dieses 'polare Paar' wäre eher im 'Erscheinungskatalog' zu erwarten gewesen (s. oben S. 119 zu ἢ ἡμερινὸν ἢ νυκτερινόν), doch verzichtet TMB dort auf adjektivische Umschreibungen (besser: sie schöpft aus einer andern Vorlage) und bedient sich ausschliesslich substantivischer, zumeist präpositionaler Formulierungen.

ἀπαλάξατε: Nochmals eine Amulett-Formel, diesmal wieder vollständig mit Nennung der Mutter. Für ἀπαλλάσσειν auf Amuletten vgl. PGM V 125f. = 130f.; VII 205 und Suppl. Mag. 12,5 (s. dazu Daniel 1977, 153f.; 154 ist «PGM V 125-6 = 130-1» bei der ersten Erwähnung ['gegen Husten'] zu ändern in VII 205); weitere Belege bei A. Geissen, *ZPE* 55 (1984) 226, F. Maltomini, *SCO* 36 (1986) 294 (P. Genav. inv. 186 = Suppl. Mag. 74); Faraone/Kotansky (1988) 257ff., bes. 263; Kotansky, *GMA* I, S. 299f. ad loc.; ders. (1995b) 244 mit Anm. 3: «one of the most common words». Die Bekräftigungsformel ἤδη ἤδη ταχὺ ταχύ, in die der amulettartige Abschn. V ausläuft, ist so oft belegt, dass sich einzelne Nachweise erübrigen. Die Formel steht meistens *am Schluss* des Amulettes (vgl. z. B. Suppl. Mag. 9, 14; 11,18f.; 12,6f.) und findet sich selten in den christlichen Zaubertexten (s. dazu F. Maltomini, «Cristo All'Eufrate», *ZPE* 48, 1982, 149-170, hier: 169; vgl. jetzt Daniel/Maltomini in *Suppl. Mag.* I, S. 96 zu 32, 12). Vgl. u. Anm. 6 zu S. 134.

## TMB Abschn. VI (Z. 119/120)

So wie die 'Überschrift' (Abschn. I) der LB das gemeinsame Formular um eine wesentliche Dimension erweitert, ebenso enthält die TMB in Abschn. VI einen bezeichnenden Zusatz. Zur 'Akklamation' des εἷς θεός und 'seines Christus' s. oben S. 125 (zu βοηθεῖτε). Sie findet sich häufig in christlichen Inschriften - auf Gräbern, an Türschwellen und Häusern (E. Peterson 1926a, passim) -, aber auch auf Amuletten: Bonner Nr. 276 εἷς θεὸς βοήθι Μακριάνην; Nr. 277 Ἰησοῦ Χριστὲ βοήθι τῷ φοροῦντι; vgl. ferner Peterson (1926a) 82ff., der 87f. als Nr. 14 auch TMB behandelt. Auch die Verbindung εἷς θεὸς καὶ ὁ Χριστὸς αὐτοῦ ist vielfach belegt; vgl. z. B. Peterson (1926a) 1.6ff. (Nr. 6-9.12-15.17.20-23.32.34-36.42.46.51); 51 (Nr. 12); sie scheint insbesondere in Syrien heimisch gewesen zu sein.

Es sieht fast so aus, als wäre den Auftraggeberinnen - Alexandra und/oder ihrer Mutter - an der expliziten Erwähnung des einzigen wahren Helfers in der ihnen vertrauten Form gelegen gewesen. Damit lässt sich vergleichen, dass zwei der von Gignoux (1987) publizierten «incantations magiques syriaques» eingeleitet werden mit der Formel «au nom du Père, du Fils et de l'Esprit Saint» (II 1 p.29; III 1 p.49); überdies endet ein Amulett mit den Worten «sont scellés et bien scellés ... par le sceau du Père et du Fils et de l'Esprit Saint» (II 55f. p.35). Auch hier geht es wohl darum, durchaus unchristliche Zaubertexte gleichsam christlich zu 'legitimieren'.

# Die Komposition der Amulette
## und ihre Vorlagen

## Einleitung

Alle drei hier verglichenen Amulette bestehen aus mehreren Abschnitten, die teilweise auf gemeinsame, aber in jedem Amulett auf verschiedene Weise variierte Vorlagen zurückgehen. Für die Annahme solcher Vorlagen sprechen eine Reihe signifikanter Ähnlichkeiten, mit deren Hilfe ihre Struktur, gewisse Bestandteile und in einigen Fällen auch Einzelheiten ihrer Gestaltung erschlossen werden können.

Dabei kommen zwei gegenläufige Tendenzen der Hersteller dieser Amulette und derjenigen ihrer Vorlagen zur Geltung. Zum einen lassen die feststellbaren Ähnlichkeiten eine Tendenz zur Bewahrung der Struktur und gewisser typischer Elemente der Vorlagen erkennen. Diese werden offenbar als bewährte Zaubersprüche im Rahmen überlieferter Formulare übernommen und als solche für besonders wirkungskräftig gehalten, wenn sie - sozusagen als Rituale - mit der nötigen Treue gegenüber der Tradition zur Anwendung gebracht werden. Die Zauberer sind die Kenner dieser Tradition, und mit ihrer Kenntnis garantieren sie für die richtige und damit wirksame Anwendung der bewährten Zauberformeln. Die bewahrende Tendenz tritt mit besonderer Deutlichkeit in Erscheinung, wenn - wie in den hier verglichenen Amuletten - verschiedene Formulare in ihrer Struktur unverändert übernommen und aneinandergereiht werden. Dabei entstehen auffällige Sprünge an den Nahtstellen zwischen den verschiedenen Abschnitten, die äusserlich unverbunden aneinandergereiht werden. Diese Sprünge müssen also nicht ohne weiteres als Zeugnis der Unfähigkeit der Zauberer, einen zusammenhängenden Text herzustellen, oder als Folge ihrer Unachtsamkeit gedeutet werden, sondern sie können wohl eher als Folge ihrer Absicht verstanden werden, von Vorbildern übernommene Formulare möglichst genau wiedererkennbar und so mit ihrer bewährten Wirkungskraft zu reproduzieren. In dieser Hinsicht lag ihnen offensichtlich jedes Streben nach Originalität fern, und deshalb haben sie so viel Gemeinsames bewahrt, das nur durch die Annahme der Verwendung gemeinsamer Vorlagen erklärt werden kann.

Zum anderen lässt sich aber gleich deutlich auch eine Tendenz zur Variation bei der Übernahme vorgegebener Muster erkennen. Keine zwei der hier verglichenen Texte sind in irgendeinem Abschnitt genau gleich. Die Variationen bestehen in der Einsetzung anderer Namen, Begriffe und Formeln, in Zusätzen, Weglassungen und Umstellungen und gelegentlich in unterschiedlichen Abweichungen bei der Verwendung und Ausfüllung der übernommenen Formulare. Dazu enthalten alle drei Amulette Abschnitte, die in keinem der beiden anderen eine Entsprechung haben. In manchen Fällen lässt sich der Sinn solcher Veränderungen gegenüber den gemeinsamen Vorlagen erkennen. Dabei handelt es sich in erster Linie darum, den neu zu formulierenden Text den jeweiligen spezifischen Bedürfnissen einer Auftraggeberin oder eines Auftraggebers anzupassen. Einige der Variationen haben offenbar auch eine sozusagen redaktionelle, harmonisierende Funktion. Durch gewisse inhaltliche und formale Veränderungen, durch kleinere Zusätze und Weglassungen sollen die äusserlich unverbunden aneinandergereihten Formulare von verschiedener Struktur und Herkunft einander angeglichen und so die einzelnen Abschnitte als Teile des Gesamttextes innerlich miteinander verbunden werden.

Beide Tendenzen - die bewahrende und die variierende - lassen sich keineswegs nur an unseren Amuletten beobachten. Sie kommen vielmehr allgemein zur Geltung bei der Herstellung von Zaubertexten und verwandten Textsorten, die zwar älteren Vorbildern folgen, aber jeweils in einer veränderten Situation und für spezielle Zwecke neu redigiert werden, so dass gewisse traditionelle Formen und Inhalte über längere Zeiträume hinweg in ständigem Fluss immer wieder ähnlich aber nie ganz gleich in Erscheinung treten. Die drei hier verglichenen Amulette bieten mit ihren verhältnismässig grossen Ähnlichkeiten und mit der zeitlichen Nähe ihrer Entstehung eine willkommene Gelegenheit, diesen Prozess in einem überschaubaren Rahmen zu beobachten und sein Funktionieren anhand einiger charakteristischer Beispiele zu veranschaulichen.

# 1. Die gemeinsamen Vorlagen

Teilweise gleiche Elemente werden in den drei Amuletten zu verschiedenen Zauberzwecken verwendet. Ein deutlicher Unterschied besteht zwischen LB und TMB auf der einen und PGM XXXV auf der anderen Seite. LB und TMB sind 'Abwehrzauber', d.h. sie sollen der Bewahrung ihrer Träger vor der Einwirkung böser Mächte und vor Schädigungen aller Art dienen, die durch solche bewirkt werden. PGM XXXV dagegen ist ein 'Machtzauber'[1], d.h. sie soll ihrem Träger Gunst, Macht, Sieg, Gewalt über andere verschaffen. Zu diesem Zweck werden verschiedene Mächte - teilweise die gleichen wie in LB und TMB - herbeigerufen und beschworen. Feinere Unterschiede bestehen aber auch zwischen LB und TMB. Sie sollen ihre im Prinzip gleiche Zauberabsicht unter verschiedenen, durch spezifische Formulierungen deutlich charakterisierten Voraussetzungen erreichen. Es ist also zunächst schon interessant festzustellen, dass Formulare und Namen derselben Art und Herkunft für verschiedene Zwecke verwendet werden. Einige der Variationen lassen sich denn auch verstehen als Anpassung an die spezifischen Zauberabsichten und an die spezifischen Voraussetzungen, unter denen sie erreicht werden sollen.

Die beiden einander in ihrer Zauberabsicht nahestehenden Amulette LB und TMB sind auch in ihrem Gesamtaufbau sehr ähnlich. Sie bestehen beide aus drei Hauptteilen, von denen jeder im Rahmen des ganzen eine bestimmte Funktion im Hinblick auf den Abwehrzauber erfüllt. Der erste Hauptteil besteht aus Teilen eines Amulettformulars zur Abwehr von Dämonen und im wesentlichen durch Zauberei verursachten Übeln (LB II; TMB I), einer katalogartigen Reihe von Anrufungen kosmischer Mächte (LB III; TMB II) und einem zweiten ähnlichen Amulettformular (LB IV; TMB III); der zweite Hauptteil, der 'Ausfahrbefehl'[2], besteht aus Aufforderungen an Dämonen, zu fliehen und nicht zu schaden mit Übeln, die in längeren Listen aufgezählt werden (LB V und VI; TMB IV); der dritte Hauptteil, das Schlussgebet, enthält Anrufungen der höchsten Mächte mit der Bitte um Hilfe in verschiedenen Formen (LB VII; TMB V und VI). Diesen drei Hauptteilen geht in LB eine Überschrift

---

[1] S. dazu oben Anm. 71 zu S. 24 und Anm. 91f. zu S. 31.
[2] S. dazu oben S. 111.

für das ganze Amulett voraus (LB I)[3] und folgt in TMB als Abschluss des ganzen eine 'Akklamation' (TMB VI)[4].

Anders ist dagegen die Gesamtstruktur der PGM XXXV mit jener anderen Zauberabsicht. Sie besteht nur aus zwei Hauptteilen. Auf den ersten mit einer katalogartigen Reihe von Anrufungen der kosmischen Mächte (PGM XXXV I) folgt der zweite mit sieben, untereinander teilweise recht verschiedenen ἐξορκισμοί, in denen weitere Mächte beschworen und alle zur Gewährung der genannten Vergünstigungen aufgerufen werden (PGM XXXV IIa bis f). Nur der erste Abschnitt und der Anfang des zweiten (PGM XXXV I und IIa 11-14) haben signifikante Ähnlichkeiten mit solchen der LB und TMB. Nur diese werden deshalb im folgenden in die Vergleichung einbezogen, während die übrigen (PGM XXXV IIa 15-19 und IIb bis f) hier ausser Betracht bleiben können.

Gemeinsamkeiten und Unterschiede zwischen den drei Amuletten sind im Detail im Kommentar nachgewiesen. Sie können bequem verifiziert werden auf der beigelegten Falttafel. Die Abschnitte, welche die Grundlagen zu den folgenden Vergleichungen bieten, zerfallen nach dem Grade ihrer Ähnlichkeit in drei Gruppen:

1.) Strukturell und inhaltlich signifikante Ähnlichkeiten enthalten die folgenden Abschnitte und Teile von Abschnitten:

LB II (2-8)        ~ TMB I (1-13)

LB III (8-30)    ~ TMB II (13-66)   ~ PGM XXXV I (1-11)

LB IV (30-38)   ~ TMB III (66-89)

*darin*: LB 30-33  ~ TMB 66-73    ~ PGM XXXV IIa 11-14

LB V (38-44)    ~ TMB IV (89-97)

2.) In ihrer Funktion vergleichbar, aber nicht gleich formuliert, sind die folgenden Teile von Abschnitten:

LB VI 46-49 ~ TMB IV 97-109 (die Liste der Übel und Wirkungsweisen der Dämonen)

LB VII 51f. ~ TMB V 109f. (die Anrufung der höchsten Mächte)

LB VII 52 βοηθεῖτε ~ TMB VI 120 βοήθι (= βοήθει)

(Aufforderung zur Hilfe)

---

[3]   Zum Taufexorzismus s. oben S. 68.

[4]   Zur Akklamation s. oben S. 128.

3.) Als Sondergut finden sich in nur je einem der drei Amulette die folgenden Abschnitte oder Teile von Abschnitten (mit Ausnahme der oben unter 2.) genannten Teile):

LB I 1-2 die 'Überschrift'

LB VI 46-51 der zweite Ausfahrbefehl

LB VII 52-54 das Gebet um Hilfe

TMB V 109-119 das dritte Amulettformular

TMB VI 119f. die 'Akklamation'

PGM XXXV IIa-f ἐξορκισμοί mit der Bitte um Vergünstigungen.

Für die Rekonstruktion gemeinsamer Vorlagen kommen also unmittelbar die Abschnitte und Teile von Abschnitten der ersten, indirekt diejenigen der zweiten Kategorie in Frage. Anhand derjenigen der dritten und der zweiten sowie der jedem Amulett eigentümlichen Variationen in denen der ersten Kategorie sind dagegen die individuelle Gestaltung jedes einzelnen der drei Amulette zu fassen und deren spezifische Voraussetzungen und Absichten zu erschliessen.

Für diejenigen Abschnitte und Teile von Abschnitten, die auf gemeinsame Vorlagen zurückgehen, ist die Annahme ganz unwahrscheinlich, dass zwei der Verfasser oder gar alle drei auf das identische Exemplar der Vorlage hätten zurückgreifen können. Bestenfalls konnten sie über Abschriften aus einer gemeinsamen Vorlage verfügen. Zwischen dieser und den erhaltenen Amuletten ist also mit Zwischenstufen zu rechnen, die gegenüber dem gemeinsamen Vorfahr dieser Partien bereits Änderungen aufgewiesen haben. Die verschiedenen Kombinationen, in denen die Abschnitte in den drei Amuletten vertreten sind, machen es wahrscheinlich, dass mehrere Stufen veränderter Überlieferung anzunehmen sind zwischen dem frühesten gemeinsamen Ahnherrn ihrer Vorlage und seiner Erscheinung in den erhaltenen Amuletten. In PGM XXXV fehlt der Zusatz zu Abschnitt B, der in der gemeinsamen Vorlage von LB und TMB vertreten war (LB 27-30 ~ TMB 60-99). Die unmittelbare Vorlage von PGM XXXV enthielt den Abschnitt B in einer stark veränderten, verstümmelten Version. Dazu hat offensichtlich keiner der drei Verfasser für sein Amulett nur eine einzige Vorlage benützt, sondern jeder neben seinem Exemplar der gemeinsamen Vorlage noch mehrere andere, deren von ihm redigierte Fassungen er dann in den Gesamtplan seines Amuletts an den ihm passend erscheinenden Stellen einordnete. Diese Einordnung konnte dann auch gewisse Anpassungen aller andern Vorlagen nach sich ziehen. In diesem

Sinne hat der Verfasser der LB stärker verändert (mit Zutaten, Auslassungen, der Veränderung einzelner Wörter). Der Verfasser der TMB folgt treuer der gemeinsamen Vorlage. Im Falle von Abweichungen zwischen LB und TMB, die schon gleich am Anfang beginnen[5], kann zur Rekonstruktion der Vorlage meist von der Version in TMB ausgegangen werden[6].

Zunächst sollen die einander ähnlicheren LB und TMB verglichen werden. Die Verfasser von LB und TMB haben offensichtlich die Abschnitte, die auf eine gemeinsame Vorlage zurückgehen, nicht einzeln, sondern in einer bereits festgelegten Kombination vorgefunden und übernommen. Der gemeinsame Vorfahr ihrer Vorlagen, auf den diese Anordnung zurückgeht, wird im folgenden mit

---

[5]  Der Verfasser der LB hat den Text relativ konsequent 'harmonisert' (im Kommentar passim nachgewiesen). In LB II, Z. 2ff. σε weggelassen; οὐρανῶν statt οὐρανοῦ; andere Formel zur Bezeichnung des Trägers des Amuletts; πάντων δαιμονίων statt παντὸς δέμονος; Zugabe der ἐπιβουλαὶ τοῦ ἀντικειμένου. Die spezifische Zauberabsicht wird deutlich in dem vom Verf. der LB eigens neu zugegebenen zweiten Ausfahrbefehl (LB VI, Z. 46-51). Das ist ein Abschnitt von zentraler Bedutung für die LB. Von hier aus hat der Verf. seinen Text 'theologisch' orientiert. Da wird ein besonders gefährlicher Dämon (im Singular) vertrieben: φεῦγε (Z. 49). Das bezieht sich auf den oben eingefügten ἀντικείμενος (Z. 8f.), gemeint ist damit wohl der διάβολος (vgl. oben S. 72. 85. 87). Aus diesem Abschnitt hat LB auch die Formel zur Nennung des Trägers des Amuletts entnommen, die durchgehend die in der TMB verwendete Formel (der gemeinsamen Vorlage) ersetzt. Nur in diesem Abschnitt (Z. 50f.) wird die zusammen mit dem Sohn anwesende Mutter genannt: ἥδε ἡ ἱερὰ μήτηρ Νόννα (wohl eine Christin). Zum Sieg über den διάβολος ruft er im Schlussgebet die μέγισται δυνάμεις zu Hilfe. Er kennt möglicherweise die Apokalypse. Das passt alles zusammen zu einem von dem 'theologisch gebildeten' Verfasser der LB durchgeführten Taufexorzismus in der Gesellschaft der gebildeten sozialen Oberschicht (vgl. dazu oben Anm. 29 zu S. 11.

[6]  Die gleiche Tendenz, unbefangen dem Text seiner Vorlage zu folgen ohne sie dem Zusammenhang anzupasssen, auch wenn das mit kleineren Änderungen möglich wäre (wie sie der Verf. der LB vornimmt), zeigt sich etwa auch in dem Gebrauch des vollständigen Amulettformulars, das er für sein Schlussgebet übernimmt (TMB V) mit der Schlussformel (TMB 119f.), die hier nicht hinpasst; vgl. dazu unten S. 141.

Φ bezeichnet. Er enthielt vier Abschnitte, die in den beiden erhaltenen Amuletten in derselben Reihenfolge erscheinen. Diese Abschnitte werden im folgenden mit den Buchstaben A, B, C und D bezeichnet.

Einfacher liegen die Dinge in den ersten drei

$$A = LB\ II \qquad \sim \qquad TMB\ I$$

$$B = LB\ III \qquad \sim \qquad TMB\ II$$

$$C = LB\ IV \qquad \sim \qquad TMB\ II$$

Die einander entsprechenden Abschnitte haben jeweils die gleiche Struktur, einen sehr ähnlichen Wortlaut und weisen bis in Einzelheiten der Orthographie reichende Übereinstimmungen auf. Sie bilden zusammen den ersten Hauptteil der beiden Amulette.

Etwas komplizierter sieht es im folgenden Abschnitt aus:

$$D = LB\ V \qquad \sim \qquad TMB\ IV$$

Da finden sich zwar auch signifikante Übereinstimmungen in der Struktur: In beiden folgt auf eine Anrufung der Dämonen der Befehl, vor dem Träger des Amuletts in den Abgrund zu fliehen, ihm nicht zu schaden, und ihn nicht zu beflecken mit den aufgezählten Übeln. Bis zum Anfang der Aufzählungen von Übeln (bis μήτε φαρμάκοις LB 44 ~ ἢ φαρμάκῳ TMB 96f.) sind an denselben Stellen des Formulars auch mehrmals dieselben Wörter gebraucht, wenn auch mit Varianten im Detail. Soweit gehen also beide auf die gemeinsame Vorlage Φ zurück. Dann fahren sie aber verschieden weiter. LB nennt noch vier weitere Übel mit der Präposition ἀπό (nur zum ersten im Gen.), eingeleitet durch μήτε ... μήτε ... ἢ ... ἢ; in TMB dagegen folgt, eingeleitet mit ἦτε eine lange Liste von verschiedenen Wirkungsweisen und Wirkungsorten der Dämonen, in verschiedenen Konstruktionen, eingeleitet durch μήτε ... μήτε (14 mal). Diese Listen unterscheiden sich nicht nur in ihrer Struktur. Auch die aufgezählten Übel oder Bedrohungen, vor denen die Träger der Amulette geschützt werden sollen, sind verschieden. LB hängt nach der fünften einen zweiten Ausfahrbefehl (LB VI) an[7], der mit der Wirkungsweise eines einzelnen Dämons beginnt und in TMB keine Entsprechung hat. Vermutlich folgte schon in Φ im Abschnitt D auf μήτε μολύνητε eine Liste von Wirkungen der Dämonen, vor denen die Träger des Amuletts geschützt werden sollen. Sie wurde aber in beiden Amu-

---

[7]  S. dazu oben Anm. 5.

letten ersetzt durch eine eigene Liste, die den speziellen Bedürfnissen
- der Zauber-Absicht - von Nonna/Leontios und von Alexandra entsprach.

Im zweiten Hauptteil, dem 'Ausfahrbefehl', haben die Verfasser
von LB und TMB am Schluss des Abschnitts D ihren Text unabhängig von der gemeinsamen Vorlage Φ stärker verändert.

Etwas vereinfacht ergibt das etwa den folgenden hypothetischen
Stammbaum der Überlieferung von Φ und dem Sondergut im LB
und TMB.

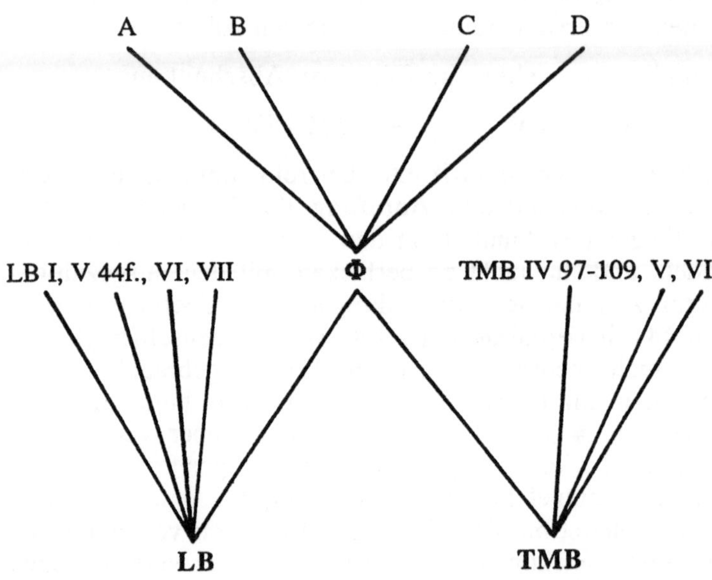

Anders sieht es aus in der PGM XXXV[8]. Hier sind es nur zwei Abschnitte, B und C, die sich ganz oder teilweise auf gemeinsame Vorlagen mit denen der parallelen Abschnitte der LB und TMB zurückführen lassen. Anders als mit LB und TMB sollen mit PGM XXXV entsprechend ihrem Zauberzweck als Machtzauber nicht 'böse' Mächte abgewehrt, sondern 'gute' als Helfer herbeigerufen oder beschworen werden. PGM XXXV enthält keinen der zwei Teile des Abschnitts A (= LB II ~ TMB I), nur einen Teil des Amulett-formulars C (= LB IV ~ TMB III, ohne den Zusatz) und keinen Ausfahrbefehl D (= LB V und VI ~ TMB IV).

Leichter sind die Zusammenhänge zu fassen im ersten der beiden Abschnitte:

B = PGM XXXV I ~ LB III ~ TMB II

Gegenüber den entsprechenden Abschnitten in LB und TMB weist seine Vertretung in der PGM XXXV signifikante Ähnlichkeiten auf, aber auch stärkere Abweichungen als die, die LB und TMB voneinander trennen. Auch in PGM XXXV werden die kosmischen Mächte in einer katalogartigen Reihe angerufen, deren einzelne Anrufungen alle mit ἐπικαλοῦμαι eingeleitet werden. Strukturell analog sind die Bereiche angeordnet, an deren Beherrscher sich dieser Anruf richtet. Dazu kommt, dass in PGM XXXV kein Bereich genannt wird, der nicht in LB oder in TMB oder in beiden eine Entsprechung hat, dass aber mehrere fehlen. Es beginnt mit der ἄβυσσος (1, nur in LB), dann fehlt aber die in LB und TMB folgen-de Formel (τῷ ὀνόματι). Von den Himmeln sind es nur sechs (2-7) statt sieben, aus dem Luftraum nur ein Bereich (χιών 8, nur in TMB), auf der Erde drei (θάλασσα, δράκοντες, ποταμοί 9f., dieselben in derselben Reihenfolge in TMB und LB)[9], schliesslich zwei ohne zugewiesenen Bereich (10f., ohne Analogie in LB und TMB). Der Schlussteil mit dem, der über dem Sinai und über der (oder den) Schlange(n) sitzt (LB 26-30 ~ TMB 60-67), fehlt ganz. Die Formeln für das «Sitzen über» einem Bereich sind strukturell ähnlich, wenn auch nicht ganz gleich, und einige der Namen der Mächte begegnen gleich oder ähnlich aber in verschiedener Verteilung auf die Be-reiche, neben anderen, die in LB und TMB nicht vorkommen. Von den Variationen lässt sich namentlich die - inkonsequent durch-

---

[8]  Der Schreiber der PGM XXXV hat seine Vorlage(n) mit pedantischer Ge-nauigkeit abgeschrieben; s. oben Anm. 78 zu S. 27. und S. 34.

[9]  Der Text ist in LB zerstört; aber in Z. 25 ist sehr wahrscheinlich τὸν ἐπὶ τοῖς ποταμοῖς zu ergänzen; s. dazu oben S. 97f.

geführte - Anrede der Mächte im Vocativ (= Nominativ) als Anpassung an den folgenden, stärker veränderten Abschnitt verstehen.

Komplizierter sind die Verhältnisse im folgenden Abschnitt. Davon zeigt nur der Anfang signifikante Ähnlichkeiten mit dem 'Anrufungsteil' der entsprechenden Abschnitte in LB und TMB:

C (Anfang) =

PGM XXXV IIa 11-14 ~ LB IV 30-33 ~ TMB III 66-73

Von den signifikanten Ähnlichkeiten haben zwei ihre Entsprechung in LB und TMB, eine nur in TMB. Es handelt sich um: 1.) die Anrede im Vocativ beginnend mit ὁ καθήμενος ἐν (11, ~ ὁ καθήμενος ἐπί zweimal in TMB, dreimal in LB), 2.) die Formel μέσον τῶν δύο Χερουβιν (12, gleich in TMB 69f., ἐπὶ τῶν δ. Χ. in LB 33; in PGM XXXV erweitert um καὶ Σαραφιν ὑμνιλογούντων...), 3.) die Nennung des Gottes Abrahams, Isaaks und Iakobs (in PGM XXXV 14 zur Beschwörung 'bei' κατὰ τοῦ θεοῦ 'Α. καὶ 'Ι. καὶ 'Ι., eingesetzt nach ἐξορκίζω; in TMB 71-73 ὁ θεὸς 'Α. καὶ ὁ θεὸς 'Ι. καὶ ὁ θεὸς 'Ι., angerufen vor διαφύλαξον). Zudem stehen die Cherubin und der Gott der drei Erzväter, mit Variationen im einzelnen, in derselben Reihenfolge hintereinander in TMB und PGM XXXV. Nur anklingend ähnlich sind schliesslich die Namen der zuerst Angerufenen in LB und TMB (Σχραδα/Χραβα) mit dem Namen Χαδραλλου (vgl. Χαδραουν), der in PGM XXXV (11f.) auch am Übergang von B zu C steht. Dagegen fehlen in PGM XXXV das στερέωμα (LB 31; TMB 66f.) und Μαθουσαλημ/Θαλουμθουσιν (LB 32; TMB 68f.).

Die Übereinstimmungen betreffen wesentliche Elemente der Struktur und der Benennung der in diesem Abschnitt genannten Mächte. Diese kommen dazu in allen drei Amuletten nur an dieser Stelle vor, und es wäre unplausibel, dieses Zusammentreffen durch Zufall erklären zu wollen.

Es muss also mit einer gemeinsamen Vorlage gerechnet werden, auf die diese Übereinstimmungen zurückgehen. Die Rekonstruktion dieser Vorlage ist dadurch erschwert, dass offenbar die Verfasser aller drei uns vorliegenden Amulett-Texte, jeder etwas anders, verändernd eingegriffen haben. Der Verfasser der LB, der auch sonst gegenüber TMB einiges weggelassen und offenbar stärker von seinen Vorlagen abgewichen ist, hat wohl auch in diesem Abschnitt einiges weggelassen, was in der gemeinsamen Vorlage stand. Mehr davon ist in TMB vorhanden.

In seiner ursprünglichen Funktion diente dieser Abschnitt offenbar als 'Anrufungsteil' im Rahmen eines vollständigen Amulettformulars für einen Abwehrzauber, das in seiner Struktur in LB IV und TMB III erhalten ist. Der Verfasser des noch nicht verstümmelten Vorgängers der Vorlage der PGM XXXV hat vom ganzen nur dieses Teilstück übernommen, abgetrennt vom Hauptteil des Amuletts, den er für seinen Zauberzweck nicht brauchen konnte. Dieses Teilstück, das verschiedene Prädikationen des gleichen (jüdischen) Gottes enthält, steht im Amulettformular C ohne Unterbrechung vor der Aufforderung διαφύλαττε/διαφύλαξον. Der folgende Abschnitt wird eingeleitet durch ὁρκίζω/ἐπορκίζω zur Bannung der 'bösen' Mächte. Der Verfasser der Vorlage der PGM XXXV passte das von ihm übernommene Teilstück seinem Zauberzweck an. Er verwendet ἐξορκίζω für die Beschwörung der 'guten' Mächte. Seine Formel ἐξορκίζω ὑμᾶς πάντας fasst alle die 'guten' Mächte zusammen, die vorher und nachher herbeigerufen und beschworen werden. Er setzte sie hinein zwischen die verschiedenen Prädikationen Gottes, vor die letzte als Gott Abrahams, Isaaks und Jakobs, und diese änderte er so ab (mit κατά), dass bei ihm alle anderen 'bei' dem so prädizierten Gott beschworen werden.

Die Übereinstimmungen im Bereich dieser Gottesprädikationen zwischen LB, TMB und PGM XXXV zeigen, dass schon in der Vorlage, aus der dieser Anrufungsteil des Amulettformulars übernommen wurde, der in PGM XXXV in umgestalteter, einem anderen Zauberzweck angepasster Form erscheint, die beiden Abschnitte B (der Katalog) und C (das Amulett) miteinander verbunden waren. Diese beiden Abschnitte würden zusammen ein brauchbares Amulett ergeben. Wir bezeichnen diese Kombination B + C mit der Sigle **X**. Dieselben Abschnitte haben in derselben Reihenfolge in der Vorlage **Φ** gestanden. Wahrscheinlich hat also der Verfasser der Vorlage **Φ** eine Vorlage vom Typus **X** benützt, die er dann um die Abschnitte A und D erweitert hat. In PGM XXXV erscheinen aber die Liste der Sieben Himmel und die ihnen zugeordneten Engel in einer so verstümmelten Form, dass zwischen der zugrundeliegenden Vorlage **X** und PGM XXXV (resp. seiner unmittelbaren Vorlage) noch mit (mindestens) einer Zwischenstufe gerechnet werden muss. Wir bezeichnen sie mit **Ψ**.

Das ergäbe etwa folgenden hypothetischen Stammbau der Überlieferung der Vorlagen Φ und X und ihres Verhältnisses zu LB, TMB
und PGM XXXV:

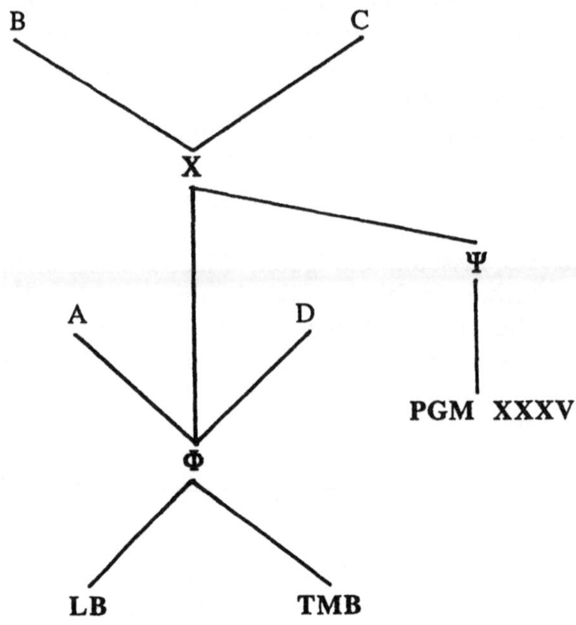


Jedenfalls sind die verschiedenen Abschnitte (A, B, C, D) der
gemeinsamen Vorlage der LB und der TMB nicht alle auf einmal,
sondern in mehreren Schritten miteinander vereinigt worden. Dabei
wurde jeweils ein schon vorhandener, aus einem oder mehreren Teilen bestehender Text durch die Anfügung zusätzlicher Abschnitte
erweitert. Aufgrund des Vergleichs von PGM XXXV mit LB und
TMB lassen sich mit einiger Wahrscheinlichkeit drei Etappen dieses
Prozesses sukzessiver Vermehrung der Abschnitte erschliessen. Ausgangspunkt des ganzen Prozesses war wohl der Abschnitt C, ein vollständiges Amulettformular, das ohne weitere Zugaben als Amulett
für einen Schutzzauber gebraucht werden konnte. Dagegen enthalten
die Abschnitte B und A nur aus dem Zusammenhang herausgelöste
Teile, keine vollständigen Amulette. So wie sie als Abschnitte im
Rahmen der zweiteiligen gemeinsamen Vorlage von PGM XXXV

und LB/TMB (**X**) und dann der vierteiligen von LB und TMB (**Φ**) erscheinen, konnten sie nicht als selbständige Amulette verwendet werden. Das in sich geschlossene und ursprünglich selbständige Amulettformular des Abschnitts C wäre nach dieser Annahme der *nucleus*, um den in sukzessiven Erweiterungen jene weiteren Abschnitte versammelt wurden, die sich ihrer Struktur nach als Teile anderer ursprünglich selbständiger Formulare erkennen lassen.

Die erste Erweiterung war wohl die Zugabe des Abschnitts B, der vor den Anrufungsteil des Amulettformulars C gestellt wurde. Das ergab die zweiteilige Komposition der Vorlage **X**. Diese wurde zum einen umgestaltet für einen anderen Zauberzweck zur Vorlage, die mit einigen Zwischenstufen zur Vorlage von PGM XXXV führte. Der Verfasser von **Φ** übernahm sie in einer, jedenfalls im Abschnitt B bis in Einzelheiten ähnlichen Version, und erweiterte sie um weitere Zugaben zu einer vierteiligen Komposition.

Dieser Prozess, der sich auf der Stufe der Vorlagen nur erschliessen lässt, kann anhand der Amulette in seinem letzten Schritt *in praxi* beobachtet werden. Die Verfasser der LB und der TMB haben beide zusätzliche Erweiterungen aus von der gemeinsamen Vorlage **Φ** unabhängigem Material hinzugefügt. Abgesehen von der Überschrift (LB I), die der Verfasser der LB vor den Text seines Amuletts, und der Akklamation (TMB VI) die der Verfasser der TMB an den Schluss gestellt hat, sind die übrigen Abschnitte, um die sie den Bestand der Vorlage **Φ** erweitert haben, in ihrer Struktur ebenfalls Teile von Amulettformularen, so die Listen der Bedrohungen, die beide an den Ausfahrbefehl des Abschnitts D angehängt haben (LB 44f.; TMB 97-109), in LB der Ausschnitt aus einem anderen Ausfahrbefehl (LB VI), den er hinter den des Abschnitts D hinzugesetzt, und der Schlussteil eines νικητικόν (LB VII), den er als Schlussgebet verwendet, während der Verfasser der TMB in dieser Funktion sogar ein vollständiges Amulettformular (TMB V) mit seiner Schlussformel (TMB 118f.) übernimmt, die in dem erhabenen Zusammenhang der Anrufung der höchsten Mächte und der Akklamation eher Fehl am Platz ist. Auch hier folgte er getreu seiner Vorlage, gleich wie im allgemeinen der Vorlage **Φ**.

Die Abschnitte, die die Verfasser der LB und der TMB am Schluss hinzugefügt haben, bilden einen kleinen Teil im Verhältnis zu dem weitaus grösseren Teil, in dem sie die Hauptsache ihrer Amulette auf der Grundlage der Vorlage **Φ** gestaltet haben. Sie war ihrerseits aus den sehr verschiedenartigen Abschnitten zusammengesetzt, deren sukzessive Hinzufügung die Struktur der ganzen Komposition bestimmte. Mit dieser Struktur haben sie sie als Vorlage gewählt. Im folgenden sollen die einzelnen Abschnitte im Hinblick auf ihre Struktur und deren Verhältnis zur Struktur des ganzen betrachtet werden. Dabei soll auch untersucht werden, ob sich plausible Begründungen für ihre Hinzufügung und für die Einstellung an ihrem Ort finden lassen.

## 2. Bemerkungen zu den einzelnen Abschnitten

Die folgenden Bemerkungen stützen sich auf das Material und auf die Beobachtungen, die im Kommentar verzeichnet sind. Auf einzelnes wird nur in besonderen Fällen zurückverwiesen. Die einzelnen Abschnitte, aus denen die Amulette zusammengesetzt sind, sind leicht zu überblicken auf der Falttafel. Wir besprechen sie in der Reihenfolge, in der sie vermutlich nach der oben versuchten Rekonstruktion der Überlieferung sukzessive hinzugefügt wurden.

### Das Amulett-Formular C

Der *nucleus*, um den nach und nach die anderen Abschnitte versammelt wurden, war offenbar der Abschnitt C, der in LB dem Abschnitt IV (30-38), in TMB dem Abschnitt III (66-89) zugrunde liegt, und dessen erster Teil stärker verändert, aber ebenfalls noch in erkennbaren Spuren in PGM XXXV IIa (11-14) durchscheint[10]. C ist ein in sich geschlossenes Amulettformular, das ursprünglich ohne zusätzliche Erweiterungen für sich allein als Amulett verwendet werden konnte. Es besteht aus drei Teilen: 1.) dem Anrufungsteil (LB 30-33 ~ TMB 66-71, stark verändert in PGM XXXV 11-14), 2.) dem eigentlichen Amulettbefehl (LB 33-35 ~ TMB 73-79) und 3.) der Beschwörung (LB 35-38 ~ TMB 79-89). Angerufen, aufgefordert zur Bewahrung des Trägers wird - wie der Amulettbefehl im Singular zeigt - nur eine einzige Macht, diese aber mit einer Mehrzahl verschiedener Epiklesen.

Einigermassen sicher lässt sich der Beginn des Anrufungsteils der Vorlagen rekonstruieren: ὁ καθήμενος ἐπί (dann mit Variation des casus in LB und TMB) τοῦ στερεώματος, dann ein Zaubernamen Σχραδα ~ Χραβα. In PGM XXXV finden sich davon der Beginn ὁ καθήμενος (aber mit ἐν) und ein ähnlicher Zaubernamen Χαδραλλου. Gleich begann auch der zweite Anruf in Φ: ὁ καθήμενος ἐπί. Das unverständliche Θαλουμθουσιν (TMB 68f.) scheint die unverstandene Wiedergabe einer Vorlage zu sein, die vermutlich auch Μαθουσαλημ (wie LB 32) enthielt.

---

[10] S. dazu den Kommentar, oben S. 103-110.

Dann geht es aber in LB und TMB verschieden weiter. Beide haben zwar noch τῶν δύο Χερουβιν (mit graphischen Varianten in TMB). Das erscheint auch in PGM XXXV (12), und zwar in derselben Formel μέσον τῶν δύο Χερουβιν wie in TMB (69f.). So scheint es also in der Vorlage gestanden zu haben. Dort stand offenbar auch der Gott Abrahams, Isaaks und Iakobs, der (wenn auch in verschiedenen Variationen) ebenfalls sowohl in TMB (71-73) als auch in PGM XXXV (14) erscheint. Hier hat offenbar der Verfasser der LB stärker geändert. Er hat den Gott Abrahams, Isaaks und Iakobs ganz weggelassen, dafür aber ein drittes ὁ καθήμενος ἐπί vor τῶν δύο Χερουβιν eingeführt und damit eine dreigliedrige Konstruktion geschaffen, deren Glieder gleich anfangen.

Auch im zweiten Teil, im Amulettbefehl, hat offenbar LB gegenüber der Vorlage stärker geändert als TMB. Auch hier hat er aus erkennbarem Grund etwas weggelassen, was wohl in der Vorlage Φ stand, nämlich eine mindestens allgemeine Bestimmung dessen, wovor der angerufene Gott den Träger des Amuletts schützen soll (wie etwa in TMB 75f. ἀπὸ δαιμόνων καὶ φαρμάκων), die an dieser Stelle im Amulettformular üblich war. Dazu hat er die Formel zur Bezeichnung des Trägers des Amuletts (τὸν δεῖνα, ὅν ἔτεκεν ἡ δεῖνα), die TMB beibehalten hat[11], ersetzt durch eine andere, die er einer anderen Vorlage entnahm. Der Verfasser der LB hat seinen Text straffer organisiert. Er vermeidet Wiederholungen. Die Übel, auf die es ihm ankommt, nennt er nachher beim Ausfahrbefehl (39-41. 44-49). Die Formel zur Bezeichung des Amulettträgers übernimmt er aus dem zweiten Ausfahrbefehl, einem Abschnitt, den er zusätzlich beigegeben hat (LB VI, 50f.). Darin nennt er auch das einzige Mal die Mutter (50f.). Das ist offenbar eine zentrale Stelle in seinem Amulett.

Der dritte, der Beschwörungsteil, ist in LB und TMB analog gebaut. Auf (ἐπ)ὁρκίζω σε folgen zuerst, wenn auch mit verschiedenen Epiklesen, τὸν ... θεόν, dann je eine Reihe von verschiedenen Namen, dann wieder eine Epiklese Gottes: τὸν ... dann wieder Namen, beide mit zweimaliger Wiederholung von τὸν ..., nochmals eine dreigliederige Figur, knapper und präziser in LB. Die Namen sind aber verschieden, offenbar von den beiden Verfassern individuell eingesetzt, wobei wiederum in TMB manche einen unverständlichen, vielleicht auch vom Verfasser unverstandenen Eindruck machen. So

---

[11]  TMB verwendet überall diese Formel, LB die andere; vgl. den Kommentar zu LB 4f./TMB 8f., oben S. 82-84.

ist wohl anzunehmen, dass die Gesamtstruktur des Teils C in Φ die gleiche war wie in den beiden erhaltenen Amuletten.

Die aus der gemeinsamen Vorlage Φ (wie in PGM XXXV die aus X) übernommenen Namen und Formeln, mit denen Gott im Abschnitt C angerufen wird, stammen aus jüdischer Tradition und lassen sich teilweise auf den Wortlaut der Septuaginta zurückführen. In diesen Umkreis gehört also seiner Herkunft nach die Vorlage des Abschnitts C.

### Die Litanei B

Wohl als erste Erweiterung wurde davor die in mehrfacher Hinsicht besonders interessante Reihe der Anrufungen im Abschnitt B gesetzt, der in allen drei Amuletten vorhanden ist (LB III ~ TMB II ~ PGM XXXV I)[12]. Nicht zum ursprünglichen Bestand dieser Reihe gehört der anders gebaute Schlussteil, der nur in LB (20-27) und TMB (60-66) am Übergang zum Abschnitt C steht. Er stand wohl noch nicht in der Vorlage X (keine Spur davon in PGM XXXV). Dabei handelt es sich wohl um einen Zusatz, den erst der Verfasser der Vorlage Φ im Zuge einer weiteren Ergänzung seines Amulett-Textes eingefügt hat. Er soll deshalb später mit dieser zusammen besprochen werden.

Der Zweck der Zufügung von B vor C ist leicht zu erkennen. Durch die Reihe der im Abschnitt B Angerufenen soll das Potential der Mächte verstärkt werden, die vom Träger des Amuletts böse Dämonen und die von ihnen verursachten Schädigungen abwehren (in LB und TMB), oder ihm die gewünschten Vorteile verschaffen (in PGM XXXV). Die Reihe der Anrufungen, die im Abschnitt B mit Formeln vom Typ ἐπικαλοῦμαι τὸν καθήμενον ἐπί beginnt, konnte leicht vor den Anrufungsteil von C gestellt werden, der mit Anrufungen vom Typ ὁ καθήμενος ἐπί beginnt. Sie bildete dann quasi eine Erweiterung des Anrufungsteils von C. Dabei ergab sich allerdings syntaktisch ein Sprung zwischen den mit ἐπικαλοῦμαι konstruierten Akkusativen in B und den Anrufungen im Vocativ in C,

---

[12] S. dazu den Kommentar, oben S. 88-98. Lit. zur Angelologie, den Sieben Himmeln etc. in Zaubertexten und in jüdischer Literatur s. Kommentar zu LB 10ff./TMB 15ff., oben S. 91 ff.; Kotansky *GMA* I, 271ff. 285ff. zu Nr. 53 (= TMB).

den LB und TMB ohne Ausgleich der beiden Konstruktionen bei-
behielten, während der Verfasser der Vorlage von PGM XXXV
durch seine Umarbeitung die beiden Abschnitte syntaktisch miteinander verband. Zusätzlich zu dem einen Gott, der im Abschnitt C
mit verschiedenen Epiklesen angerufen wird, werden damit im
Abschnitt B über den ganzen Kosmos verteilte Engel in Dienst genommen, die aber in seinem Namen (τῷ ὀνόματι τοῦ κτίσαντος τὰ
πάντα) herbeigerufen werden. Mit dem so bezeichneten Welt-
schöpfer ist derselbe Gott gemeint wie der in C Angerufene. Auch
mit diesem Abschnitt (wie mit dem Anfang des Abschnitts C) ist der
Verfasser der PGM XXXV freier umgegangen als die beiden
anderen. Er hat die Formeln der Anrufungen so umgearbeitet, dass
daraus eine syntaktisch koordinierte Reihe wurde, deren Glieder er
mit ἐπκαλοῦμαί σε herbeiruft und nachher alle miteinander als ὑμᾶς
πάντας beschwört. Dabei verfährt er aber nicht ganz konsequent,
sodass die ursprüngliche Form der Anrufungsformeln auch in PGM
XXXV doch noch an mehreren Stellen erkennbar bleibt. Dazu hat er
die Reihe der Anrufungen stark gekürzt.

Die katalogartige Reihe der in C Angerufenen ist klar struktu-
riert. Die Bereiche, denen die in B angerufenen Engel zugeordnet
sind, gliedern sich in vier über- und ineinander gelagerte Räume.
Durch sie gehen die Anrufungen von oben nach unten, von aussen
her nach innen hindurch. Der erste Raum zuoberst, ausserhalb des
Kosmos ist der der ἄβυσσος (LB 9, PGM XXXV 1). Der Verfasser
der TMB hat ihn wohl deshalb weggelassen, weil er den eben vorher
angerufenen Sabaoth «oberhalb des Himmels» (TMB 1-3) für die
gleiche Macht ansah wie «den, der da sitzet über der ἄβυσσος». Sein
Vorhandensein in der PGM XXXV zeigt aber, dass er zum ursprünglichen Bestand gehört.

An zweiter Stelle folgt der oberste Raum im Kosmos, der Him-
melsraum. Darin sind die sieben Himmel von oben nach unten numeriert (der siebte fehlt in PGM XXXV).

Der dritte ist der Luftraum zwischen Himmel und Erde. Von den
Erscheinungen, die darin genannt werden, geben die drei Amulette
verschiedene Auswahlen, PGM XXXV nur eine: Gemeinsam haben
LB und TMB ἀστραπαί und βρονταί, TMB und PGM XXXV χιών.
Diese standen also schon in der gemeinsamen Vorlage. Diejenigen,
die je nur in einem vorkommen (κρύσταλλοι in LB, βροχαί in
TMB), könnten individuelle Zutaten der jeweiligen Verfasser sein.

Ähnlich liegen die Dinge im vierten und untersten Raum mit
den Erscheinungen und Orten auf der Erde. In allen drei stehen θά-

λασσα, δράκοντες und ποταμοί in dieser Reihenfolge und ohne Unterbrechung hintereinander, davor in LB und TMB σεισμοί, danach in beiden noch ὁδοί und ὄρη. Dagegen hat TMB allein zusätzlich an erster Stelle die ὗλαι, an drittletzter πόλεις und an letzter πλατεῖαι.

Die Reihe der Anrufungen ist aber nicht nur inhaltlich nach Räumen gegliedert, sondern auch formal. Alle Engel werden herbeigerufen mit dem Verb ἐπικαλοῦμαι aber nicht alle mit derselben, sondern mit drei in Wortbestand und Anordnung verschiedenen Formeln, die offenbar in einer signifikanten Korrelation verwendet werden mit den Räumen, in denen die Angerufenen gedacht sind. Auch diese Ordnung ist in den unteren Räumen etwas weniger genau erhalten, aber ihr Sinn ist doch noch erkennbar.

Die erste Formel:

- (ἐπικαλοῦμαι) τὸν καθήμενον ἐπί (+Bezeichnung des Bereichs),
                                    Name des Angerufenen

wird verwendet für die, die da sitzen über der ἄβυσσος und über den sieben Himmeln. In PGM XXXV, wo die Formeln sonst stärker verändert sind, ist sie noch teilweise erhalten in der ersten (ἐπὶ τῆς ἀβύσσου) und zweiten (τὸν καθήμενον) Anrufung. In LB und TMB taucht sie wieder auf in dem Zusatz am Schluss (LB 27-30 ~ TMB 60-66). Als reine Anrufungsformel im Vocativ (ὁ καθήμενος ἐπί - ohne ἐπικαλοῦμαι) wird sie auch für den im Anrufungsteil des folgenden Amulettformulars C angerufenen (jüdischen) Gott gebraucht (LB 30-32 ~ TMB 66-73 ~ PGM XXXV 11-13). Das scheint also eine rituele Anrufungsformel für die höchsten Mächte zu sein.

Der Anwendungsbereich der zweiten Formel:

- (ἐπικαλοῦμαι) τὸν ἐπί (+ Bezeichnung des Bereichs), Name des
                                                    Angerufenen

ist offenbar dadurch charakterisiert, dass die mit ihr angerufenen Engel nicht «sitzen» über ihrem Bereich. Sie wird verwendet zum einen für die, die ihren Bereich im Luftraum haben: ἀστραπαί (TMB; anders LB), βρονταί (LB und TMB), βροχαί (TMB), χιών (TMB und PGM XXXV), κρύσταλλοι (LB), und zum andern für eine Gruppe von Engeln mit bestimmten Bereichen auf der Erde: ὗλαι (TMB), σεισμοί (LB und TMB), θάλασσα (LB, TMB und PGM XXXV), δράκοντες, (LB, TMB und PGM XXXV), ποταμοί (wohl LB und PGM XXXV; anders TMB) und ὄρη (TMB; anders LB). Die gegen die Norm verstossenden Ausnahmen sollen am Schluss besprochen werden.

Dafür, dass auch diese zweite Formel schon in der Vorlage **X** wie dann in der Vorlage **Φ** stand, spricht, dass sie auch in PGM XXXV (und zwar ohne Ausnahme) verwendet wird für Engel, deren Bereich auch in TMB (χιών) oder sogar in den beiden anderen Amuletten vertreten ist (θάλασσα, δράκοντες und ποταμοί). Ihre Anwendung auf Erscheinungen im Luftraum ist ohne weiteres einleuchtend. Diese sind beweglich und nicht an einen Ort gebunden. Auf ihnen kann man nicht sitzen. Dasselbe gilt auch für die σεισμοί, die vermutlich nicht als rein irdische Erscheinung zu verstehen sind (obschon sie in TMB auf die ὗλαι folgen), sondern eher als kosmische Katastrophen, die schon im Alten Testament von Donnerschlägen begleitet und im Neuen mit den kommenden Messianischen Wehen verbunden sind[13]. Auch die δράκοντες sind beweglich und treten nicht nur an einem Ort auf, und so sind auch die Gewässer zu denken, θάλασσα und ποταμοί. Ortsgebunden sind hingegen ὗλαι und ὄρη. Was sie aber mit jenen anderen gemeinsam haben, ist, dass es sich auch bei den Wäldern und Bergen um Bereiche 'draussen' handelt, ausserhalb der menschlichen Gemeinschaft und der bewohnten Siedlungen. Darin hat man wohl das Verbindende zu erkennen, das die Bereiche im Luftraum und auf der Erde kennzeichnet, deren Engel mit dieser Formel angerufen werden.

In der dritten Formel:

- (ἐπικαλοῦμαι) τὸν ἐπί (+Bezeichnung des Bereichs) καθήμενον,
                                    Name des Angerufenen

ist wieder das «Sitzen über» ausgedrückt, aber an anderer Stelle als in der ersten Formel: nach dem Bereich, auf dem der angerufene Engel sitzt. Die erste Formel ist offenbar der Anrufung der höchsten Mächte vorbehalten, und die mit der dritten Angerufenen gehören nicht zu ihnen, sondern sie sind die im Range niedrigsten. Sie sind vom κτίσας τὰ πάντα über die untersten Bereiche gesetzt, über feste Orte auf der Erde, auf denen man sitzen kann. Im Gegensatz zu denen, die mit der zweiten Formel angerufen werden, sind das Bereiche 'drinnen', im Umkreis der Wohnungen der Menschen.

Gemeinsam haben LB und TMB nur den, der über den ὁδοί sitzt; nur in TMB finden sich dazu die ·über den πόλεις und über den πλατεῖαι.

---

[13]    S. dazu Bauer/Aland s.v. und den Kommentar oben S. 96f.

Mit den Engeln der beiden unteren Klassen sind die Verfasser der drei Amulette unbedenklicher umgegangen als mit denen des höchsten Ranges, vermutlich deshalb, weil sie für weniger mächtig galten und ihnen darum weniger wichtig waren. So wird in LB der über den ἀστραπαί (LB 19) mit der dritten Formel angerufen anstatt mit der zweiten, die hier eigentlich verwendet werden müsste. Ihr Verfasser hat sie nach den vorhergehenden Anrufungen mit der ersten Formel καθήμενον (wenn auch in Nachstellung) wohl irrtümlich noch ein weiteres Mal eingesetzt. Umgekehrt hat er bei dem über den ὄρη (LB 27) die erste anstatt der zweiten Formel verwendet, schon eine Stelle zu früh, bevor sie unmittelbar nachher (LB 28) mit Recht gebraucht wird. In gleicher Weise hat der Verfasser der TMB bei den ποταμοί (TMB 50f.) mit der dritten Formel, die unmittelbar nachher (von den ὁδοί TMB 50f. an) dreimal richtig gebraucht wird, schon eine Stelle zu früh begonnen.

Überblickt man die ganze Reihe der Anrufungen, deren ursprüngliche Gestalt sich dank ihrer Verwendung in den drei Amuletten, abgesehen von jenen wenigen zweifelhaften Fällen in den unteren Rängen, ziemlich genau rekonstruieren lässt, so tritt ihre nach zwei Prinzipien klar gegliederte Struktur deutlich hervor. Zum einen folgen sie einer räumlichen Anordnung der Domänen, über die die herbeigerufenen Engel herrschen. Sie beginnt bei der obersten, oberhalb und ausserhalb der Himmel und steigt hinunter durch sieben Himmel und den Luftraum bis auf die Erde. Zum andern werden die Engel durch die Anrufung mit drei verschiedenen Formeln in drei Kategorien eingeteilt, die einer Rangfolge entsprechen: eine höchste, zu der die Beherrscher des überhimmlischen und der himmlischen Bereiche sowie der jüdische Gott selber gehören, eine zweite, in der alle diejenigen unterhalb der Himmel sind, die über Erscheinungen im Luftraum und über Bereiche auf der Erde ausserhalb des Wohnraums der Menschen gebieten, und eine dritte, deren Bereiche in den Städten und im Umkreis der Wohnungen der Menschen liegen. Die Verwendung der verschiedenen Formeln, durch die diese Klassifizierung zum Ausdruck gebracht wird, bezeugt die rituelle Kompetenz des Verfassers der Reihe. Die Reihe der Anrufungen hat den liturgischen Charakter einer Gebetslitanei.

Was die ursprüngliche Funktion dieser Litanei war, geht aus den in LB, TMB und PGM XXXV erhaltenen Versionen nicht hervor. Derjenige, der sie als Erweiterung vor den Anrufungsteil des Amulettformulars C setzte, hat aus seiner Vorlage nur die Reihe der Anrufungen übernommen, aber den Teil weggelassen, in dem gesagt wurde, zu welchem Zweck alle diese Engel herbeigerufen wurden, vermutlich deshalb, weil in dem weggelassenen Teil etwas ähnliches stand wie im jetzt folgenden Abschnitt C.

Ein deutliches Bild davon, welche Vorstellungen und Erwartungen mit Anrufungen dieser Art von im Kosmos lokalisierten Mächten verbunden sind[14], lässt sich aus einem weit verbreiteten Zauberbuch gewinnen, das als eine Art Lehrbuch der Zauberpraxis angelegt ist und in der Zeit, als unsere Amulette verfasst wurden, gelesen wurde und in mehreren Redaktionen im Umlauf war, aus dem *Testamentum Salomonis*.

Das Test. Sal. ist eine Sammlung von Anweisungen zum Zaubern, nach Mc Cown «a magician's *vade-mecum*», dessen Rezepte in eine Rahmenerzählung von Salomo und seinem Tempelbau eingefügt sind[15]. Wie die Zaubertexte und ihre Vorlagen ist es in mehreren Versionen überliefert, von denen keine ganz gleich ist wie die anderen. Das Material stammt im wesentlichen aus jüdischer Zaubertradition, angereichert mit Elementen verschiedener Herkunft. Die meisten Redaktionen sind byzantinisch und, vor allem, sie stammen von Christen, die damit die jüdische Zaubertradition und Praxis Christen verfügbar gemacht haben. Sie kennen und benützen die Sprache, einschlägige Textstellen und Geschichten der Septuaginta und des Neuen Testaments. Das entspricht ziemlich genau den Voraussetzungen unserer Amulette[16].

---

[14]  Vorstellungen und Erwartungen der Zauberpraxis. Der Verfasser der TMB wusste wohl, zu welchem Zweck er sein Amulett formulierte; aber er verstand nicht alles, was mit den Formeln und Namen gemeint war, die er benützt. Paulos Iulianos (PGM XXXV), verstand viel von dem nicht, was er selber mit pedantischer Mühe aus seinen Vorlagen abschrieb; s. dazu oben S. 34f. 38.

[15]  Wir zitieren das Test. Sal. nach C. C. Mc Cown, *The Testament of Solomon* (Leipzig 1922), das Zitat dort S. 1; s. dazu Alexander (1986) S. 372-375 (mit Lit.): «The TSol in its full forms must be treated as a serious work of magic ... intended as a sort of encyclopaedia of demonology»; «Much of the Jewish colouring is derived from canonical or semi-canonical sources»; zum Christlichen S. 374; Herkunft wohl aus Ägypten.

[16]  In unseren Amuletten stark jüdisch gefärbter Zauber für Christen: s. in TMB die Akklamation (TMB 119f.); LB für Leontios, Sohn der Nonna (Christin, s. oben Kommentar S. 122); für einen Christen wohl auch das Amulett für Thomas (Heintz, 1996; s. dazu oben Anm. 41 zu S. 14), dort (Z. 33) Ἰαω angerufen, zur Anrufung der 36 Dekane, s. Test. Sal. XVIII (τὰ τριάκοντα

Die Zauberei wird im Test. Sal. von der umgekehrten Seite her betrachtet und gelehrt. Aber es geht in beiden Fällen um dieselbe Sache: um die Abwehr von Dämonen und damit um die Bekämpfung der schädlichen Wirkungen, der Übel, die von ihnen verursacht werden. Entsprechend anders ist das Test. Sal. aufgebaut. Während in unseren Amuletten zuerst die guten, hilfreichen Mächte angerufen und beim Namen genannt werden (LB 2ff. 8ff. 30ff.; TMB 1ff. 13ff. 66ff.) und dann die bösen Dämonen und die Übel, vor denen die Träger der Amulette bewahrt werden sollen (LB 5ff. und in den Ausfahrbefehlen 38ff.: TMB 8ff. 75ff. und im Ausfahrbefehl 89ff.), geht das Test. Sal. von den bösen Dämonen aus, die im Rahmen der Erzählung in einer Art Parade vorgeführt werden (πάντα τὰ ἀκάθαρτα πνεύματα Test. Sal. III,7; vgl. LB 2. 38f.; TMB 8f. 89. 111f.).

In unserem Zusammenhang besonders aufschlussreich ist, was der Zauberer wissen muss, um die Dämonen wirkungsvoll bekämpfen zu können durch Besprechung, durch Amulette, Heiltränke u. a. Das wird ihm in einer Art Frage- und Antwortspiel zu jedem einzelnen Dämon mitgeteilt. Es handelt sich im wesentlichen um vier grundlegende Informationen, die der Zauberer unbedingt braucht, um die Dämonen bannen oder vertreiben und damit ihre Wirkung verhindern oder beendigen zu können.

1.) Er muss wissen, welcher Art der Dämon ist, den er zu bannen hat, das heisst, er muss seine Erscheinungsform, die Art und Dauer seiner Einwirkung auf die Menschen (vgl. LB 48f.; TMB 99-109) und die von ihm bewirkten Schädigungen kennen. Es gibt solche, die sich verwandeln können, die in verschiedenen Gestalten und auf verschiedene Weise wirken und deshalb besonders schwer zu fassen sind (vgl. LB 46-49).

2.) Er muss den Namen des Dämons kennen, den einige nur ungern und unter Zwang bekanntgeben, denn dieser spielt für die Bannung eine zentrale Rolle.

3.) Er muss wissen, wo und wann der Dämon zu erreichen ist. Das bedeutet in vielen Fällen, dass er ein Gestirn oder einen ganzen kosmischen Bereich kennen muss, dem der Dämon zugeordnet ist, in dem er sich bewegt und woher er auf die Menschen wirkt (vgl. LB 44f.; TMB 46-49).

---

ἐξ στοιχεῖα); vgl. z. B. auch den «Exorzismus des Pibechis» PGM IV, 3009-3085 (dazu oben S. 74. 80. 100).

4.) Er muss wissen - und das ist das wichtigste - von welchem ἄγγελος jeder Dämon bezwungen wird (ἐναργεῖται), das heisst, welchem er untertan ist. Auch von diesen ἄγγελοι muss er die Namen kennen und deren Zuordnung zu einem Gestirn oder zu einem kosmischen Bereich. Dabei ist ἄγγελος der terminus technicus, der für alle verwendet wird, die Dämonen bezwingen können, sowohl für solche, die als Engel oder Erzengel im konventionellen Sinn gelten, wie auch für andere, die sonst nicht für 'Engel' gehalten werden.

Die schädlichen Dämonen werden also nicht vom Zauberer selber bezwungen, sondern von andern - eben von den ἄγγελοι, - die ihm dabei helfen müssen. Salomo hat sein Testament aufgeschrieben für die Söhne Israel, ὥστε εἰδέναι τὰς δυνάμεις τῶν δαιμόνων καὶ τὰς μορφὰς αὐτῶν καὶ τὰ ὀνόματα αὐτῶν τῶν ἀγγέλων ἐν οἷς καταργοῦνται οἱ δαίμονες (Test. Sal. XV,14). Über allen aber steht der jüdische Gott, zu dem bei allen wichtigen Handlungen gebetet, oder der dabei gepriesen wird. Aber auch er bekämpft die bösen Dämonen nicht selber, sondern eben jeweils der ἄγγελος, dem jeder Dämon untertan ist.

Sowohl die bösen Dämonen wie die ἄγγελοι, denen sie untertan sind, werden im Kosmos lokalisiert. Die sieben Himmel und die ἄγγελοι und Dämonen, die zu ihnen gehören, werden nicht als solche aufgezählt; aber es finden sich Spuren davon. So sagt einer: καλοῦμαι Ἀβεζεθιβοῦ. καί ποτε ἐκαθεζόμην ἐν πρώτῳ οὐρανῷ (XXV,2). Der Dämon Pterodrakon antwortet auf die Frage, von welchem Dämon er lahmgelegt werde: τῷ μεγάλῳ ἀγγέλῳ τῷ ἐν τῷ δευτέρῳ οὐρανῷ κεθεζομένῳ τῷ καλουμένῳ Ἑβραϊστὶ Βαζαζαθ (XIV,7). Die wandelbare Dämonin (auch weibliche Dämonen gibt es in unseren Amuletten: LB 39; TMB 89.113) Ἐνήψιγος antwortet: καταργοῦμαι δὲ ὑπὸ ἀγγέλου Ῥαθαναηλ τοῦ καθεζομένου εἰς τρίτον οὐρανόν (XV,6). In allen drei Fällen ist mit einem numerierten Himmel auch, wie in unseren Amuletten, das darauf «Sitzen» verbunden. Die ἄγγελοι, die darauf sitzen, sind die Beherrscher dieses Bereiches, oder waren es wie der gefallene Engel Ἀβεζεθιβοῦ. Ihnen sind Dämonen untertan, die im astralen Bereich oder weiter unten lokalisiert sind: der Dämon Pterodrakon, der auf einem ἄστρον wirkt (XIV,4), die Dämonin Enepsigos (παρακαθέζομαι τῇ σελήνῃ καὶ διὰ τοῦτο τρεῖς μορφὰς κατέχω XV,4). Andere Dämonen sind anderswo im Astralraum angesiedelt und wirken von dort aus auf die Menschen.

Um die Engel, die über dem zweiten und dritten Himmel sitzen, in Dienst zu nehmen, ruft Salomo sie wie die Zauberer in unseren Amuletten mit demselben Verbum ἐπικαλοῦμαι herbei (ἐπικαλεσάμενος XIV,8; XV,7). Das stimmt also überein mit der ersten Formel, mit der in der Litanei des Abschnitts B die Engel herbeigerufen werden, die über den sieben numerierten Himmeln sitzen.

Viele Dämonen wirken aber auch in den Räumen unterhalb des Mondes. Sie werden formelhaft zusammengefasst in die Gruppen der ἀερίων καὶ ἐπιγείων καὶ καταχθονίων πνευμάτων (XVI,3), in denselben Räumen also wie im Abschnitt B unserer Amulette, unter den sieben Himmeln (καταχθόνιοι vielleicht die δράκοντες im Zusatz zu B: LB 30; TMB 65). Im Luftraum wirken etwa als schädliche αὖρα ἀνέμου (XXII,2), πονηρὸν πνεῦμα (XXII,10) der arabische Dämon Ἐφιππᾶς (XXII,19; vgl. LB 47?) und Ἀβεζεθιβοῦ als πνεῦμα χαλεπὸν ... ὑπὸ τῶν οὐρανῶν (XXV,3). Zahlreich sind auch diejenigen, die auf der Erde wirken, die meisten von ihnen in den Bereichen 'draussen'. Sie halten sich auf in Gräbern, Klippen, Höhlen, Klüften, einer wirkt im Meer (Test. Sal. XVI,1ff.; vgl. LB 22 ~ TMB 46f.; PGM XXXV 8f.), andere aber auch in Städten (Test. Sal. VI,4; XX,17; vgl. TMB 54-56).

Mehrere wirken in weiten Räumen des Kosmos, Asmodeus ἐν ὅλῳ τῷ κόσμῳ (V,7), Ῥάβδος hat ἐν τῷ κόσμῳ viel Gesetzwidriges begangen (X,2) und Ὀβιζούθ durchschweift in der Nacht (vgl. LB 48f.; TMB 115f.) πάντα τὸν κόσμον (XIII,1).

Von besonderer Bedeutung ist, dass der Zauberer den Namen des ἄγγελος kennt, der jeden Dämon überwinden kann. Asmodeus sagt, viele hielten die Dämonen für mächtiger als sie sind μὴ γιγνωσκόντων τῶν ἀνθρώπων τὰ ὀνόματα τῶν καθ᾽ ἡμῶν τεταγμένων ἀγγέλων (VI,6), und deshalb will der neutestamentliche Dämon von Gadara den Namen dessen, der ihn bezwingen kann, nicht preisgeben, bevor er dazu gezwungen wird, denn: ἐὰν εἴπω σοι (sc. Salomon) τὸ ὄνομα οὐκ ἐμαυτὸν δεσμεύω μόνον ἀλλὰ καὶ τὸν ἐπ᾽ ἐμὲ λεγεῶνα δαιμόνων (XI,5). Bei manchen genügt es schon, den richtigen Namen auszusprechen, damit sie weichen: ἐὰν ἀκούσω «Ἀδωναι», εὐθὺς ἀναχωρῶ (XVIII,17).

Mit dem Katalog der im Abschnitt B Herbeigerufenen wird die Wirkungsabsicht des Zauberers von der umgekehrten Seite her erreicht als im Test. Sal. Die Mächte, die in der Litanei herbeigerufen werden, haben die Funktion der ἄγγελοι im Test. Sal. Jeder der Herbeigerufenen beherrscht einen Bereich in den Räumen des Kosmos und damit alle die bösen Dämonen, die in ihm angesiedelt sind, und von ihm aus wirken.

Der Zauberer, der diese sorgfältig aufgebaute Litanei konzipiert hat, wollte damit alle Räume im (und mit der ἄβυσσος ausserhalb des) Kosmos systematisch durch die sie Beherrschenden abdecken. Die abzuwehrenden Dämonen und die Übel, die von ihnen hervorgerufen werden, mussten dann nicht einzeln genannt werden, ob sie nun nur in einem bestimmten Raum oder Bereich, oder durch mehrere, oder sogar im ganzen Kosmos wirksam gedacht sind. Wo und woher sie auch immer wirken, war der dort herrschende ἄγγελος angesprochen, durch den jeder von ihnen bezwungen wird (ἐναργεῖται).

In LB und TMB redet in der Litanei im Abschnitt B der Zauberer die herbeigerufenen Engel nicht direkt an (wie es der Sprecher von PGM XXXV mit einer Formel vom Typ (σε) ὁ καθήμενος ἐπί tut), sondern er beruft sie im Namen des Weltschöpfers als im Accusativ genannte Drittperson. Das Entscheidende ist offenbar nicht, dass die so Herbeigerufenen vom Zauberer angeredet werden, sondern dass von jedem von ihnen (und zwar in allen drei in der Litanei verwendeten Formeln) jeweils am Schluss der Namen ausgesprochen wird.

Die bösen Dämonen werden durch das Aussprechen des Namens des ἄγγελος, der sie bezwingen kann, gebannnt oder gefesselt, doch nicht nur durch das Aussprechen, auch durch das Aufschreiben: ἐάν τις γράψει «Ἰαώθ, Οὐριήλ», εὐθὺς ἀναχωρῶ (Test. Sal. XVIII,26). Geschrieben wurden die Namen auch in der Vorlage des Abschnitts B, das heisst: Die Litanei war von vornherein dazu bestimmt, dass sie als Amulett-Text verwendet werden konnte (nachdem sie wohl vorher vom Zauberer in dem zur Herstellung des Amuletts geforderten Zauberritual rezitiert worden war)[17]. In Test. Sal. XVIII werden viele Namen von der Art derer, die in B vorkommen, genannt. Ausser den Erzengeln (Μιχαηλ, Γαβριηλ, Οὐριηλ, Ῥαφαηλ; vgl. LB 8. 14. 28; TMB 20.25) erscheinen viele ähnlich tönende mit der Endung -ηλ (z. B. Οὐρουηλ, Σαβαηλ, Αραηλ, Καραηλ, Αδωναηλ) wie auch im Katalog des Abschnitts B, mehr in TMB (Αηλ, Χαηλ, Τουριηλ, Τοβιηλ, Σουριηλ, Ῥασουσουηλ, Νουχαηλ), in der LB nur zwei, offenbar mit Absicht ausgewählte (Ῥαγαηλ, Ῥαχαηλ). Dazu kom-

---

[17] Der Text des Zaubers (der λόγος) wird rezitiert, bevor er aufgeschrieben wird, im Fall der LB wohl bei einem Taufexorzismus; s. dazu oben Anm. 26 und 27 zu S. 10.

men andere häufig in verschiedenen Varianten erscheinende Namen wie Μαρμαραωθ (vgl. LB 12; TMB 17), 'Zaubernamen' (z. B. Ιαζ, Ῥαριδερις), von denen mehrere einander ähnliche (aus der gleichen Vorlage in Varianten wiedergegebene) in TMB und LB stehen, und Gottesnamen (Σαβαωθ, Ἀδωναι etc.; im Abschnitt B nur im Zusatz zum Katalog LB 30-34; TMB 61-66).

## Der Zusatz zum Abschnitt B

Auf die Reihe der Engel, deren Domänen von der ἄβυσσος über die sieben Himmel und den Luftraum bis hinunter zu den Bereichen 'draussen' und 'drinnen' auf der Erde reichen, folgt in LB (27-30) und TMB (60-66) ein Anhang, der in der PGM XXXV keine Entsprechung hat[18]. Er ist offenbar erst vom Verfasser der Vorlage Φ hinzugesetzt worden.

Sowohl mit seiner Form wie mit seinem Inhalt gibt er sich als sekundärer Zusatz zu erkennen. Mit beidem steht er im Widerspruch zu den Regelungen, nach denen die vorhergehende Litanei der Anrufungen gestaltet ist.

Zum Inhalt: In diesem Zusatz wird mit dem Verb ἐπικαλοῦμαι der jüdische Gott herbeigerufen (LB 28f.; TMB 60f.), in dessen Namen vorher (LB 9f; TMB 13f.) mit demselben Verb die Engel herbeigerufen worden sind. Das ergibt den inneren Widerspruch, dass Gott 'im Namen Gottes' herbeigerufen wird. Dann wird er hier im Gegensatz zu der vorhergehenden Litanei, wo gerade sein Name als einziger nicht genannt wird, mit Gottesnamen (Σαβαωθ und Ἀδωναι LB 28f. ~ Ἀδωνης TMB 63) und Zaubernamen (wie in den Abschnitten A und C), und sogar ausdrücklich θεός (TMB 62) genannt. Er sitzt auch nicht auf einem überall auf der Erde vorstellbaren Bereich wie die vorher angerufenen Engel, sondern auf dem Berg Sinai, wo er in der Exodus (19-34) Mose und dem Volk Israel erschienen war. Dazu sitzt er noch ἐπὶ τῶν δρακόντων (TMB 64f. ~ LB 30, wohl unter der Erde), was wiederum die Vorstellung impliziert, dass Gott selber, nicht wie in der vorhergehenden Litanei die Engel in seinem Namen, die bösen Dämonen bannt. Und schliesslich sitzt in der Litanei schon ein Engel über den δράκοντες

---

[18] S. dazu den Kommentar oben S. 99-102.

(LB 23f. ~ TMB 47-49 ~ PGM XXXV 9) und ein anderer ἐπὶ τοῖς ὄρεσιν (LB 27 ~ TMB 58).

Zur Form: Die Formel, mit der er hier herbeigerufen wird (ἐπικαλοῦμαι τὸν καθήμενον ἐπί), entspricht der ersten der drei vorher in der Litanei verwendeten. Sie passt zwar für den höchsten Gott, sie wird (ohne ἐπκαλοῦμαι und im Vocativ) für den jüdischen Gott auch im Anrufungsteil von C verwendet (LB 30-32; TMB 66-71). Sie passt aber im Vergleich mit der Litanei nicht für einen, der über der Erde sitzt oder über δράκοντες. Anders werden auch die Namen mit der Formel verbunden. Während in der Litanei regelmässig nur ein Name des den entsprechenden Bereichs beherrschenden Engels folgt, sind es hier mehrere. Anders ist auch die mehrgliedrige Anrufung (mit der Wiederholung der Formel), die auf das einmalige ἐπικαλοῦμαι folgt. Der mehrgliedrige Anruf mit derselben Formel, aber verschiedenen Namen entspricht dagegen dem des folgenden Anrufungsteils von C.

Der Zusatz ist wohl in Verbindung mit dem Ausfahrbefehl zu sehen. Dort werden die Dämonen aufgefordert zu fliehen ὑποκάτω τῶν πηγῶν καὶ τῆς ἀβύσσου (LB 42; TMB 93f.), in einen Abgrund, der im Raum unter der Erde gedacht ist. Das ist offenbar der Raum, den derjenige beherrscht, der auf der Erde über dem Sinai und unter der Erde über dem oder den δράκοντες sitzt. Ein Beherrscher dieses Raums wird sonst nirgends genannt. Vermutlich hat der Redaktor der Vorlage Φ diesen Zusatz zugleich mit dem Ausfahrbefehl im Abschnitt D eingesetzt. Nur hier und ganz am Anfang von A (LB 3; TMB 3) erscheint der Gottesname Σαβαωθ. Vielleicht ist das ein Indiz dafür, dass er auch den Abschnitt A gleichzeitig mit diesem Zusatz und mit dem Ausfahrbefehl zugegeben hat. Er hätte dann die Vorlage **X,** in der alle drei noch nicht vorhanden waren, gleichzeitig am Anfang, in der Mitte und am Ende um Zugaben erweitert, die miteinander in Beziehung stehen.

### Der Abschnitt A

Vor den Abschnitt B hat der Verfasser der Vorlage Φ den Abschnitt A (LB II, 2-8; TMB I, 1-13)[19] gestellt, offensichtlich schon im Hinblick auf den Abschnitt D, den er gleichzeitig nach C angehängt

---

[19]  S. dazu den Kommentar oben S. 73-87.

hat. A besteht aus zwei Teilen eines Amulettformulars, das vermutlich ursprünglich gleich gebaut war wie das Formular des Abschnitts C. Im Abschnitt A fehlt dagegen der Anrufungsteil am Anfang, und der Beschwörungsteil (ὁρκίζω LB 2; TMB 1) und die Aufforderung, den Träger des Amuletts vor Dämonen und Übeln zu bewahren (διαφύλαξον TMB 6, 'attisch' LB 4) folgen sich in umgekehrter Reihenfolge. Mit dieser Umstellung erreichte er, dass am Anfang des ganzen eine Beschwörungsformel stand, gemeint als Beschwörung der Dämonen, die dann im Abschnitt D mit dem Ausfahrbefehl vertrieben werden.

Dazu verschaffte er mit der Einstellung dieses Abschnitts an erster Stelle dem Amulett einen eindrucksvollen Introitus, der einen doppelten Zweck erfüllte: Zum einen wird damit gleich am Anfang der jüdische Gott, unter dessen Patronat das ganze Amulett steht, mit dem Namen des Herrn Σαβαωθ als der Höchste gepriesen. Die Prädikation preist ihn mit drei Epiklesen als ἐπάνω 'über, oberhalb' allem anderen: ἐπάνω τοῦ οὐρανοῦ (höher als im Abschnitt C, wo er «sitzt» ἐπὶ τοῦ στερώματος, angeredet mit dem Zaubernamen Σχραδα/Χραδα LB 30f.; TMB 66f), und 'oberhalb' von zwei Figuren der caelestis hierarchia Ἐλαωθ und Χθοδαι (vgl. im Abschnitt C Methusalem und die Cherubim). Die Formel τὸν ἐλθόντα ἐπάνω τοῦ Ἐλαωθ (TMB 3f.) bedeutet wohl 'den, der zu Hilfe kommt, oberhalb des Elaoth' (vgl. Test. Sal. II,7: ηὐξάμην τὸν ἀρχάγγελον Οὐριηλ ἐλθεῖν μοι εἰς βοήθειαν. καὶ εὐθὺς εἶδον τὸν ἀρχάγγελον Οὐριηλ ἐκ τοῦ οὐρανοῦ κατερχόμενον πρός με.).

Zweitens konnte er ebenfalls gleich am Anfang, im zweiten Abschnitt, den Namen des Trägers des Amuletts und das, wovor ihn Gott bewahren soll - den Zauberzweck - nennen (διαφύλαξον...), während das ohne diesen Zusatz erst viel später (nach dem ganzen Abschnitt B im Abschnitt C: LB 34; TMB 37) gesagt wurde.

Die Einsetzung dieses Abschnitts am Anfang hat also durchaus einen Sinn. Aber es ergab sich eine gewisse Unklarheit, weil im Beschwörungsteil nicht gesagt wird, wer bei dem genannten Gott beschworen wird, und weil im folgenden Abschnitt mit διαφύλαξον der Gott aufgefordert wird, etwas zu tun, der vorher nicht angerufen wird, sondern 'bei' dem die ungenannten Dämonen beschworen werden. Was gemeint ist, versteht man, wenn man den Abschnitt A im Zusammenhang des ganzen betrachtet.

Den Anrufungsteil konnte er weglassen, weil er ausgeführt ist im Abschnitt C (LB 30-34; TMB 66-74), auf den alles Vorhergehende ausgerichtet ist. Im Abschnitt C ist die Reihenfolge der Abschnitte sinnvoll: Im ersten wird der alttestamentliche Gott angerufen, im zweiten wird er aufgefordert, den Träger (in TMB die Trägerin) des Amuletts zu bewahren vor Dämonen und den von ihnen verursachten Übeln, im dritten werden bei ihm in diesem Abschnitt nicht genannte Dämonen beschworen mit der erstarrten Formel ὁρκίζω σε (LB 36 ~ TMB 79)[20], aber wer gemeint ist, ist hier klar, weil vorher im zweiten Teil von ihnen die Rede war, und unmittelbar nachher die Dämonen angeredet und zum Ausfahren aufgefordert werden. Sie müssen den Ausfahrbefehl befolgen, weil sie vorher beschworen worden sind. Auch das wird nicht gesagt im Abschnitt D, in dem die Dämonen angerufen werden; aber es ergibt sich aus dem Zusammenhang, in dem er steht.

Doch im Abschnitt A ist das schwieriger zu erkennen. So, wie sie dastehen, sind es isolierte, nicht miteinander verbundene Teilstücke. Es geht ihnen kein Anrufungsteil voraus, und zum folgenden Abschnitt B besteht keine Verbindung, weder formal noch inhaltlich. Ihr Sinn ist nur im weiteren Zusammenhang, im Hinblick auf die ganze Exorzismus-Aktion zu fassen. Dann kann man verstehen, warum der Anrufungsteil in diesem Abschnitt weggelassen wurde und, warum die beiden, aus ihrem ursprünglichen Zusammenhang herausgelösten Teile in dieser Reihenfolge an den Anfang gestellt wurden. Das heisst: Der Zweck, den sie im Rahmen des ganzen erfüllen, ist einsehbar; aber er ergibt sich nicht aus dem Wortlaut der einander folgenden Abschnitte, die der Verfasser der Vorlage Φ mit ihren erstarrten Formeln unverändert aus seinem Vorrat an Vorlagen[21] übernommen und ohne Verbindung hintereinander gestellt hat. Dasselbe Procedere und seine Folgen sind auch deutlich erkennbar im Abschnitt B mit dem Zusatz.

---

[20] Zu vergleichen ist das von Kotansky (1995a) publizierte Steinamulett mit Resten von Formeln, die auf Elemente verweisen, die in sehr ähnlicher Zusammenstellung in unseren Amuletten erscheinen, dort die erstarrte Formel ὁρκίζω σε +acc. (vgl. TMG 1 und 79. LB 35) am Anfang im Sinne von «Ich beschwöre dich bei», wobei aber wie hier die Dämonen nicht genannt sind, die beschworen werden. Dort am Schluss die Aufforderung an: Ἰαω σῶσον τὸν φοροῦντα (vgl. LB 4.34 διαφύλαττε τὸν φοροῦντα ...), bei dem die ungenannten Dämonen beschworen werden. Vgl. dazu oben Kommentar S. 73-80, bes. 78f

[21] S. dazu die Zauberbücher mit Sammlungen von Formularen als Vorlagen für Amulette in *Suppl. Mag.* II, Nr. 70-100.

### Der Abschnitt D

Die Abschnitte A, B und C, die die Verfasser der LB und der TMB in im einzelnen verschiedener Weise auf der Grundlage der Vorlage Φ gestaltet haben, bilden zusammen den ersten Hauptteil ihrer Amulette. Darin wird mit der nur aus dem Zusammenhang als solche erkennbaren Beschwörung der Dämonen beim alttestamentlichen Gott der zweite Hauptteil vorbereitet, der Ausfahrbefehl an die Dämonen im Abschnitt D (LB V, 38-45; TMB IV,89-109)[22], in dem sie ebenfalls, mit gewissen Abweichungen, noch der gemeinsamen Vorlage folgen.

Der Verfasser der Vorlage Φ hat wohl, als er den Abschnitt D an den Beschwörungsteil des Amulettformulars C anhängte, zugleich auch vor dessen Anrufungsteil den Zusatz zum Absatz B gesetzt, in dem der Gott, der auf dem Berg Sinai und über den δράκοντες sitzt, herbeigerufen wird. Der Ausfahrbefehl umfasst die Anrufung der Dämonen, den Befehl zu fliehen vom Träger des Amuletts in den Abgrund, sich zu entfernen und ihm nicht zu schaden mit Anschlägen, die in einer Liste aufgezählt werden. Φ enthielt wohl auch so eine Liste; aber LB und TMB folgen der Vorlage nur bis zu ihrem ersten Eintrag (LB 38-40 φαρμάκοις; TMB 89-97 φαρμάκῳ), dann fahren sie getrennt weiter mit verschiedenen eigenen Listen (LB 44-45; TMB 97- 109), und von da an bis zum Schluss.

D ist auch ein dreiteiliges Amulettformular, analog gebaut wie das Amulettformlar C, mit einem Anrufungsteil, einem Befehlsteil mit einer Aufforderung im Imperativ an die Angerufenen, an den der Name des Amulett-Trägers angeschlossen wird (φεύγετε ἀπό, vgl. διαφύλαξον τόν...), und einer Liste der Übel, vor denen der Amulett-Träger bewahrt werden soll. Es steht in gleicher Weise wie die Abschnitte A, B, Zusatz zu B und C unverbunden neben dem vorhergehenden Abschnitt.

Auch die Verfasser von LB und TMB sind gleich vorgegangen mit den Abschnitten, die sie neu hinzufügten. In LB folgt ein zweiter Ausfahrbefehl (LB VI), ein aus dem Zusammenhang herausgeschnittenes Fragment eines Amulettformulars. Für den dritten Hauptteil,

---

[22] S. dazu den Kommentar, oben S. 111-123 und zu LB VI oben Anm. 5 zu S. 134.

die Schlussgebete, verwendet LB ein Stück aus einem νικητικόν (LB VII), TMB ein weiteres Amulettformular (TMB V) und eine 'Akklamation' (TMB VI). Die Technik der Herstellung neuer, aus festen unverändert übernommenen Formeln und Abschnitten zusammengesetzter Amulette ist überall dieselbe.

Aber bei ihrer Anwendung zeigen sich auch gewisse Qualitätsunterschiede. Der Verfasser der Vorlage Φ war offenbar ein kompetenter Zauberer und er kannte sich aus in den Prädikationen des alttestamentlichen Gottes. Er hat gezielt Abschnitte verschiedener Herkunft, die im Aufbau des ganzen einen speziellen Zweck erfüllen, aus ihrem ursprünglichen Zusammenhang herausgelöst und sie am entsprechenden Ort eingesetzt; aber er hat sie unverändert übernommen und unverbunden nebeneinander gestellt, was einige Widersprüche und Ungereimtheiten mit sich brachte. Doch das entspricht offenbar der üblichen Zauberpraxis, für die er seine Vorlage schrieb.

Der Verfasser der TMB macht einen etwas bescheideneren Eindruck. Er hat sich nicht bemüht, die Widersprüche auszugleichen. Auch bei der Einlage des Amulettformulars als Schlussgebet (TMB V) ist er gleich verfahren. Er hat offenbar nicht alles verstanden, was er aus der Vorlage übernahm.

Dagegen hebt sich deutlich der Verfasser der LB ab. Er ist ein theologisch gebildeter Mann. Auch seine Sprache weist ihn als einen gebildeten Mann aus. Er fügt unabhängig von der Vorlage ein, was er dafür braucht. Von der Vorlage übernimmt er, was in sein Konzept passt, ändert daran, um Widersprüche und Unstimmigkeiten zu beseitigen, anderes lässt er weg. Er vermeidet Wiederholungen und stellt durchgehende Bezüge zwischen den Abschnitten des Textes her. Er hat sein sorgfältig redigiertes Amulett für einen Taufexorzismus für anspruchsvolle Auftraggeber einer gehobenen Gesellschaftsschicht planmässig nach einem eigenen Konzept gestaltet[23].

---

[23]  S. dazu oben S. 11-13

# Abkürzungs- und Literaturverzeichnis

## Abkürzungen


Audollent, DT

A. Audollent: *Defixionum Tabellae* (Paris 1904).

Bauer/Aland

W. Bauer, *Griechisch-deutsches Wörterbuch zu den Schriften des Neuen Testaments und der frühchristlichen Literatur* (Berlin 1988)

Blass/Debrunner/Rehkopf

F. Blass/A. Debrunner/F. Rehkopf, *Grammatik des neutestamentlichen Griechisch* (Göttingen [16]1984).

A. Delatte, *Anecd. Athen.*

A. Delatte, *Anecdota Atheniensia*, T. I: Textes grecs inédits relatifs à l'histoire des religions, *Bibliothèque de la Faculté de Philosophie et Lettres de l'Université de Liège*, Fasc. 36 (Liège/Paris1927)

Delatte/Derchain

A. Delatte/Ph. Derchain, *Les intailles magiques gréco-égyptiennes* (Paris 1964)

3 Enoch

*3 (Hebrew Apocalypse of) Enoch*. A new Translation and Introduction by P. Alexander, in: J. H. Charlesworth (ed.), *The Old Testament Pseudepigrapha* I (London 1983) 223-315.

Gignac

F. Th. Gignac, *A Grammar of the Greek Papyri of the Roman and Byzantine Periods*, 2 Bde (Milano 1976/1981)

*Kölner Papyri 8*

*Kölner Papyri*, Bd. 8, bearbeitet v. M. Grünewald, K. Maresch, C. Römer, Papyrologica Coloniensia Vol. VII, 8 (Oppladen 1997)

Kotansky, *GMA* I

R. Kotansky, *Greek Magical Amulets, The Inscribed Gold, Silver, Copper and Bronze Lamellae, Part I: Published Texts of Known Provenience*, Papyrologica Coloniensia Vol. XXII, 1 (Opladen 1994)

Lampe

G. W. H. Lampe, *A Patristic Greek Lexikon* (Oxford 1961)

Merkelbach, *Abrasax* 4 — R. Merkelbach, *Abrasax*. Ausgewählte Papyri religiösen und magischen Inhalts, Bd. 4: Exorzismen und jüdisch/christlich beeinflusste Texte, Papyrologica Coloniensia Vol. XVII, 4 (Opladen 1996)

PGM — *Papyri Graecae Magicae*. Die griechischen Zauberpapyri, ed. K. Preisendanz.

PGMTr — H. D. Betz (ed.), *The Greek Magical Papyri in Translation, including the Demotic Spells* (Chicago/London 1986)

*PLRE* I — A. Jones/J. Martindale/J. Morris, *The Prosopography of the Later Roman Empire* I (Cambridge 1971).

*PLRE* II — J. Martindale, *Prosopography of the Later Roman Empire* II (Cambridge 1980).

PSI — *Papiri greci e latini* (Pubblicazioni della Società Italiana per la ricerca dei Papiri greci e latini in Egitto) (Firenze 1912-)

Suppl. Mag. — R. W. Daniel/F. Maltomini (edd.), *Supplementum Magicum* vol. I-II, Papyrologica Coloniensia Vol. XVI, 1-2 (Opladen 1990, 1992)

Test. Sal. — *The Testament of Solomon*, ed. with introduction by Ch. C. Mc Cown (Leipzig 1922).

# Literaturverzeichnis

Alexander (P.S.) 1986: «Incantations and Books of Magic», in: E. Schürer, *The History of the Jewish People in the Age of Jesus Christ*, A new English Version revised and edited by G. Vermes, F. Millar, M. Goodman III 1 (Edinburgh) 342-379.

Aune (D.E.) 1996: «Iao», *RAC* 17 (1996) 1-12

Betz (H.D.) 1997: «Jewish Magic in the Greek Magical Papyri», in: Schäfer (P.)/Kippenberg (H.G.) 1997, 45-63

Bonner (C.) 1950: *Studies in Magical Amulets* , University of Michigan Studies, Humanistic Series, vol. XLIX (Ann Arbor/London/Oxford).

Bowersock (G.W.) 1986: «An Arabian Trinity», *Harv. Theol. Rev.* 79, 17-21. 465.

Brashear (W.) 1988: «A Christian Amulet», *Journal of Ancient Civilizations* 3 35-45.

Brashear (W.) 1991: *Magica Varia*, Papyrologica Bruxellensia 25 (Bruxelles).

Brashear (W.) 1995: «The Greek Magicle Papyri: An Introduction and Survey», *ANRW* II 18.5, 3380-684.

Burkert (W.) 1962: «ΓΟΗΣ. Zum griechischen Schamanismus», *RhM* 105, 36-55.

Daniel (R.W.) 1977: «Some φυλακτήρια», *ZPE* 25, 145-154.

Daniel (R.W.) 1981: «A Phylactery from Amphipolis», *ZPE* 41, 275-276.

Daniel (R.W.) 1983: «A Christian Amulet on Papyrus», *V Chr* 37, 400-404.

Deissmann (A.) 1895: *Bibelstudien* (Marburg).

Deissmann (A.) 1923: *Licht vom Osten* (Tübingen).

Delatte (L.) 1957: *Un office byzantin d'exorcisme*, Académie de Belgique, Classe des Lettres-Mémoires 2ème série; Tome LII (Bruxelles).

Deubner (L.) 1937: «Speichel», *Hdwb. d. deutschen Aberglaubens* 8 (1937) 149-155.

Deubner (L.) 1937: «Spucken», *Hdwb. d. deutschen Aberglaubens* 8 (1937) 325-344.

Dihle (A.) 1988: «Heilig», *RAC* 14, 1-63.

Dölger (F.J.) 1909: *Der Exorzismus im altchristlichen Taufritual* (Paderborn).

Dölger (F.J.) 1911: *Sphragis. Eine altchristliche Taufbezeichnung* (Paderborn).

Duling (D.C.) 1985: «The Eleazar Miracle and Solomon's Magical Wisdom in Flavius Josephus' *Antiquitates Judaicae* VIII,42-49», *Harv. Theol. Rev.* 78, 2-25.

Eckstein (F.)/Waszink (J.H.) 1950: «Amulett», *RAC* 1, 397-411.

Eitrem (S.) 1925: *Papyri Osloenses* t. 1: *Magical Papyri* (Oslo).

Eitrem (S.) 1966: *Some Notes on the Demonology in the New Testament*, Symb. Osloens. Suppl. XX, ²1966.

Engels (L.J.)/Hofmann (H.) 1997: «Literatur und Gesellschaft in der Spätantike» in: dieselben (Hrsg.), *Spätantike mit einem Panorama der byzantinischen Literatur*, Neues Handbuch der Literaturwissenschaft Bd. 4 (Wiesbaden) 29-88.

Faraone (C.A.)/Kotansky (R.) 1988: «An Inscribed Gold Phylactery in Stamford, Connecticut» *ZPE* 75, 257-266.

Faraone (C.A.)/Obbink (D.) 1991: (edd.), *Magika Hiera. Ancient Greek magic and Religion* (New York/Oxford).

Fauth (W.) 1993: «Dardaniel (PGM LXII 12-16)», *ZPE* 98, 57-75.

Fiaccadori (G.) 1987: «NOYAEMIO», *La parola del passato* 235, 290-292.

Forbes (R.J.) 1966: *Studies in Ancient Technology*, vol. 5 (Leiden ²).

Froehner (W.) 1866: «Sur une Amulette basilidienne inédite du Musée Napoléon III», *Bulletin de la Société des Antiquaires de Normandie* 4, 217-231.

Gager (J.G.) 1992: *Curse Tablets and Binding Spells from the Ancient World* (Oxford).

Geissen (A.) 1984: «Ein Amulett gegen Fieber», *ZPE* 55, 223-227.

Gignoux (Ph.) 1987: *Incantations magiques syriaques*, Coll. de la Revue des Etudes Juives (Louvain).

Graf (F.) 1996: *Gottesnähe und Schadenzauber*. Die Magie in der griechisch-römischen Antike (München).

Heintz (F.) 1996: «A Greek Silver Phylactery in the MacDaniel Collection» *ZPE* 112, 295-300.

Homolle (Th.) 1901: «Inscriptions d'Amorgos. Lames de plomb portant des imprécations», *BCH* 25, 412-456.

Hopfner (Th.) 1921/1924: *Griechisch-ägyptischer Offenbarungszauber*, 2 Bde (Leipzig 1921/1924).

Hopfner (Th.) 1928: «Mageia», *RE* 14, 1, 301-393.

Jordan (D.R.) 1976: «CIL VIII 19525(B).2 QPPVULVA = Q(VEM)P(EPERIT) VULVA», *Philologus* 120, 127-132.

Jordan (D.R.) 1985: «A Survey of Greek Defixiones Not Included in the Special Corpora», *GRBS* 26, 151-197.

Jordan (D.R.) 1991: «A New Reading of a Phylactery from Beirut», *ZPE* 88, 61-69.

Jordan (D.R.) 1996: Rez. von Kotansky, *GMA* I, *JHS* 116, 233-235.

Jordan (D.R.)/Kotansky (R. D.) 1996: «Two Phylacteries from Xanthos», *Revue Archéologique* 1966, 161-174.

Jordan (D.R.)/Kotansky (R. D.) 1997a: «A Solomonic Exorcism», *Kölner Papyri* 8, Papyrologica Coloniensia VII/8 (Oppladen), 53-69 (Nr. 338).

Jordan (D.R.)/Kotansky (R. D.) 1997b: «A Spell for Aching Feet», *Kölner Papyri* 8, Papyrologica Coloniensia VII/8 (Oppladen), 70-81 (Nr. 339).

Keenan (J.G.) 1988: «A Christian Letter from the Michigan Collection», *ZPE* 75, 267-271.

Kelly (H.A.) 1985: *The Devil at Baptism* (Ithaca/London)

Kötting (B.)1955: «Böser Blick», *RAC* 2, 1955, 473-82.

Kotansky (R.) 1980: «A Gold Amulet for Aurelia's Epilepsy», *The J. Paul Getty Museum Journal* 8, 181-184.

Kotansky (R.) 1991a: «Magic in the Court of the Governor of Arabia», *ZPE* 88, 41-60.

Kotansky (R.) 1991b: «An Inscribed Copper Amulet from 'Evron», *Antiquot* 20, 81-87.

Kotansky (R.) 1991c: «Two Inscribed Jewish Aramaic Amulets from Syria», *Israel Exploration Journal* 41, 267-281.

Kotansky (R.) 1991e: «Incantations and Prayers for Salvation on Inscribed Greek Amulets», in: Faraone/Obbink 1991, 107-137.

Kotansky (R.) 1995a: «Remnants of a Liturgical Exorcism on a Gem», *Le Muséon* 108, 143-156.

Kotansky (R.) 1995b: «Greek Exorcistic Amulets», in: M. Meyer/P. Mirecki (ed.), *Ancient Magic and Ritual Power* (Leiden/New York/ Köln 1995) 243-277.

Kotansky (R.)/Naveh (J.)/Shaked (S.) 1992: «A Greek-Aramaic Silver Amulet From Egypt in the Ashmolean Museum», *Le Muséon* 105, 5-24.

Lampe (G.W.H.) 1976: *The Seal of the Spirit* (London 1951, ⁴1976).

Latte (K.) 1929: Rez.von A. Delatte, *Anecdota Atheniensia*, *Gnomon* 5, 470-477 = *Kleine Schriften* (München 1968) 808-815.

Lumpe (A.)/Bietenhard (H.) 1991: «Himmel», *RAC* 15, 173-212.

Maltomini (F.) 1982: «Cristo all'Eufrate. P. Heid. G. 1101: Amuleto Cristiano», *ZPE* 48, 149-170.

Maltomini (F.) 1986: «Due papiri magici della Bibliothèque publique et universitaire di Ginevra», *SCO* 36, 294-305.

Maltomini (F.) 1997: «Amuleto con NT EV.JO.1,1-11», *Kölner Papyri* 8, Papyrologica Coloniensia VII/8 (Opladen), 82-95 (Nr. 340).

Margalioth (M.) 1966: *Sepher Ha-Razim: A newly discovered Book of Magic from the Talmudic Period* (Jerusalem).

Martinez (D.G.) 1991: *P.Michigan XVI. A Greek Love Charm from Egypt* (P.Mich. 757). Ed. and Comm. by D.G.M. (Atlanta).

Martinez (D.G.) 1995: «"May She neither Eat nor Drink": Love Magic and Vows of Abstinence», in: Meyer/Mirecki 1995, 335-359.

Mastrocinque (A.) 1998: «Studi sulle gemme gnostiche», *ZPE* 122, 105-118

Merkelbach (R.) 1959: «Drache», *RAC* 4, 226-250.

Merkelbach (R.) 1993: «Astrologie, Mechanik, Alchimie und Magie im griechisch-römischen Aegypten», *Riggisberger Berichte* 1 (Riggisberg 1993) 49-61; jetzt in: ders., *Philologica*, Stuttgart/Leipzig 1997, 240-254.

Meyer (M.)/Mirecki (P.) 1995: (ed.), *Ancient Magic and Ritual Power* (Leiden/New York/Köln).

Michl (J.) 1962: «Engel I-IX», *RAC* 5, 53-258.

Morgan (M.A.) 1983: *Sepher Ha-Razim: The Book of Mysteries* transl. by M. A. Morgan (Chico, Calif.).

Müller (C.D.G.) 1959: *Die Engellehre der koptischen Kirche : Untersuchungen zur Geschichte der christlichen Frömmigkeit in Aegypten* (Wiesbaden).

Müller (C.D.G.) 1974: «Von Teufel, Mittagsdämon und Amuletten», *JbAC* 17, 91-102.

Naldini (M.) 1970: «Un frammento esorcistico e il Testamento di Salomone», in: *Studia Florentina A. Ronconi sexagenario oblata* (Rom) 281-287.

Naveh (J.)/Shaked (S.) 1985: *Amulets and Magic Bowls: Aramaic Incantations of Late Antiquity* (Jerusalem/Leiden).

Naveh (J.)/Shaked (S.) 1993: *Magic Spells and Formulae* (Jerusalem).

Neuschäfer (B.) 1987: *Origenes als Philologe*, Schweiz. Beitr. zur Altertumswiss. 18 (Basel).

Nock (A.D.) 1929: «Greek Magical Papyri», *JEA* 15 (1929) 219-232; jetzt: ders., *Essays on Religion in the Ancient World*, I (Oxford 1972, repr. with corrections 1986) 176-194.

Nock (A.D.) 1931: in: H. I. Bell, A. D. Nock et al., «Magical Texts from a Bilingual Papyrus in the Britisch Museum», *PBA* 17 (1931) 235-289.

Nock (A.D.) 1933: «Paul and the Magus», in: *The Beginnings of Christianity* V, ed. Jackson-Lake (1933) 164-188; in: ders., *Essays on Religion in the Ancient World*, I (Oxford 1972, repr. with corrections 1986) 308-330.

Peterson (E.) 1926a: ΕΙΣ ΘΕΟΣ. *Epigraphische, formgeschichtliche und religionsgeschichtliche Untersuchungen* (Göttingen).

Peterson (E.) 1926b: «Engel- und Dämonennamen. Nomina barbara», *RhM* 75, 393-421.

Piva (R.) 1993: «Neue Wege zur Interpretation des *CARMEN ARVALE*» in: G. Vogt-Spira (Hrsg.), *Beiträge zur mündlichen Kultur der Römer* (Tübingen) 59-85.

Pradel (F.) 1907: *Griechische und süditalienische Gebete, Beschwörungen und Rezepte*, RVV III 3 (Giessen).

Preisendanz (K.) 1925: «Papyrus graeca Societatis Italicae magica», in: *Raccolta di scritti in onore di G. Lumbroso*, Aegyptus, Publicazioni 3, 212-216.

Preisendanz (K.) 1927: «Die griechischen Zauberpapyri», *APF* 8, 104-131.

Preisendanz (K.) 1930: «Marmaraoth», *RE* 14,2 (1930) 1881.

Preisendanz (K.) 1933: «Moriath», *RE* XVI 1, 303.

Preisendanz (K.) 1956: «Salomo», *RE* Suppl. 8, 660-704.

Preisendanz (K.) 1972: «Fluchtafel», *RAC* 8, 1-29.

Reitzenstein (R.) 1904: *Poimandres. Studien zur griechisch-ägyptischen und frühchristlichen Literatur* (Leipzig).

Robert (L.) 1965: *Hellenica* 13 (Paris).

Robert (L.) 1981: «Le serpent Glycon d'Abônouteichos à Athènes et Artémis d'Ephèse à Rome», Comptes rendus de l'Ac. des Inscr. & Belles Lettres, 513-535.

Robert (L.) 1990: «Amulettes Grecques», *Journal des Savants* 1981, 3-27; jetzt in: ders., *Opera Minora Selecta* VII, Amsterdam 1990, 465-489.

Rohde (E.) 1898: *Psyche, Seelencult und Unsterblichkeitsglaube der Griechen* (Freiburg i. Br.²).

Roscher (W.) 1900: *Ephialtes. Eine pathologisch-mythologische Abhandlung über die Alpträume und Alpdämonen des klassischen Altertums*, Abh. Königl. Sächs. Ges. d. Wiss. 20,2 (Leipzig).

Schäfer (P.) 1990: «Jewish Magic Literature in Late Antiquity and Early Middle Ages», *JJSt* 41, 75-91.

Schäfer (P.) 1997: «Magic and Religion in Ancient Judaism», in: Schäfer (P.) /Kippenberg (H.G.) 1997, 19-43.

Schäfer (P.)/Kippenberg (H.G.) 1997: (ed.), *Envisioning Magic. A Princeton Seminar and Symposium* (Leiden/New York/Köln).

Schermann (Th.) 1903: «Die griechischen Kyprianosgebete», *Oriens Christianus* 3 (1903) 303-323.

Schienerl (P. W.) 1988: *Schmuck und Amulett in Antike und Islam*, Acta Culturologica 3 (Aachen).

Schmitz (Th.) 1997: *Bildung und Macht. Zur sozialen und politischen Funktion der zweiten Sophistik in der griechischen Welt der Kaiserzeit*, Zetemata 97 (München).

Schneider (K.) 1950: «Abyssos», *RAC* 1, 60-62.

Sijpesteijn (P.) 1970: «Ein christliches Amulett aus der Amsterdamer Papyrussammlung», *ZPE* 5, 57-59.

Sperber (D.) 1985: «Some Rabbinic Themes in Magical Papyri», *JSJud* 16, 93-103.

Strittmatter (A.) 1932: *Ein griechisches Exorzismusbüchlein*: Ms. Car. C 143b der Zentralbibliothek in Zürich. II: Texte, *Orientalia Christiana* 26, 2, 127-144.

Swain (S.) 1996: *Hellenism and Empire* (Oxford).

Thraede (K.) 1969: «Exorzismus» *RAC* 7 44-117.

Thyen (H.) 1996: «Ich -Bin -Worte», *RAC* 17, 147-213.

Tupet (A.-M.) 1986:   «Rites magiques dans l'Antiquité romaine», *ANRW* II
         16,3, 2591-2675.

Turner (E.G.) 1968: *Greek Papyri. An Introduction* (Oxford).

Turner (E.G.)/Parsons (J.P.) 1987: *Greek Manuscripts of the Ancient World,*
         2nd. ed. revised & enlarged by J. P. Parsons, *BICS* Suppl.
         46.

Versnel (H.S.) 1997: «Defixio», *Der Neue Pauly* 3, 363ff.

Versnel (H.S.) 1998: «An Essay on Anatomical Curses», in: F. Graf (Hrsg.),
         *Ansichten Griechischer Rituale* (Stuttgart/Leipzig) 217-267.

Villefosse (A.H.de) 1909: «Tablette magique de Beyrouth, conservée au Musée
         du Louvre», in: *Florilegium ou Recueil de travaux d'érudition
         dédiés à Monsieur le Marquis Melchior de Vogüé* (Paris) 287-
         295.

Winkler (J.J.) 1991: «The Constraints of Eros», in: Faraone/Obbink 1991,
         214-243.

Wünsch (R.) 1907: *Antike Fluchtafeln,* ausgewählt u. erkl. von R. W. (Bonn).

Youtie (L.C.) 1977: «P.CORN.29: Nonna's Order», *ZPE* 27, 138-139.

# Indices

## I. Griechische Wörter und Begriffe

(Von der PGM XXXV sind nur Z. 1-11 aufgeschlüsselt. - Kursiv sind die Seitenzahlen angegeben. - * markiert eine Ergänzung, ** eine unsichere Konjektur.)



ἄβυσος (= ἄβυσσος) **PGM XXXV** 1; *36*

ἄβυσσος **LB** 9. 42; **TMB** 94 (cf. ἄβυσος); *89, 90f., 95, 98, 102, 106, 112f., 137, 146, 155f.*

ἄγγελος *88, 91f., 93, 124, 152ff.*

ἄγιος **TMB** 109; *124, 126*

   - ἄγιος + ἰσχυρὸς + δυνατός *126*

ἀδαμάντινος (λίθος) *9+ A. 22*

ἀδικεῖν *71, 76, 79*, cf. (προσ)ἐγγίζειν, βλάπτειν, μολύνειν

αἰόν (= αἰών) **TMB** 70. 71; *21*, v.

αἰών

   - εἰς τοὺς αἰῶνας τῶν αἰώνων **LB** 53f.; *65, 105, 125*

   - τοῦ αἰόνος τῶν αἰόνων **TMB** 70f.; *105*

ἀκάθαρτος **LB** 2; *71f., 74, 75f., 151*

ἀλλά **LB** 42; *112*

ἀμήν **LB** 54; *65, 125*

ἄμορφος *117*

ἀνάγκη **TMB** 10; *20, 84*

ἀναχωρεῖν *69, 76, 153f.,*
   cf. ἀπέρχεσθαι

ἀνείδεος v. ἀνίδεος

ἀνήρ

   - ἀνθρῶν = ἀνδρῶν *36*

ἀνίδεος (= ἀνείδεος?) **LB** 46; *12, 117*

ἀντικείμενος **LB** 8; *65, 84, 86f., 134 A. 5,* cf.*112,* cf. διάβολος

ἀόρατος (θεός) **LB** 35; *108*

ἀπαλάττειν (= ἀπαλλάττειν) **TMB** 116f.; *20, 82, 127*

ἀπαλλάττειν *127,* v. ἀπαλάττειν

ἀπατᾶν *120*

ἀπάτη **TMB** 99; *119, 120*

ἀπέρχεσθαι **LB** 43; *12, 112, 113,* cf. *69;* cf. φεύγειν, ἀναχωρεῖν, ἐξελθεῖν; cf. Index VII s. v. «Ausfahrbefehl»

ἀπό **LB** 5. 40. 44. 49; **TMB** 8. 11. 91. 97f. 98. 103. 111. 114; *82, 84, 107f., 114, 119, 144*

ΑΠΟ . . ]ΕΣΑΘ **TMB** 94f.; *113*

ἀρενικός = ἀρρενικός **TMB** 89. 113; *20*

ἀρρενικός (cf. ἀρενικός);

   - ὃν καὶ/ἥ θηλυκόν (δαιμόνιον, πνεῦμα) **LB** 39; (ἀρενικόν) **TMB** 89. 113; *84f., 111* ἄρχειν

- ἄρχοντες *91f.*

- ἄρχοντα *LB 11; 93*

ἀσπασμός **TMB** 99; *119*

ἀστραπή **LB** 19; **TMB** 35; *95, 96, 146f., 149*

ἀστράπτειν

- ὁ ἀστράπτων καὶ βρο<ν>τῶν **TMB** 82f.; *109f.*, cf. βροντᾶν

ἄστρον *152*

αὐτόμολος **LB** 46; *116f.*

βαλανεῖον v. βαλανῖον

βαλανῖον (= βαλανεῖον) **TMB** 108f.; *21, 119, 121*

βάπτισμα *68f., 87*

βάτος *100, 105*

βλάπτειν **LB** 43; **TMB** 95; *71, 84, 112, 113*, cf. (προσ)ἐγγίζειν, ἀδικεῖν, μολύνειν, ἐπηρεάζειν

βοηθεῖν **LB** 52. **TMB** 120; *21, 62, 77, 82, 84, 125, 126, 128, 132*

βραβεύειν **LB** 52; *12, 84, 125*

βροντᾶν

- βροτοῦτα = βροντῶντα **TMB** 82; *20, 82, 109f.*, v. ἀστράπτειν

βροντή **LB** 20; **TMB** 36f.; *95, 96, 146f.*

βρῶσις (= βρῶσις ) **TMB** 100; *21, 119, 120*

βροτᾶν v. βροντᾶν

βροχή **TMB** 38; *96, 146f.*

βρῶσις v. βρῶσις

γεννᾶν  - ὃν ἐγέννησεν **LB** 50; *11 A. 27, 121f.*, cf. τίκτειν, φόρειν

γῆ  v. ξένος

γλωσσοκόμον  *6 A. 10, 9 A. 22*

γοητεία **LB** 45; *15 A. 42, 86, 115*, cf. μαγεία, ἐπήρεια, φαρμακεία

γράφειν  *10 A. 26, 25 A. 72, 28 A. 81, 154*

γραφεῖον (χαλκοῦν) *17 + A. 49*

δαίμων  cf. **LB** 2 ; *71*, v. δέμων

δαιμόνιον **LB** 6. cf. *38f.*; (δεμόνιον) **TMB** 11. 75. cf. 89. 112. cf. 115; *69, 71f., 84f., 106, 111, 116, 127,134 A. 5*,  cf. δεμόνιον, δέμων

δακτυλίδιον *67*

δακτύλιος *67, 70*

δέμων (= δαίμων) **TMB** 9. 10. *115; 19, 20, 71, 85, 127, 134 A. 5, 144*; cf. δαιμόνιον

- δενόμων = δεμόνων **TMB** 10

δεμόνιον (= δαιμόνιον) **TMB** 11. 75. 112; *20*, v. δαιμόνιον

δεσμεύω *153*

δεύτερος (οὐρανός) **LB** 12; **TMB** 19f.; v. οὐρανός

δημιουργός *80f.*

διάβολος  *87, 115, 120, 134 A. 5*; cf. ἀντικείμενος

διαφυλάττειν **LB** 4. 33f.; **TMB** 6. 73. 110f.; *15 A. 42, 74f., 79, **82-84**, 126, 138, 139, 157, 158 A. 20, 159*, cf. φυλάττειν

δρακόντειος *101*

δράκων **LB** 24. 30; **TMB** 48f. 65; **PGM XXXV** 9; *95, 98, 101, 102, 137, 147f., 153, 155f., 159*

δύναμις **LB** 51f.; *100, 124, 134 A. 5*

  - ἅγιον ὄνομα + δυνάμεις *124*

  - δυνάμις = δυνάμεις *124*

  - δυναμίαν = δύναμιν *34, 37*

δυνατός **TMB** 109f.; *126*, cf. ἅγιος

δύο (Χερουβιν) **LB** 33; **TMB** 69; **PGM XXXV** 12; *19, 104-106, 138*, cf.
    Index II s.v. Χερουβιν, Χηρουβιν

ἕβδομος **LB** 18; **TMB** 33; v. οὐρανός

ἐγγίζειν **LB** 2; *12, 70f.*

εἷς (θεός) **TMB** 119, v. θεός

εἰς **LB** 53; v. αἰών

εἰσχυρός (= ἰσχυρός) **TMB** 109; *21, 126*, cf. ἅγιος

ἕκτος **LB** 17; **TMB** 30; v. οὐρανός

ἐλθεῖν

  - τὸν ἐλθό<ν>τα **TMB** 3f.; *20, 82, 157*

ἔμβασις **TMB** 108; *21, 119*

ἐν **TMB** 14. 100 (bis). 102. 106. 107. 108; *119*, cf. ὄνομα

  - ὁ καθήμενος ἐν + dat. **PGM XXXV** 2. 3. 4. 5. 6. 7; cf. ἐπί, v. καθῆσθαι

ἐναργεῖσθαι *152, 154*, cf. καταργεῖσθαι

ἐνέργεια (δαιμώδης) *107*

ἐνοχλεῖν *126f.*, cf. ὄχλησις

ἐνόχλησις *126f.*, cf. ὄχλησις

ἐξελθεῖν *66, 76, 78*, cf. ἀπέρχεσθαι

ἐξορκίζειν *32 A. 98, 73, 80, 139*, v. ὁρκίζειν, cf. ἐπορκίζειν

ἐξορκισμός *72, 132, 133*, cf. ὁρκισμός

  - ἐξορκισμὸς καὶ φυλακτήριον *86*

ἐπάνω (τῶν οὐρανῶν) **LB** 2. 3; (τοῦ οὐρανοῦ) **TMB** 2. 4. 5; *80f., 157*, cf. *100*

ἐπηρεάζειν *115*, cf. βλάπτειν

ἐπήρεια **LB** 45; *115*, cf. γοητεία

ἐπί *95*

  - ὁ καθήμενος ἐπί +gen. **LB** 9. 19. 23. 28. 31. 32. 33; **TMB** 16. 19. 22. 24. 27. 40. 48. 64; **PGM XXXV** 1. 8 (bis). 9. 10; *95*, v. καθῆσθαι

  - ὁ καθήμενος ἐπί + dat. **LB** 11. 12. 13. 14. 15. 17. 18. 20. 21. 22. 24. 25. *26. 27; **TMB** 32. 34. 36. 38. 42. 44. 46. 50. 52. 55. 57. 59. 62. 66. 68; *95*, v. καθῆσθαι

  - ὁ καθήμενος ἐπί + acc. **LB** 30; **TMB** 29; *12, 21*, v. καθῆσθαι

  - ἐπὶ κύτης **TMB** 101; v. κύτη

  - ἐπὶ ξένης **TMB** 106; v. ξένη

ἐπιβουλή **LB** 7; *84, 86f., 134 A. 5*

ἐπιβουλεύειν *87*

ἐπικαλεῖσθαι **LB** 8. 9. 10f. 16. 19. 20. 21. 22. 22f. 23f. 24f. 26. 27f.; **TMB** 13. 15. 18. 20f. 23. 26. 28. 31. 34. 35f. 37. 39. 41. 43. 45. 46. 47f. 49f. 52. 54f. 57. 58f. 60f.; **PGM XXXV** 1 (bis). 2f. 4. 5. 5f. 6. 7. 8. 9. 10 (bis).

11; *11 A. 28, 88, 92f., 97, 137, 145, 147f., 155f.*

- ἐπικαλοῦμαι ≠ ὁρκίζω *76*

-οῦμε = -οῦμαι *37*

ἐπιπεμτικός *117*

ἐπίπεμπτος **LB** 46; *116f.*

ἐπιπομπή *116f.*

ἐπορκίζειν (= ἐφορκίζειν) **TMB** 79; *20, 33 A. 105, 73, 74, 108, 139, 144,* v. ὁρκίζειν

εὐχὴ ἀρχαγγελική *91*

ἐφορκίζειν v. ἐπορκίζειν

ἔχειν **LB** 48; *118*

ζῆν (cf. θεὸς ζῶν, σφραγίς)

- θεοῦ ζῶντος **LB** 1; *67f.*

- ζόντα θεόν (= ζῶντα) **TMB** 80; *21, 67f., 108*

ἥδε (ἡ ἱερὰ μήτηρ) **LB** 50; *11 A. 27, 122f., 134 A. 5,* cf. μήτηρ, ἱερός

ἤδη **TMB** 118 (bis); *127*

ἡμερινός

- ἡμ. ἤ/καὶ νυκτερινός **LB** 48; **TMB** 116; *119, 127*

θάλασα (=θάλασσα) **LB** 23; **TMB** 47; **PGM XXXV** 9; *12, 13, 20, 22, 36, 38, 95, 98, 99, 101, 102, 137, 146ff.*

θάλασσα v. θάλασα

θεός *99, 109*

- ὁ θ. Ἀβρααμ καὶ ὁ θ. Ἰσαακ καὶ ὁ θ. Ἰακωβ **TMB** 71-73; *106, 138*

- ὁ ἀόρατος θεός **LB** 35; *108*

- εἷς θεός **TMB** 119; *125, 128*

- (ὁ) ζῶν θεός **LB** 1; **TMB** 80; *67f., 108,* cf. ζῆν

- ὁ καθέμενος ἐπὶ τῷ ὄρι Σιναει θ. **TMB** 62 (cf. **LB** 28); *99f.*

- (ἐξ)ὁρκίζω σε ... θεόν *73-77, 144,* v. ὁρκίζω

- ὄνομα θεοῦ v. ὄνομα

- τὸ μυστικὸν τοῦ θ. *75f.*

θηλυκός **LB** 39; **TMB** <89>. *113f.; 19,* v. ἀρρενικός

θρόνος *76,96, 103f., 105f.*

θυμοκάτοχον *24 A. 71, 25 A. 72, 28 A. 81*

ἱερός **LB** 51f.; *65, 123,* cf. ἥδε

ἱμάτιον **TMB** 104; *119*

ἵνα **TMB** 95; *113*

ἰσχυρός *126f.,* v. εἰσχυρός

καθῆσθαι

- ὁ καθήμενος **LB** 8f. 11. 12. 13. 14. 15. 17. 18. 19. 26. 27. 28. 29. 30. 31. 33; **PGM XXXV** 1. 2. 3. 4. 5. 6. 7. 11; (ὁ καθέμενος) **TMB** 16. 18. 21f. 24. 26f. 29. 32. 51. 53. 56. 60. 61. 64. 66. 67f.; *97, 99, 101, 104, 105f., 138, 143f., 145, 147ff.,* cf. ἐπί, ἐν

- καθέμενος = καθήμενος *21*

καταδέσματα **TMB** 90f.; *111,* cf.

κατάδεσμος **LB** 6f. 40 (?). 45; **TMB** 12f.; *13, 85f., 106, 111*

καταθέσιμος = κατάδεσμος  *19 A. 55,*
   *86*

καταργεῖσθαι  *88, 152,* cf. ἐναργεῖσθαι

καταχθόνιος  *153*

κίνδυνος  **LB** 7; *84, 86*

κλῆσις  *61, 79*

κοίτη  v. κύτη

κόσμος  *153,* v. Ind. VII s.v. «Kosmos»

κρύσταλλοι  **LB** 21; *96, 146f.*

κτίζειν

   - ὁ κτίσας τὰ πάντα **LB** 10; **TMB**
      14; *90, 148*

κύτη (= κοίτη)  **TMB** 101; *21, 119, 120*

λέγειν  *10 A. 26, 28 A. 81*

λεπίς (χρυσῆ)  *3, 9 A. 22*

λίθος (ἀδαμάντινος)  *9 + A. 22*

λόγος  **TMB** 97; *10 A. 26, 78, 90, 114,*
   *119, 120*

μαγεία  *85, 86, 115, 120,* cf. γοητεία

μάγος  *86*

μανία  **TMB** 78f.; *107f.*

μέγιστος  **LB** 51; *124, 134 A. 5*

μέσον  **TMB** 69; **PGM XXXV** 11; *37,*
   *105f.,* cf. Index II s.v. Χερουβιν,
   Χαδραλλου

μήτηρ  **LB** 51; *121ff., 134 A. 5,* cf. ἥδε

μολύνειν  **LB** 43f.; **TMB** 96; *84, 112,*
   *113, 114,* cf. βλάπτειν

μυστικός

   - τὸ μυστικὸν (ὄνομα) τοῦ θ. *75f.*

νά  *38*

νίκη  **LB** 52; *25 A. 72, 30 A. 88, 121,*
   *122, 124, **125***

νικητικόν  *24 + A. 71, 25 A. 72, 28 A.*
   *81, 122, 125, 141, 160*

νόσος  *107*

νυκτερινός  **LB** 48f.; (-τηρινός) **TMB**
   115f.; *119, 127,* cf. ἡμερινός

νυκτηρινός = νυκτερινός **TMB** 115f.;
   *21*

ξένος    - ἡ ξένη (γῆ)  **TMB** 106f.;
      *119, 120f.*

ὁδός  **LB** 26; **TMB** 53. 106; *12, 13,*
   *21, 22, 93, 98, 104, 119, 147ff.*

ὄνομα

   - τῷ /ἐν ὀνόματι + gen.  **LB** 10;
      **TMB** 14; *19, **90**, 137, 146*

   - ὄνομα (τοῦ) ... θεοῦ *74, 77,  95,*
      *106,* cf. μυστικός

   - ὄνομα κυρίου Σαβαωθ *81,* cf.
      Σαβαωθ

   - ἄγια ... ὀνόματα **TMB** 110; *15 A.*
      *42, 124, 126,* cf. ἄγιος

   - ὄν. ἀγγέλου, ὀνόματα ἀγγ. *152f.,*
      cf. Index VII s.v. «Name»

ὁρκίζειν  **LB** 2. 35; **TMB** 1. cf. 79; *73-*
   *80, 108, 139, 144, 157f.,*  cf.
   ἐπορκίζειν, ἐξορκίζειν

   - (ἐξ)ὀρκίζω σε/ὑμάς + acc. (= acc.
      dupl.) *73-78, 108, 158*

   - (ἐξ)ὀρκίζω σε + κατά + gen. *73,*
      *76, 77, 108*

- (ἐξ)ὁρκίζω σε + κατά + acc.  *75f.*,
  *91*

- (ἐξ)ὁρκίζω σε + εἰς + acc.  *73, 76,*
  *108*

- (ἐξ)ὁρκίζω sin*e* σε  (cf. **LB** 2)  *73,*
  *79f.*

- ὁρκίζω ' absol.'  *79f.*

- ὁρκίζω ≠ ἐπικαλοῦμαι *76*

ὁρκισμός  *80, 83*, cf. ἐξορκισμός

ὄρος

- ὄρη  **LB** 27; **TMB** 58; *98, 99, 147*

- τὸ ὄρος Σινα  **TMB** 62 (cf. **LB**
  28); *99-101*

- ὄρος παλαμναῖος  *100, 105*

- ὄρι = ὄρει  *21*

οὖν  **LB** 51; *112, 124*

οὐρανός  **TMB** 2; *20, 36 A. 113, 80f.,*
  *91f., 109*

- οὐρανοί  **LB** 2. 37; *80f., 95, 109,*
  *134 A. 5*

- ἑπτὰ οὐρανοί  *80f.*, **91-95**, *109*

- πρῶτος οὐρ.  **LB** 11; (πρῶτος)
  **TMB** 17 ; **PGM XXXV** 2; *91, 93,*
  *152*

- δεύτερος οὐρ.  **LB** 12f.;**TMB** 20;
  cf. **PGM XXXV** 3; *91, 93, 152*

- τρίτος οὐρ.  **LB** 13f.;**TMB** 22f.;
  cf. **PGM XXXV** 4; *91, 93f., 152*

- τέταρτος οὐρ.  **LB** 15; **TMB** 25;
  cf. **PGM XXXV** 5; *91, 94*

- πέμπτος οὐρ. **LB** 16; **TMB**27f.
  (πέμτος); cf. **PGM XXXV** 6; *91, 94*

- ἕκτος οὐρ.  **LB** 17; **TMB** 30; cf.
  **PGM XXXV** 7; *91, 94*

- ἕβδομος οὐρ.  **LB** 18; **TMB** 33;
  *94*

οὗτος

- σωματοφύλακα τοῦτον **LB** 53

- φυλακτήριον τοῦτο **LB** 5. 35.
  41. 50

ὀφθαλμός *119f.*, cf. ὀφθλαμός

ὀφθλαμός (= ὀφθαλμός)  **TMB** 103;
  *20, 119f.*

ὄχλησις  **TMB** 114f.; *126f.*, cf. ἐνόχλησις

πάθος  **TMB** 78; *107*

πᾶς  **LB** 2. 6. 7. 38f. 39; **TMB** 8f. 9f.
  77. 78. 91. 112. 114; *84f., 107f.,*
  *111, 115*

- τὰ πάντα  **LB** 10; **TMB** 15; *90,*
  *109*, cf. κτίζειν, πλάσσειν,
  ποιεῖν

πατεῖν  **TMB** 85; *110*

πέμπτος  **LB** 16 (cf. πέμτος); v.
  οὐρανός

πέμτος = πέμπτος  **TMB** 27; *20*

περίαμμα  *6 A. 10*

περιάπτειν  *6 A. 10*

περίαπτον, τό  *6 A. 10*

πέταλον (χρυσοῦν, ἀργυροῦν)  *3, 13,*
  *15*

πηγή  **LB** 42; **TMB** 93f.; *98, 112, 156*

πλάσσειν  **LB** 36f.; **TMB** 56; *109*

πλατεία  v. πλατίη

πλατίη (=πλατεία) **TMB** 59; *21, 99, 147f.*

πνεῦμα *72, 75f., 78, 95, 107, 117, 151, 153,* cf. δαιμόνιον

- cf. σφραγίς τοῦ πνεύματος

ποιεῖν *109,* cf. κτίζειν, πλάσσειν

πόλις **TMB** 55; *98, 99, 147f.*

πολυπρόσωπος **LB** 47; *117*

πόνος *107*

πόσις **TMB** 101; *21, 119, 120*

ποταμός ***LB** 25; **TMB** 50f. 107; **PGM XXXV** 10; *97, 98, 119, 137, 147f.*

πρᾶξις *9 A. 22, 78*

προσεγγίζειν *71, cf.* ἐγγίζειν

προσέρχεσθαι

- προσερχόμενα ***TMB** 105; *20, 120f.*

προσεύχεσθαι **TMB** 105; *20, 119, 120f.*

πρὸτος = πρῶτος **TMB** 17; *21*

πρῶτος **LB** 11; (cf. πρὸτος)**PGM XXXV** 2, v. οὐρανός

πτύσμα **LB** 44; *114*

πῦρ *96*

ῥάβδος ****TMB** 84; cf. Index II s.v. Ῥαβω, Index IV ΡΑΒΔΟΝ;*110*

σύ

- (ἐπ)ὀρκίζω σε **LB** 35; **TMB** 1. 79; v. ὀρκίζειν

- ἐπικαλοῦμέ σε **PGM XXXV** 1. 3. 4. 5. 6 (bis). 7. 8. 9. 10 (bis). 11; *146,* cf. ἐπικαλεῖσθαι

- ὑμεῖς ... δυνάμεις **LB** 51; v. δύναμις

σεισμός v. σισμός

σημεῖον **LB** 1; *68f., 70f.*

σισμός (= σεισμός) **LB** 22; **TMB** 44; *12, 13, 21, 22, 98, 147*

Σινα *99-101*

- ἐπὶ τοῦ Σινα **LB** 28

- ἐπὶ τῷ ὄρι Σιναει **TMB** 62; cf. ὄρος

σκυτίς *6 A. 11*

σκοτοδινία **TMB** 76f.; *107*

στερέομα =στερέωμα **TMB** 67; *21,* v.

στερέωμα **LB** 31; (στερέομα) **TMB** 67; *92, 93,* **103**, *138, 143, 157*

στοιχεῖον *117, 120, 150 A. 16*

συνουσία *120*

συνουσιασμός **TMB** 102; *119, 120*

σφραγίς *13, 66-69, 70f., 71, 81,88*

- σφραγίς Σολομῶνος *66f.*

- σφραγίς (τοῦ) θεοῦ *67, 81, 88*

- σφραγίς θεοῦ ζῶντος **LB** 1; *66-70*

- σφραγίς τοῦ υἱοῦ τοῦ θεοῦ *68*

- σφραγίς τοῦ κυρίου ἡμῶν... *69*

- σφραγίς τοῦ Χριστοῦ *76*

- σφραγίς τοῦ πνεύματος *68*

σφραγίζειν **LB** 1; *12, 70, 102*

σχῆμα **LB** 47; *117*

σῴζειν  - Ιαω σῶσον *78, 158 A. 20*

σωματοφύλαξ **LB** 53; *3, 13, 15 A. 42, 107, 125,* cf. φυλακτήριον ταχύ **TMB** 118. 119; *127*

τέταρτος **LB** 14f.; **TMB** 25; v. οὐρανός

τίκτειν

- ἢν (ὃν) ἔτεκεν **TMB** 7f. 74. 92. 117f.; *20, 82, 83f., 121f., 144*

τις **LB** 45; *115*

τρίτος **LB** 13; **TMB** 22; v. οὐρανός

τρόπος **LB** 47; *117*

ὑγίεια *107*

ὑετός *96*

ὕλη **TMB** 42; *97, 99, 147f.*

ὕπνος *120*

ὑποκάτω **LB** 42; **TMB** 93; *112, 156*

φαρμακεία (φαρμακία) *15* A. *42, 85, 86, 107, 115*

φάρμακον **LB** 6. 39f. 44; **TMB** 12. 76. 96f.; *15* A. *42, 84ff., 106, 114, 119, 135, 144, 159*

φαρμακόφιλον δαινμόνιον *85*

φεύγειν **LB** 40. 49; **TMB** 91; *12, 81, 82, 111, 112, 113, 116, 134* A. *5, 159,* cf. ἀπέρχεσθαι

φίλημα **TMB** 98; *114, 119*

φοβερός **TMB** 90; *111*

φορεῖν *6* A. *10, 13, 25* A. *72, 28* A. *81, 83*

- ὁ φορῶν (ἡ φοροῦσα) **LB** 4f. 34 41. 49. 52; *82-84, 121f.*

φυλακτήριον **LB** 5. 34f. 41. 49f.; *3, 13, 15* A. *42, 61, 66, 67f., 78, 82f., 125;* cf. σωματοφύλαξ

- ἐξορκισμὸς καὶ φυλακτήριον *86*

- φυλακτήριον Μωσεως *100f.*

φυλάττειν *77-79, 82f., 124,* cf. διαφυλάττειν

χάλαζα *93, 96*

χαρακτῆρες *30* A. *88, 124, 126*

χάρις *121, 122*

- χάριν = χάριτα = χάριταμ *34, 37*

χαριτῆσην = χαριτήσιον *24* A. *71*

χαριτήσιον *24* +A. *71, 25* A. *72, 28* A. *81*

χάρτης (ἱερατικός) *13, 24* A. *69,*

χιών **TMB** 40; **PGM XXXV** 8; *35, 96, 104, 137, 146ff.*

[. . . .]ναν̣εκ[. .]κας **LB** 48; *118f.*

## II. Gottesnamen, Engelnamen, Dämonen, Namen aus dem Alten und Neuen Testament, mythologische Namen, Zaubernamen


'Αβεζεθιβοῦ  *152f.*

'Αβρααμ  **TMB** 71; *106*

'Αδωναι  **LB** 29. 36; *81, 102, 109, 153, 155,* cf. Ιαω, Σαβαωθ

'Αδωνης = 'Αδωναι  **TMB** 63; *19, 102*

Αηλ  **TMB** 23; *93, 154*

'Αθαριαθ  **TMB** 88 (?); *110*

Απραφης  **TMB** 60

Βάλαμος  *36 A. 111*

Βαλααμ  *36 A. 111*

Βηλλια  **TMB** 51f.; *36 A. 111, 97, 98*

Βιλλιαμ  **PGM XXXV** 44; *36 A. 111, 38*

Βιμαδαμ  **PGM XXXV** 11

Βυθαθ  **PGM XXXV** 1

Γαβριηλ  **LB** 9; **TMB** 25; *89f., 94, 95, 96, 98, 154*

Δεχοχθα  **TMB** 63; *98, 102*

Εδανωθ  **PGM XXXV** 8

Εδεωθ  **LB** 3. 4; *81f.*

Ειβραθιβας  **TMB** 86

Ειθαβιρα  **TMB** 49

Ειναθ  **TMB** 63

Ειπολ[ . . . . ]  **LB** 24

Ειϛτοχαμα  **TMB** 56

'Εκατήσιος  *118*

'Εκατικὰ φάσματα  *118*

Ελαωθ  **TMB** 4f.; *81f., 157*

'Ενήψιγος  *88, 152*

Εννου

 - Ιαθ Εννου Ιαθ  **TMB** 65; *102*

'Ενοχ  *104*

ΕΞΑΩΡΒΑΙ

 - ΕΞΑΩΡΒΑΙ 'Αδωναι ΞΥΡΙΝ  **LB** 35f.; v. 'Αδωναι

Ευχωδω  **LB** 32; *104*

'Εφ[ . . . ]πω  **LB** 47; *118f.*

'Εφιάλτης  *118f.*

'Εφιππᾶς  *118f., 153*

Εχεωθ  **LB** 3f.; *81f.*

Ζονχαλ  **LB** 20f.; *89, 96*

Ζονχαρ  **TMB** 37; *89, 96*

Θαλουμθουσιν  **TMB** 68f.; *103f., 138*

   ~ Μαθουσαλημ (?) *20, 104, 143*

Θεστα  **TMB** 86; *110*

Θουριηλ  **LB** 13; *93, 94*

Ιαθ  **TMB** 65. 66; *102*

'Ιακωβ  **TMB** 73; *106*

Ιαω  *81*

 - Ιαω Σαβαωθ 'Αδωναι  *81,* cf. 'Αδωναι, cf. Ιαθ, 'Ιαωθ

'Ιαωθ  *154*

'Ιησοῦς  *69, 80, 128*

Ινλουθαδαμα  **TMB** 42f.

'Ισαακ  **TMB** 72; *106*

Ιφιαφ  **PGM XXXV** 5; *94*

Μαθουσαλημ  **LB** 32; *103f., 138, 143*

Μαιω  **LB** 21; *96*

Μαρμαρ **PGM XXXV** 2; *93*

Μαρμαριωθ **TMB** 17; *93*

Μαρμαωθ **LB** 12; *93, 155*

Μαιηλ *104*

Μιηηλ **LB** 33; *104, 106*

Μιχαηλ **LB** 27; *89, 91, 94, 96, 154*

Μοριαθ **TMB** 31; *94*

Μουριαθα **PGM XXXV** 7; *37, 94*

Νουχαηλ **TMB** 58; *98, 154*

ΞΥΡΙΝ **LB** 36, v. ΕΞΑΩΡΒΑΙ

Ὀβιζούθ *153*

Ουαωθ

   - Σαβαωθ Ουαωθ Αδωναι **LB**
    28f.; *81, 102*, cf. Σαβαωθ

Ουριηλ **TMB** 20; *91, 93, 94, 154, 157*

Πιτιηλ **PGM XXXV** 6; *38, 94*

Ῥα[ ........] **LB** 26; *98*

Ῥαββος *109*

Ῥάβδος *110, 153*

Ῥαβω **LB** 36; *109, 110*

Ῥαγαηλ **LB** 15; *94, 95, 154*

Ῥαθαναηλ *88, 152*

Ῥασουσουηλ **TMB** 54; *98, 154*

Ῥαφαηλ **LB** 14; **PGM XXXV** 3; *38,*
    *89, 91, 93, 94, 95, 98, 154*

Ῥαχαηλ **LB** 16; *94, 95, 154*

Ῥιεφα **LB** 19f.; *89, 96*

Ῥιοφα **TMB** 35; *89, 96*

Σαβαθ ~ Σαβαωθ *38*

Σαβαωθ **LB** 3. 28; **TMB** 3; *81, 102,*
    *155, 156*, cf. Ἀδωναι, Ουαωθ

   - ὁρκίζω (σε) ... Σαβαωθ *73-80*

- cf. Index I s.v. ὄνομα

Σαεσεχελ **PGM XXXV** 9; *38,*

Σατανᾶς *72*

Σι[. .]χωχωθι **LB** 29; *99, 102*

Σιορϙχα **TMB** 45; *98*

Σιωρωχα **LB** 22; *98*

Σολομῶν *66-68, 72, 81, 88, 153*

Σουριηλ **TMB** 47; **PGM XXXV** 4; *94,*
    *154*

Σχραδα **LB** 31; *103, 138, 143, 157*

Ταβιρα **PGM XXXV** 10

Τεθεμνουτα **LB** 30; *102*

Τελζη **PGM XXXV** 8; *96*

Τοβριηλ **TMB** 41; *96, 154*

Τουριηλ **TMB** 38f.; *96*

Χαδραλλου **PGM XXXV** 12; *37, 103,*
    *138, 143*

Χαδραουν **PGM XXXV** 11; *103, 138*

Χαηλ **TMB** 28; *94, 154*

Χαφοι **LB** 18; *94*

Χαχθ **TMB** 33; *94*

Χερουβιν **LB** 33; (Χηρουβιν) **TMB**
    70; *104-106, 144*

Χηρουβιν=Χερουβιν **TMB** 70; *21*

Χθϙδαι **LB** 4; *81f.*

Χθοθαι **TMB** 6; *81f.*

Χραβα **TMB** 67; *103, 138, 143, 157*

Χριστό[ς **TMB** 119; *18 + A. 53, 128*

Ωμαριωθ **LB** 17; *94*


[ ...]ϱ[ ...]λα **LB** 23

[. ...]ναϝεκ[. .]κας **LB** 48; *118f.*

## III. Eigennamen

'Αλεξάνδρα  **TMB** 7. 74. 92. 111.
117. 120f.; *14, 64, 122*

Ζοή  **TMB** 8. 75. 93. 118; *14, 21*+ A.
*60, 64, 122*

Ζωή  *21*+ A. *60*

Ζώη  *21*+ A. *60*

Θωμᾶς  *14* A. *41, 150* A. *16*

Λεοντία  *84*

Λεόντιος  **LB** 5. 34. 40f. 50. 53; *3, 64,*
*84, 122*

Νόννα  **LB** 51; *3, 64f., 122, 150* A.
*16*

Παῦλος Ἰουλιανός
**PGM XXXV**  infra l. 31b; *24* + A.
*71, 28, 31* A. *92, 32* A. *95, 65* A.
*8, 122*


## IV. Zauberwörter, Zaubernamen (?)

(nur in den Abschnitten LB IV, TMB III)


ΒΑΡΒΛΙΟΙΣΕΙΨΑΘΩ ΑΘΑΡΙΑΘ ΦΕΛΧΑΦΙΑΩΝΤ ΟΝ

      **TMB** 87-89; *110,*
      cf. Index II s.v. 'Αθαριαθ

ΕΒΙΕΜΑΘΑΛΖ[ . . ΡΩ ΡΑΒΔΟΝ ΚΑΝΟΝ     **TMB** 83-84; *110,*
      cf. Index I s.v. ῥάβδος
      cf. Index II s.v. 'Ραβω

ΕΝΖΑΟΡΟΒΕΜΝΑΜΑΔΩΝΖΑΜΑΔΩΝ     **TMB** 80-81

ΠΥΛΩΝΤΩΝΝΟΥΝ ΕΩΘ ΑΡΧΕΒΑΣΝΑΡΒΣΙΟΣ ΗΨΕΒΑΩΘ ΦΕΚΩΘ ΕΩΘ
      **LB** 37-38 ; *110*

# V. AT, NT, Antike Autoren


**AT (LXX)**

Deut. 8,7 — *112*
1 Es. 9,46 — *81*
Ex.
 3 — *100*
 3,6 — *106*
 12,7 — *68*
 12,13 — *68, 70*
 19,11 — *99*
 20,11 — *109*
 25,22 — *105*
Ez.
 9,1 — *70*
 9,4-6 — *70f.,*
Gen.
 1,1 — *109*
 1,2 — *89*
 1,6-8 — *103*
 2,7 — *109*
 3,13 — *120*
 4,18 — *103f.*
 5,21-27 — *103f.*
 7,11 — *112*
Ier.
 10,16 — *109*
 28,19 — *109*
Iob 26,13 — *102*
Is.
 36,16 — *105*
 42,5 — *109*
 43,1 — *109*
 51,13 — *109*
Lev.

 7,38 — *99*
 25,1 — *99*
 26,46 — *99*
Num.
 7,89 — *105*
 22,5ff. — *36 A. 111*
1 Par. 13,16 — *105*
Ps.
 2,9 — *110*
 26,2 — *70*
 32,9 — *90*
 73,13f. — *102*
 79,2 — *105*
 90,3 — *110*
 90,7 — *70*
 90,10 — *70*
 98,1 — *105*
 101,26 — *109*
 118,73 — *109*
 135,5 — *109*
 145,6 — *109*
2 Reg.
 6,2 — *105*
 22,14 — *109f.*
4 Reg. 19,15 — *105*

**NT**
Apoc.
 4,5 — *95, 96*
 7,2 — *68, 70f.*
 11,19 — *97*
 12 — *102*
 20,2f. — *102*

Col. 1,15              *108*              XVIII,26          *154*
2. Cor. 1,22           *68*               XVIII,28          *93*
Ephes. 1,13            *68*               XXII,2            *153*
       4,30            *68*               XXV,2             *152*
Luc. 8,31              *112*
Marc.                                     Ammon.
   5,7                 *74*                  *Adfin. voc. diff.* 493   *115*
   7,32ff.             *114*               *AP* 6,302      *113*
                                          Ath. *De inc.* PG 25,108   *120*
**Test.  Sal.**        *150ff.*
   I,6                 *67*               Clem.  7,6               *68*
   I,7                 *81*                      8,5               *68*
   I,8                 *111*              Clem. Alex. *Exc. Theod.*
   II,7                *157*                  *GCS* 3, p. 109,17   *117*
   III,7               *151*              Constantin. *Diac. Laud.* 37
   VIII                *117, 120,*            (PG 88, 521 C)        *68*
                       *150* A. *16*      *Corp. Herm.*   1,26      *124*
   VIII,7              *93*                               13,17     *90*
   IX                  *117*
   X,2                 *153*              Iren. *Haer.* 1,5,2       *80f.*
   X,3                 *113*
   X,4                 *110*              1 Henoch 20              *98*
   XI                  *117*              3 Henoch 17,3            *92*
   XI,5                *153*              Hesych. σ 2920           *70*
   XI,6                *74*
   XII                 *117*              Jos. *Ant.*  4,108       *36* A. *111*
   XIV,4               *152*                          8,45-49      *67*
   XIV,7               *152*
   XIV,8               *153*              Marcell. *Med.*
   XV,4                *152*                 cap. 20 § 66          *10* A. *26*
   XV,6-7              *88, 152, 153*      Marin. *Procl.* 28      *118*
   XV,14               *152*
   XVI,1ff.            *153*              Origenes
   XVI,3               *153*                 *Schol. Apoc.* 31     *71*
   XVII,17             *153*                 *C. Cels.*
   XVIII               *117, 154f.*              1,25              *106*

| | | | |
|---|---|---|---|
| 4,33 | *106* | Prud. *C. Symm.* 2,445ff. | *116* |
| 5,45 | *106* | | |
| 6,30 | *92, 93* | Severian. Gabal. (=Ps. Basil.) | |
| | | *Bapt.* 2 PG 31, 428 C | *68* |
| Past. Herm. | | | |
| *Sim.* 7,4 | *90* | Tert. *Spect.* 8,9 | *116* |
| *Sim.* 9,16,3 | *68* | Theocr. 6,39 | *114* |
| Pl. *Phaed.* 113b | *112* | 20,10 | *113* |
| Plin. *N.h.* 28,35-39 | *114* | | |


## VI. Zaubertexte und byz. Exorzismen ausser LB und TMB
## (Auswahl)


| | | | |
|---|---|---|---|
| Audollent, DT | | Nr. 277 | *128* |
| DT 68 | *120* | Nr. 283 | *110* |
| DT 241, | | Nr. 324 | *67, 78* |
| 24ff. | *80, 105* | S. 50 | *82f.* |
| DT 242, | *73, 77* | S. 95 | *124* |
| 16f. | *93* | S. 215 | *86* |
| 25 | *109* | | |
| DT 271, | *73* | A. Delatte, *Anecd. Ath.* | |
| 12 | *110* | 215,3ff. | *67* |
| | | 232,1f. | *105f., 108* |
| 'Basil.' PG 31, | | 232,32f. | *127* |
| 1634 C | *115* | 235,30f. | *117* |
| 1680 A | *69* | 236,14ff. | *117* |
| 1681 B | *85, 117* | 239,2ff. | *119* |
| 1681 D | *112* | 240,8-14 | *74* |
| 1681 C | *117* | 241,13 | *119* |
| 1684 C | *85* | 242,21-24 | *86f.* |
| | | 243,17 | *96* |
| Bonner (1950) | | 243,23f. | *69* |
| Nr. 276 | *125, 128* | 243,26 | *119* |

| | | | |
|---|---|---|---|
| 245,14f. | *113* | Kotansky,*GMA* I | |
| 245,25 | *117* | Nr. 32 | |
| 246,5 | *92* | 8ff. ~ 24f. | *100f.* |
| 246,13ff. | *96* | 10ff. ~ 25ff. | *86* |
| 247,25ff. | *95* | Nr. 33, 20ff. | *83,* |
| 256,9-13 | *87* | Nr. 38,8 | *122* |
| | | Nr. 41,47f. | *124* |
| L. Delatte (1957) | | Nr. 46,8ff. | *107* |
| 35,17f. | *117* | Nr. 52 | = TMB |
| 36,13 | *110* | Nr. 56 | *6 A. 11,* |
| 44,9f. | *69* | 1f. | *90* |
| 58,2 | *91* | 11f. | *80, 109* |
| 67,20-70,4 | *79* | Nr. 58 | *4 A. 6, 5. A. 9,* |
| 68,29 | *106* | | *24, 71, 25 A.* |
| 69,5ff. | *119* | | *72, 28 A. 81,* |
| 78,9 | *107* | | *125* |
| 81,5ff. | *102, 110* | 11ff. | *126* |
| 93,8ff. | *120* | 12f. | *121f., 125* |
| 98,6ff. | *91f.* | 35f. | *121f.* |
| | | 37ff. | *121* |
| Delatte/Derchain (1964) | | 41f. | *121f.* |
| Nr. 369-377 | *67* | Nr. 65,1 | *67f.* |
| Nr. 460 | *71, 74, 77,* | Nr. 66,1. 7 | *107* |
| | *100, 105* | | |
| | | PGM | |
| Gignoux (1987) | *69, 89, 128* | I 345f. | *113* |
| I 35-38 | *69* | III 76 | *73f.* |
| I 40-44 | *121* | IV 260-265 | *103* |
| I 86 | *69* | IV 559 | *67* |
| II 1 | *128* | IV 1227-64 | *78f.* |
| II 55 | *128* | IV 3007- 86 | *74, 77, 100* |
| III 1 | *128* | V 145-151 | *110* |
| III 70 | *104* | 3017ff. | *80* |
| | | 3039ff. | *66* |
| 'Ioh. Chrys.' PG 64, | | VII | |
| 1068 A | *119* | 260ff. | *89, 91,105* |

| | | | |
|---|---|---|---|
| 269ff. | *109* | 18 | *35, 37* |
| 310-321 | *30 A. 88* | 19 | *36, 37* |
| 313 | *82* | 20 | *34, 36* |
| 452 | *10 A. 26* | 20f. | *81* |
| 579f. | *107, 125* | 22 | *36, 37, 125* |
| 580ff. | *13, 2 A. 69,* | 22f. | *35* |
| | *66, 83* | 23 | *36, 37* |
| 590 | *83* | 24f. | *124* |
| XII 134 | *126* | 25 | *34, 38, 125* |
| XIII | | 26 | *34f., 37* |
| 1001f. | *22 A. 9* | 31-50 | *27 A. 78* |
| 303ff. | *74* | 31a | *30 + A. 88* |
| XIX a 52ff. | *120* | 31a-32 | *35* |
| XXIIb | *100f., 104f.,* | 31a-40 | *30* |
| | *124* | 31b | *30 + A. 88* |
| XXXV | *23-38,* | 32f. | *35, 37* |
| | *88-98,* | 33f. | *35, 37* |
| | *131-134,* | 36f. | *38* |
| | *137-142,* | 37 | *36, 37* |
| | *143-156* | 38 | *35* |
| 1-28 | *27 A. 78* | 39 | *37* |
| 1-11 | *88-98* | 41 | *36* |
| 1 | *36, 37* | 41-50 | *30* |
| 6 | *35* | 44 | *36* |
| 7 | *37* | 45ff. | *109* |
| 8 | *35, 38, 104* | 48 | *36* |
| 9 | *36, 38* | XXXVI | |
| 11f. | *37, 103, 105* | 35ff. | *24 A. 71,* |
| 12 | *36* | | *25 A. 72,* |
| 13 | *35, 36, 37* | | *28 A. 81,* |
| 14 | *38, 106* | | *31 A. 90* |
| 14ff. | *38, 76, 106* | 171ff. | *89* |
| 15f. | *37* | 221ff. | *87* |
| 16 | *34, 36, 37, 38,* | 273 | *37 A. 114* |
| | *125* | LXI 19 | *73* |
| 17 | *34, 36* | P 17,10 | *72* |

P. Carlsberg 52 (inv. 31; Brashear 1991)
    6f. — *99*

P. Köln
    338 (Jordan/Kotansky 1997a)
        3ff. — *109*
        5ff. — *66*
    339 (Jordan/Kotansky 1997b)
        2f. — *83*
    340 (Maltomini 1997)
        a fr. A 31-46 — *107*
        a fr. A 42 — *125*
        a fr. B 5ff. — *107*
        a fr. B 6f. — *120*
        a fr. B 7 — *87*
        a fr. B 10ff. — *125*

Naveh/Shaked (1985)
    B 5 — *116*

Naveh/Shaked (1993)
    A 19  8ff., 28ff. — *79*
          37 — *98*
    B 20, 7f. — *66*

Reitzenstein (1904)
    292 — *100*
    294 — *113*
    296 — *97, 98, 125*
    297 — *97, 98*

Pradel (1907)
    12,20ff. — *68*
    20,10f. — *96*
    21,1ff. — *81*
    21,21-22, 32 — *75f.*

21,21-28 — *75f., 91, 93f.*
21,28ff. — *75f.*
21,30ff. — *76*
24,5f. — *108*
24,9 — *124*

Schermann (1903) — *86, 119f.*
    313,15 — *86*
    314,21 — *86, 115*
    318,16 — *86*

Sepher-Ha-Razim — *92, 100*

Strittmatter (1932)
    130,4ff. — *119*
    131,16f. — *112f.*
    135ff. — *119*
    141,15f. — *86*
    141,19 — *119*
    142,8ff. — *69*
    142,18ff. — *100*
    142,26f. — *106*

Suppl. Mag.
    Nr. 12,5 — *127*
    Nr. 22,3ff. — *107*
    Nr. 24 fr. B — *81*
          5 — *113*
    Nr. 31,3 — *107*
    Nr. 45 — *108*
          52 — *124*
    Nr. 48, 7-24 — *122*
    Nr. 57, 31-41 — *122*
    Nr. 74 — *127*
    Nr. 84 — *116f.*
          3f. — *118*

Nr. 88,6 *120*

Nr. 90,5f. *110*

*Amulett für Aurelia* (Kotansky 1980)
*5 A. 9, 10 A. 24*

*Amulett für Syntyche*
(Merkelbach, *Abrasax* 4, Nr. II)
*4 A. 6, 5 A. 9, 6 A. 11,*
*10 A. 24, 15 A. 44,*
*68, 81, 83, 117*

*Amulett für Thomas* (Heintz 1996)
*14 A. 41, 15 A. 42 u. 44,*
*16 A. 46, 18 A. 52 u. 54,*
*19 A. 55, 150*
37ff. *126*
41ff. *85f., 115*
48ff. *108*

*Amulett aus Amorgos* (Homolle 1901)
*102*

*Amulett in Stamford* (Faraone/Kotansky
1988) *5 A. 8, 16 A.46,18 A. 54*

*Amulett aus Xanthos*
(Jordan/Kotansky 1996, Nr. 2, S. 167ff.)
1-12. 22f. *77f.,*
14ff. *126*

*christl. Amulett* Brashear (1991) S. 63ff.
*107, 125*

*gr.- aram. Am. in Ashmolean Museum*
(Kotansky/Naveh/Shaked 1992)
16 *66f., 90*
27 *101*
31-36 *77*
31f. *122*
*jüd. aram. Amulett aus Syrien*
(Kotansky 1991c, B) *88*

*Gemme* Kotansky (1995a)
*78f., 83, 128 A. 20*

## VII. Sachen und Namen

(Auswahl, s. auch Index I und II)

Abwehrzauber *15 A. 42, 131, 139*

Akklamation *64, 128, 132, 133, 141,*
*150 A. 16, 160*

Amulette nicht für die Lektüre bestimmt
*7 A. 13, 10f.,*  vgl. Rezitation

Amulettkapsel *3f., 6ff., 15, 18, 25*

Aretalogien von Gott in Zaubertexten
*100*

Ausfahrbefehl *74, 76, 79, 112, 116.*
*131, 133, 134 A. 5, 137, 141, 144,*
*151, 156, 159*

Buchschrift *12*, vgl. Schrift

byzantinische (christliche) Exorzismen,
s. u. Exorzismus

christliche Konzepte und Ausdrucksweisen in der LB *64f., 68-72, 86f.,*
*115, 122f., 125;* vgl. u. Name

Datierung der Amulette s. Schrift

Dämonen
- deren Eid, s. u. Salomo
- deren Wirkungsweiseweisen u.
Erscheinungsformen, durch sie
verursachte Übel *84-87, 106-108, 111,*
*114f., 116-121, 151-154*

Fluchtafeln, defixiones *85f.* (s. auch
Index I κατάδεσμος)

Exorzismus *61ff., 73ff., 111*

- byzantinische (christl.) Exorzismen
*63f., 67, 68, 74, 86, 87, 100, 106,*
*108, 113, 115, 117, 125*

Exorzismusgebet *61*

exorzistische Amulette *62, 64, 66, 73f.,*
*75, 77-79*

exorzistische κλῆσις *61*

Faltung der Amulette *4, 5f., 15f., 25*

Gnostiker (Valentiner) *80f.*

Gräber als Fundort der Amulette *5*

'Harmonisierungstendenz' der LB
*79, 80, 109, 111, 134 A. 5*

Himmel, d. sieben Himmel *91ff.*

Horeb, d. Berg *100f.*

Kosmos *80, 89, 91, 146, 150, 152,*
*153ff.*

Krankheiten und böse Geister *107*

Liebeszauber *107f., 120*

Machtzauber *24 + A. 71, 28, 131, 137*

Massenproduktion *5 A. 8, 7 A. 12, 18*
*A. 54, 83*

Name (s. auch Index I u. ὄνομα)
- Bedeutung der Kenntnis der Engelnamen *152-154*
- Bildung der Engelnamen per
analogiam *89, 93-95*

- christliche Namen der Amulett-Träger
  *14 A. 41, 24 A. 71, 84, 122, 150 A. 16*
  (s. auch Index III)
- (fehlender) Name der Mutter des
  Amulett-Trägers *31 A. 90, 82ff.,
  121f., 144*
polare Ausdrucksweise im Zauber*116-
119, 127*
Rezitation der Zaubertexte *7 + A. 13,
  10f. + A. 26 u. A. 27, 22, 28 + A. 81*
Salomon *68*
  - Siegel Salomons *66ff.*
  - Salomons-Amulette *67*
  - Salomons Zauberkraft *67*
  - der Eid der Dämonen unter Salomon
  *81, 124*
Schadenzauber *73f., 85 f.*, vgl. Fluch-
  tafeln
Schöpfung *89, 90f., 92, 95, 103*
Schreibgeräte *9, 17*
Schrift und deren Datierung
  - LB *4, 8-12*
  - TMB *16ff.*
  - PGM XXXV *26ff.*
Schutzzauber *8 A. 9, 24 A. 71*
Schwindeform *29 + A. 87*

Siegel *66-70* (s. auch Salomon und
  Index I u. σφραγίς)
  - Siegelring *67, 81*
  - (Ver)Siegelung *66, 69, 122*
Sinai, d. Berg *99ff.*
Sprache
  - LB *11-13,*
  - TMB *19-22,*
  - PGM *XXXV 34-38*
Taufe *65, 68-70, 87, 122*
Taufexorzismus *69, 154 A. 17, 160*
theologiche Bildung des Verfassers der
  LB *71, 134 A. 5, 160*, vgl. u.
  «Harmonisierungstendenz» und
  «christliche Konzepte»
Thron Gottes *97, 103f.*
Vergrösserungsgläser *7 A. 13, 10*
Vorlage(n) der LB, TMB und PGM XXXV
  *129-142* und passim
Zauberabsicht, Zauberzweck *8, 15 A. 42,
  24 A. 71, 108, 131, 133, 134 A. 5,
  136, 137, 139, 141, 157*
Zeichnungen *31 A. 90 u. A. 95, 31,
  33*

# Abbildungen

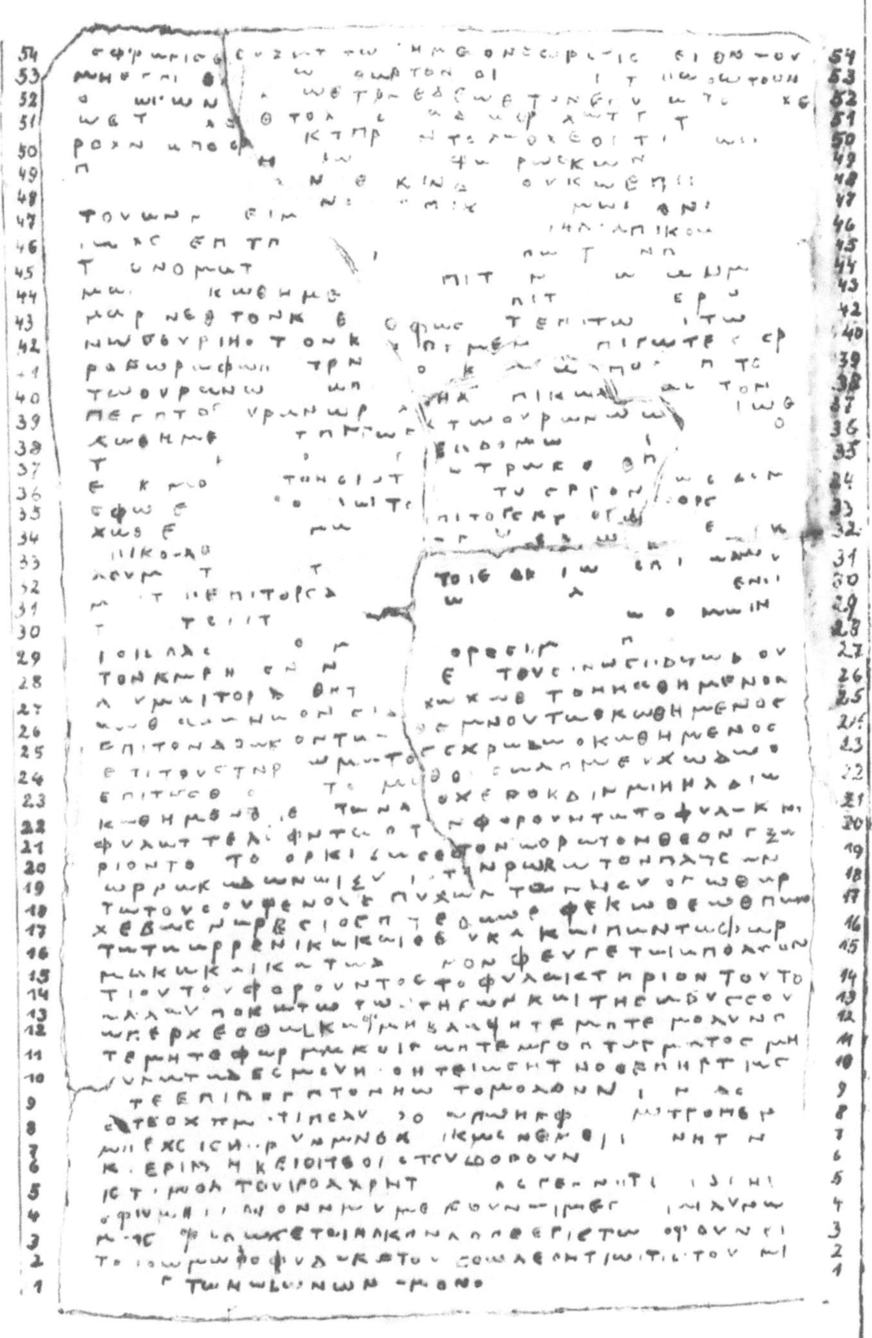

Abb. 1: Lamella Bernensis, Durchzeichnung auf Klarsichtfolie

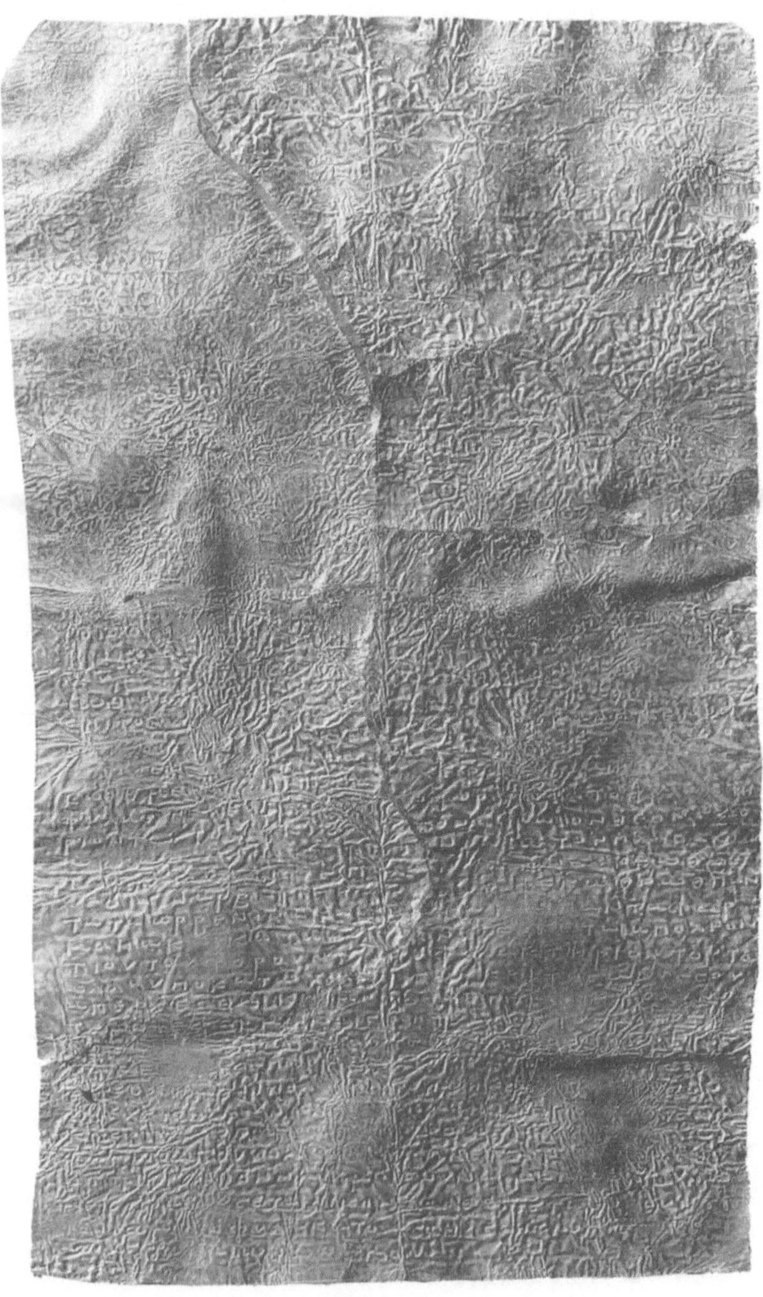

Abb. 2: Lamella Bernensis

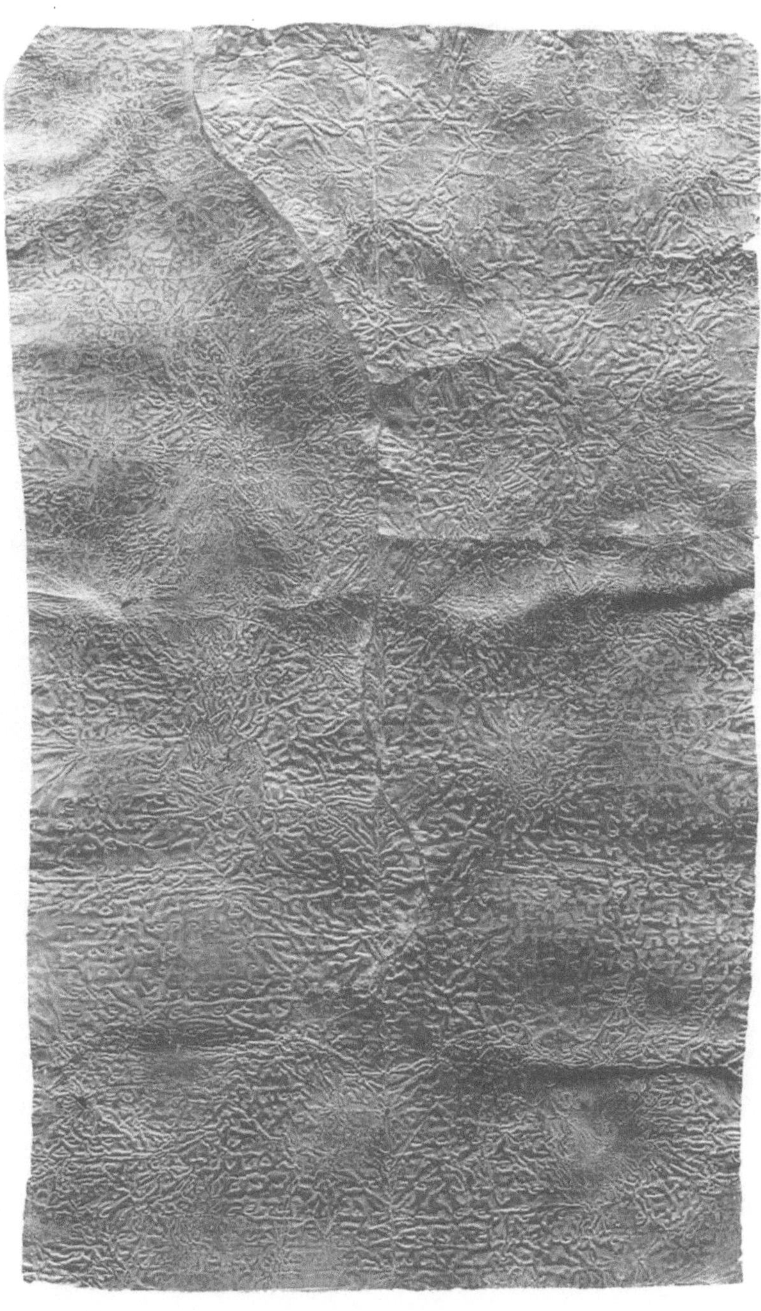

Abb. 3:   Lamella Bernensis

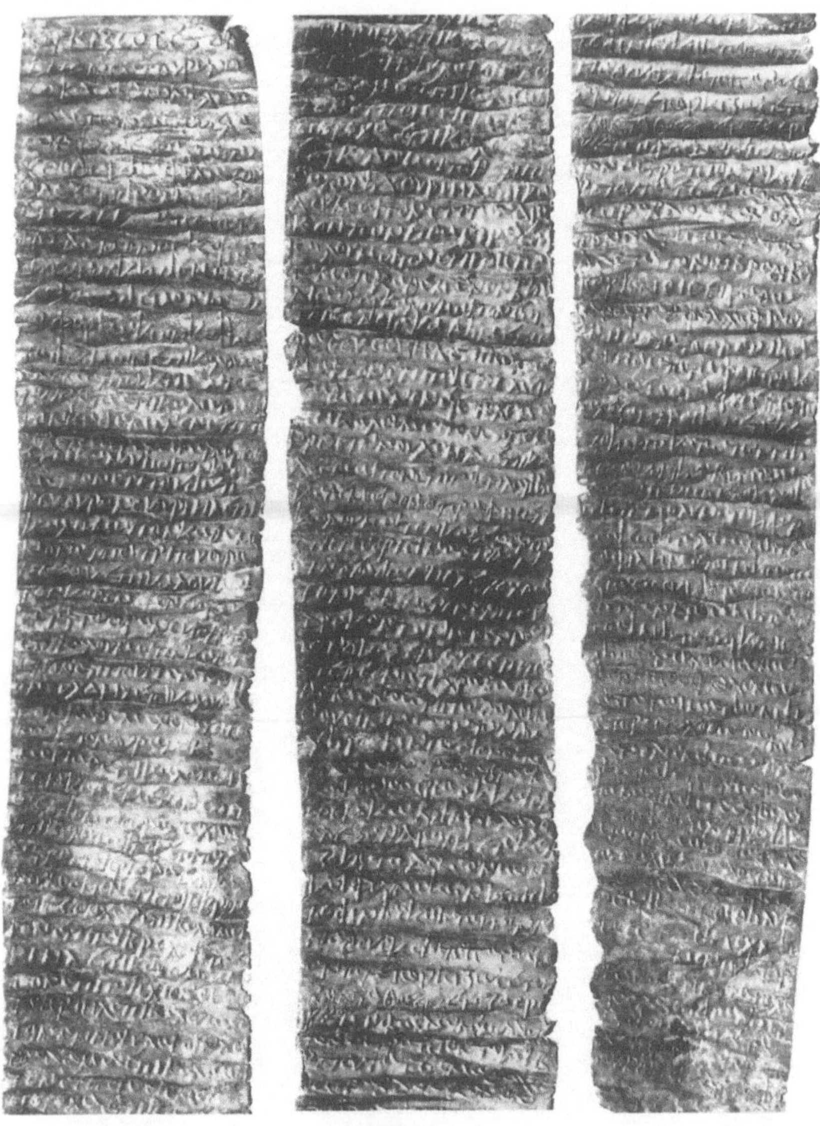

Abb. 4: Tablette magique de Beyrouth (Paris, Louvre)
links: Z. 1-45 - Mitte: Z. 41-87 - rechts: Z. 77-120

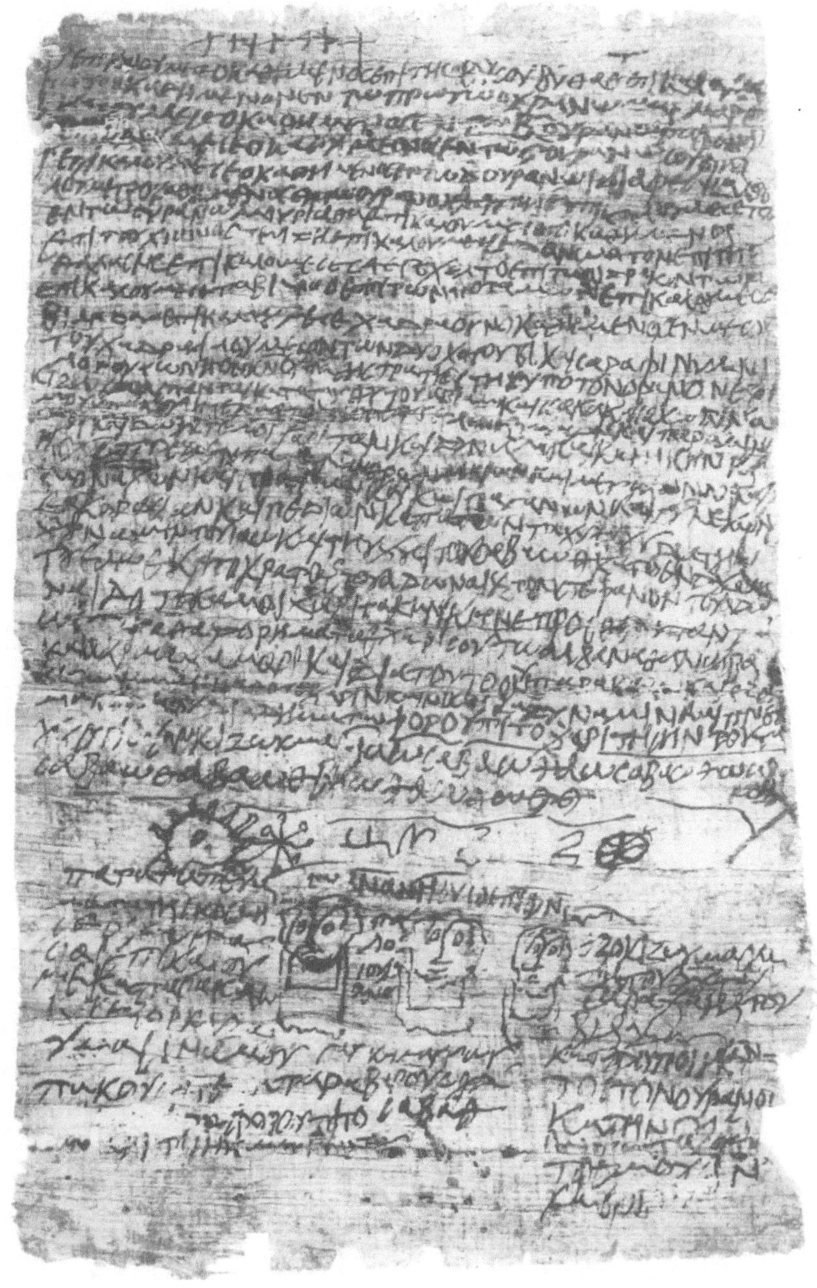

Abb. 5: PGM XXXV (Firenze, Laurenziana)

Abb. 6: PGM XXXV, Rückseite (Firenze, Laurenziana)

## Abbildungsnachweis

Abb. 1:    Lamella Bernensis, Durchzeichnung auf Klarsichtfolie, Römisch-Germanisches Zentralmuseum, Mainz

Abb. 2:    Lamella Bernensis, Photo: F. Thomamichel, Institut für Kommunikationstechnik, ETH, Zürich

Abb. 3:    Lamella Bernensis, Photo: F. Thomamichel, Institut für Kommunikationstechnik, ETH, Zürich

Abb. 4:    Tablette magique de Beyrouth, Paris, Musée du Louvre, Inv. MND 274, Photo: M. Chuzeville

Abb. 5:    PGM XXXV, Firenze, Biblioteca Medicea Laurenziana, PSI I$^O$ 29, Photo: Istituto Papirologico "G. Vitelli", Firenze

Abb. 6:    PGM XXXV, Firenze, Biblioteca Medicea Laurenziana, PSI I$^O$ 29 (Rückseite), Photo: Istituto Papirologico "G. Vitelli", Firenze

Additional material from *Lamella Bernensis,*
ISBN 978-3-663-12208-1, is available at http://extras.springer.com